L'apocalypse joyeuse

JEAN-BAPTISTE FRESSOZ

L'apocalypse joyeuse

Une histoire du risque technologique

ÉDITIONS DU SEUIL
25, bd Romain-Rolland, Paris XIVᵉ

Ce livre a été édité par Christophe Bonneuil

ISBN 978-2-02-105698-3

www.seuil.com

Liste des abréviations

AAM : archives de l'Académie de médecine.
AAS : archives de l'Académie des sciences.
AD : archives départementales.
AHPML : *Annales d'hygiène publique et de médecine légale.*
AM : archives municipales.
AN : Archives nationales.
APHP : Assistance publique-hôpitaux de Paris.
APP : archives de la préfecture de police de Paris.
ARS : archives de la Royal Society.
ASM : archives de la Compagnie des salins du Midi, à Aigues-Mortes, non déposées.
BM : Bibliothèque municipale.
BNF : Bibliothèque nationale de France.
BSEIN : *Bulletin de la Société d'encouragement pour l'industrie nationale.*
CCI : chambre de commerce et d'industrie.
ms. : manuscrit.
RCS : rapports du Conseil de salubrité.

INTRODUCTION

Les petites désinhibitions modernes

Ce livre étudie les racines historiques de la crise environne-mentale contemporaine. Il s'agit d'une enquête sur le passé de l'agir technique, sur les manières de le penser, de le question-ner, de le réguler et, surtout, de l'imposer comme seule forme de vie légitime. Il décortique des pouvoirs, des torsions sub-tiles du réel et certaines dispositions morales qui, au tournant des XVIIIe et XIXe siècles, nous ont fait prendre le chemin de l'abîme. Il démontre que le « siècle du progrès » n'a jamais été simplement technophile. L'histoire du risque technolo-gique qu'il propose n'est pas l'histoire d'une prise de cons-cience, mais l'histoire de la production scientifique et politique d'une certaine inconscience modernisatrice.

En avril 1855, alors que la foule se presse à l'exposition universelle de Paris pour y admirer machines, locomotives et inventions, paraît un petit livre au titre énigmatique : *La Fin du monde par la science*. Son auteur : un avocat nommé Eugène Huzar. Son originalité : proposer la première critique du progrès fondée sur le catastrophisme[1]. Car Huzar n'est ni un romantique dénonçant la laideur du monde industriel, ni un réactionnaire vitupérant contre l'esprit de jouissance. Non, Huzar aime son siècle, les sciences et les techniques. Le pro-blème qu'il pose est celui du *type de progrès* désirable : « Je ne fais la guerre ni à la science ni au progrès, mais je suis

---

1. Jean-Baptiste Fressoz, « Eugène Huzar et la genèse de la société du risque », *in* Eugène Huzar, *La Fin du monde par la science*, Paris, Ère, 2008.

l'ennemi implacable d'une science ignorante, *impresciente*, d'un progrès qui marche à l'aveugle sans critérium ni boussole[1]. » Selon Huzar, la science expérimentale étant une connaissance *a posteriori*, elle ne peut anticiper les conséquences lointaines de ses productions toujours plus puissantes. Et ce décalage entre capacités techniques et capacités de prévision conduit inexorablement à l'apocalypse.

Huzar possède une imagination apocalyptique débordante : qui sait si en extrayant tonne après tonne le charbon on ne risque pas de déplacer le centre de gravité de la Terre et de produire un basculement de son axe ? Qui sait si les canaux interocéaniques ne perturberont pas les courants maritimes, causant ainsi des inondations dévastatrices ? Qui sait si la vaccination ne risque pas d'introduire des maux plus graves encore que ceux qu'elle combat ? Et qui sait si le dioxyde de carbone produit par l'industrie n'entraînera pas une catastrophe climatique ? L'homme par son industrie croit tout au plus égratigner la Terre sans se rendre compte que ces égratignures, selon la loi des petites causes et des grands effets, pourraient causer sa mort. Pour retarder la catastrophe finale, Huzar propose d'établir une « édilité planétaire », c'est-à-dire un gouvernement scientifique mondial chargé d'étudier les projets de grands travaux, de déboisements et toutes les expériences scientifiques qui pourraient « troubler l'harmonie du monde ». Alors que cinq millions de visiteurs arpentaient le Palais de l'industrie, le but de Huzar était manifestement de provoquer. Et il réussit fort bien : toutes les grandes revues donnèrent des recensions de son livre, extrêmement élogieuses pour la plupart. Des écrivains tels Lamartine, Dickens, Flaubert ou Verne, ont lu *La Fin du monde par la science* et y ont fait référence.

Si Huzar ne fut pas le Cassandre méprisé qu'il prétendait être, si son œuvre fut lue et débattue, c'est qu'elle saisissait des aspects essentiels de la révolution technoscientifique du premier dix-neuvième siècle. Huzar ancre sa réflexion dans les

---

1. *Ibid.*, p. 138.

controverses suscitées par les techniques de son époque : la déforestation et ses conséquences climatiques, la vaccination et la dégénérescence de l'espèce humaine, l'industrie chimique et la transformation de l'atmosphère, les chemins de fer et les catastrophes aléatoires. Son originalité est d'avoir groupé ces débats en une vaste fresque lui permettant d'objectiver d'une manière différente ce que ses contemporains appelaient « le progrès ». Si ce geste théorique est indéniablement original, chacun des arguments qu'il mobilise relève de débats bien connus au XIXe siècle.

L'étonnement que suscite *La Fin du monde par la science* témoigne de notre méconnaissance des technosciences du passé et des controverses qu'elles ont suscitées. Eugène Huzar nous montre de manière parfaitement claire que la modernité positiviste qui aurait pensé les techniques sans leurs conséquences lointaines semblait déjà caduque durant la révolution industrielle. Les hommes qui l'ont accomplie et vécue étaient bien conscients des risques immenses qu'ils produisaient. Mais ils décidèrent, sciemment, de passer outre.

*

Les sociologues et les philosophes qui, depuis trente ans, pensent la crise environnementale et le risque, butent sur une série d'oppositions factices entre modernité et « modernité réflexive », société du progrès et « société du risque » (Anthony Giddens, Ulrich Beck). Ils mettent en scène un passé uniment technophile afin de faire valoir notre propre réflexivité face aux choix technologiques, comme si nous avions été les premiers à distinguer dans les lumières éblouissantes de la science l'ombre de ses dangers.

L'enjeu eschatologique de la crise environnementale les y invitant, ils en ont fait un récit grandiose. Nos maux écologiques constitueraient l'héritage de la modernité elle-même : la science grecque tout d'abord qui conçoit la nature comme soumise à des lois extérieures aux intentions divines ; le christianisme ensuite qui invente la singularité de l'homme au sein de la création ; la révolution scientifique enfin qui substitue à une vision organiciste de la nature celle d'une mécanique inerte qu'il faut dominer[1].

Après trois siècles d'un modernisme frénétique, transformant le monde et ignorant l'environnement, survient enfin la crise. Dans le récit du dessillement postmoderne, la notion de risque occupe une place essentielle car elle saisit le mouvement d'involution de la modernité qui se trouve confrontée à ses propres créations. Subrepticement, les risques se sont métamorphosés : ils ne sont plus naturels mais issus de la modernisation elle-même ; ils ne sont plus circonscrits mais ont mué en incertitudes globales ; ils ne sont plus des effets secondaires du progrès mais constituent le défi premier de nos sociétés. On dit alors de la modernité qu'elle est devenue *réflexive*, c'est-à-dire qu'elle questionne dorénavant sa propre dynamique[2].

Le problème de ce récit n'est pas tant sa fausseté que son manque de spécificité. En prétendant dévoiler les sources profondes du mal, il est à la fois intellectuellement fascinant et politiquement inoffensif. Remettant tout en cause, il ne s'attaque à rien. Les catégories anthropologiques qu'il mobilise demeurent en dehors de toute prise politique et occultent des formes de production, de pouvoir et de pensée qui, au tournant du XIXe siècle, nous ont fait prendre le chemin de l'abîme. Si l'on veut parvenir à constituer une société écolo-

---

1. Lynn White Jr., « The historical roots of our ecologic crisis », *Science*, 155, 1967, p. 1203-1207 ; Carolyn Merchant, *The Death of Nature. Women, Ecology and the Scientific Revolution*, San Francisco, Harper, 1980 ; Philippe Descola, *Par-delà nature et culture*, Paris, Gallimard, 2005. Selon Bruno Latour, la constitution au XVIIe siècle d'une communauté expérimentale possédant le monopole de la définition des faits aurait provoqué un « grand partage » entre nature et politique, rendant invisible l'intrication réelle de ces deux ordres par les techniques (Bruno Latour, *Nous n'avons jamais été modernes*, Paris, La Découverte, 1991).
2. Ulrich Beck, *La Société du risque. Sur la voie d'une autre modernité* (1986), Paris, Aubier, 2001 et Anthony Giddens, *Les Conséquences de la modernité*, Paris, L'Harmattan, 1994. Une critique : Jean-Baptiste Fressoz, « Les leçons de la catastrophe. Critique historique de l'optimisme postmoderne », www.laviedesidées.fr, 13 mai 2011.

gique, il faut veiller à ne pas se tromper d'ennemi et donc ne pas confondre la logique de la crise environnementale avec celle de la modernité.

Quant à l'hypothèse d'un éveil écologique contemporain, elle conduit à une impasse politique : en oblitérant la réflexivité des sociétés passées, elle dépolitise l'histoire longue de la dégradation environnementale. Et inversement, en insistant sur notre excellence, elle tend à naturaliser le souci écologique et à passer outre les conflits sociaux qui en sont pourtant la source. En présentant comme actuelle une réflexivité très hypothétique, la thèse de la société du risque a brouillé les connexions entre le passé et le présent et a remplacé l'analyse historique par des typologies abstraites. Le but de cet ouvrage est au contraire de combattre l'abstraction du passé.

À mesure que les historiens s'intéressent à ces questions, ils découvrent que la modernité n'a jamais été univoque dans sa vision mécaniste du monde et dans son projet de maîtrise technique. Apparaissent au contraire des cosmologies variées où la maîtrise de la nature n'impliquait pas son mépris mais, au contraire, la compréhension de ses lois et la volonté de s'y soumettre pour agir efficacement et durablement.

Par exemple, la notion de climat est essentielle pour comprendre la réflexivité des sociétés modernes. Au cours du XVIIe siècle, le climat acquiert une certaine plasticité : s'il reste en partie déterminé par la position sur le globe, les philosophes naturels s'intéressent dorénavant à ses variations locales, à ses transformations et au rôle de l'agir humain dans son amélioration ou sa dégradation. Et comme le climat conserve sa capacité à déterminer les constitutions humaines et politiques, il devient le lieu épistémique où se pensent les conséquences de l'agir technique sur l'environnement : ce qui détermine les santés et les organisations sociales ne relève plus seulement de la position sur le globe, mais des choses banales (l'atmosphère, les forêts, les formes urbaines, etc.) sur lesquelles on peut agir en bien comme en mal[1].

Les historiens ont également montré l'importance d'une pensée environnementale issue de la chimie, soucieuse des échanges de matière et d'énergie entre société humaine et nature. Le XIXe siècle est ainsi marqué par des inquiétudes très fortes quant à la rupture métabolique entre ville et campagne : l'urbanisation, c'est-à-dire la concentration des hommes et de leurs excréments, empêchait le retour à la terre des substances minérales indispensables à sa fertilité. Tous les grands penseurs matérialistes, de Liebig à Marx, ainsi que les agronomes, les hygiénistes et les chimistes mettaient en garde à la fois contre l'épuisement des sols et la pollution urbaine. Dans le troisième volume du *Capital*, Marx critiquait les conséquences environnementales des grands domaines vides d'hommes de l'agriculture capitaliste qui rompaient les circulations matérielles entre société et nature. Selon Marx, il n'y avait pas « d'arrachement » possible vis-à-vis de la nature : quels que soient les modes de production, la société demeurait dans la dépendance d'un régime métabolique historiquement déterminé, la particularité du métabolisme capitaliste étant son caractère insoutenable[2].

Il n'y a aucune raison de considérer ces théories avec condescendance, comme un « protoenvironnementalisme » préfigurant notre souci écologique, car elles déterminaient des modes de production autrement plus respectueux de l'environnement que les nôtres.

Par exemple, les historiens commencent à comprendre l'importance fondamentale du recyclage. Dans les années 1860, en France, le chiffonnage, c'est-à-dire la collecte des

---

1. Richard Grove, *Green Imperialism, Colonial Expansion, Tropical Island Edens and the Origins of Environmentalism, 1600-1800*, Cambridge, Cambridge University Press, 1995 ; Jean-Baptiste Fressoz et Fabien Locher, « The frail climate of modernity. A history of environmental reflexivity », *Critical Inquiry*, 2012, vol. 38, n° 3.
2. John Bellamy Foster, *Marx's Ecology. Materialism and Nature*, New-York, Monthly Review Press, 2000.

matières et des objets abandonnés occupait près de 100 000 personnes. Os, chiffons, métaux, tout était revendu et réutilisé. Jusqu'à la fin du XIXᵉ siècle, les *excreta* urbains firent l'objet d'une valorisation agricole systématique[1]. La police urbaine de l'Ancien Régime fournit un autre exemple : parce qu'elle inscrivait son travail dans la pensée médicale néohippocratique faisant des airs, des eaux et des lieux les déterminants de la santé, elle portait une attention pointilleuse aux altérations de l'environnement urbain. De même, les règlements sur les forêts ou les pêches (ordonnance de Colbert sur les eaux et forêts, ordonnance de la marine de 1681) nous rappellent l'implication de l'État dans la préservation des ressources et les pénalités sévères (amendes, prison et peines corporelles) qui étaient attachées à ces règles environnementales. L'existence enfin de « communs sans tragédie[2] », c'est-à-dire le fait historique majeur que des communautés soient parvenues à préserver des ressources naturelles (halieutique, forestière, pastorale) durant des siècles, témoigne de l'intelligence écologique des sociétés passées.

Du point de vue de l'écriture historique, il apparaît donc trompeur de raconter la révolution industrielle comme l'histoire de sociétés modifiant de manière inconsciente leurs environnements et leurs formes de vie, et comprenant *a posteriori* les dangers et leurs erreurs. Les sociétés passées n'ont pas massivement altéré leurs environnements par inadvertance, ni sans considérer, parfois avec effroi, les conséquences de leurs décisions. La confiance n'allait pas de soi et il a fallu produire de manière calculée, sur chaque point stratégique et conflictuel de la modernité, de l'ignorance et/ou de la connaissance désinhibitrice.

De manière générale et considérée selon leurs effets, « les petites désinhibitions modernes » dont ce livre retrace l'histoire

---

1. Sabine Barles, *L'Invention des déchets urbains. France 1790-1970*, Seyssel, Champ Vallon, 2007.
2. Elinor Ostrom, *Gouvernance des biens communs*, Bruxelles, De Boeck, 2010.

incluent tous les dispositifs rendant possible, acceptable et même désirable la transformation technique des corps, des environnements, des modes de production et des formes de vie. Pour qu'une innovation de quelque importance s'impose, il faut en effet circonvenir des réticences morales, des oppositions sociales, des intérêts froissés, des anticipations suspicieuses et des critiques portant sur ses conséquences réelles. La confiance qui préside à la transformation technique du monde nécessite des théories qui avant et en deçà des accidents en brouillent le sens et en amortissent la portée traumatique. Et après les catastrophes, il faut des discours et des dispositions morales qui les neutralisent, atténuent leur dimension éthique pour les rendre compatibles avec la continuation du projet technologique.

Le mot de désinhibition condense les deux temps du passage à l'acte : celui de la réflexivité et celui du passer-outre, celui de la prise en compte du danger et celui de sa normalisation. La modernité fut un processus de désinhibition réflexive : nous verrons comment les régulations, les consultations, les normes de sécurité, les procédures d'autorisation ou les enquêtes sanitaires qui prétendaient connaître et contenir le risque eurent généralement pour conséquence de légitimer le fait accompli technologique.

Enfin, l'insistance sur la petitesse et le caractère *ad hoc* des désinhibitions entend signaler que la modernité n'est pas ce mouvement majestueux et spirituel dont nous parlent les philosophes. Je voudrais au contraire la penser comme une somme de petits coups de force, de situations imposées, d'exceptions normalisées. La modernité fut une entreprise. Ceux qui l'ont fait advenir et l'ont conduite ont produit des savoirs et des ignorances, des normes juridiques et des discours dont le but était d'instaurer de nouvelles sensibilités, de nouvelles manières de concevoir sa vie, son corps, ses relations aux environnements et aux objets.

*

Cet ouvrage propose aussi un regard nouveau sur la révolution industrielle. Les historiens, soucieux du problème des causes de l'exceptionnalité européenne (ou plutôt britannique), l'ont rapportée à une rupture dans les modes de production ou à une lente transformation agricole et artisanale, à l'existence de marchés efficients, à la protection de la propriété privée et intellectuelle, à une croissance de la demande et à une intensification du travail, à l'exploitation de nouvelles sources d'énergie ou à l'assistance écologique du Nouveau Monde[1]. Ce faisant, et dans une grande mesure à juste titre, la dimension technologique des transformations historiques qui ont eu lieu entre 1750 et 1850 s'est trouvée quelque peu effacée. Ce livre se focalise de nouveau sur l'innovation, non pour en faire une cause déterminante, mais pour la présenter comme un problème. Comment fut produite l'acceptation technologique ? Comment furent créés des sujets technophiles et de nouvelles appréhensions du réel rendant le monde compatible avec les nécessités de la révolution industrielle et démographique ?

L'histoire de l'innovation, quand elle cesse de naturaliser son objet d'étude, peut être d'un grand intérêt politique. Au lieu de réduire les oppositions à de simples résistances contre un progrès sans alternative, elle peut au contraire montrer le caractère souvent indécis et parfois même contingent des choix technologiques passés, ouvrant ainsi de nouvelles libertés pour le présent.

Le premier parti pris dans cet ouvrage a été de reconsidérer les techniques emblématiques des révolutions médicales et industrielles que sont l'inoculation et la vaccination antivariolique, l'industrie chimique et le gaz d'éclairage, les technologies de la vapeur et du rail, comme des *cas*, au sens casuistique et moral de ce mot. J'ai voulu montrer que ces techniques

---

1. Pour un état des lieux récent : Kenneth Pomeranz, *Une grande divergence. La Chine, l'Europe et la construction de l'économie mondiale*, Paris, Albin Michel, 2010, p. 31-65 ; Jan de Vries, *The Industrious Revolution. Consumer Behavior and the House-Hold Economy, 1650 to the Present*, Cambridge, Cambridge University Press, 2008.

furent, en leur temps, des objets de doute, de dispute, de scrupules et de perplexité, au même titre que la technoscience contemporaine. Pour les restaurer dans leur indécidabilité première, j'ai pris très au sérieux les acteurs des controverses, tous les acteurs, même ceux qui de prime abord paraissent se tromper. Cette approche qui a le mérite de redonner une voix aux perdants de l'histoire est aussi heuristique car donner sens à des arguments étranges oblige à reconstruire des cadres d'intelligibilité que leur défaite avait rendus invisibles. Il apparaît alors que les opposants ne prenaient pas parti contre l'innovation, mais plutôt pour leur environnement, leur sécurité, leur travail et pour la préservation de formes de vie jugées bonnes.

Lorsqu'on se plonge dans la complexité des controverses, les notions d'innovation et de résistance se brouillent tandis que se détraque notre conception d'un temps technique univoque[1]. Par exemple, en 1819, aux débuts du gaz d'éclairage, le chimiste Nicolas Clément-Desormes explique que l'axe du temps scandé par les innovations n'est pas un axe de leur valeur. Le gaz d'éclairage avec sa débauche de conduites souterraines ne fait qu'imiter de manière coûteuse la simplicité merveilleuse de la lampe à huile qui a en outre le mérite d'être légère, portable et de préserver l'autonomie des individus. La notion d'innovation se retourne comme un gant : « Supposons que l'éclairage au gaz ait été le premier connu, qu'il soit partout en usage, et qu'un homme de génie nous présente une lampe d'Argand ou une simple bougie allumée. Que notre admiration serait grande devant une si étonnante simplification[2]. » En fait, plutôt que parler d'innovation et de résistance, mieux vaudrait parler de concurrence entre des projets techniques différents : plutôt que le gaz d'éclairage, des lampes à huile perfectionnées ; plutôt que la machine à vapeur, des systèmes de traction animale ; plutôt que l'inocu-

---

1. David Edgerton, *The Shock of the Old*, Londres, Profile Books, 2006 (trad. à paraître, Seuil).
2. Nicolas Clément-Desormes, *Appréciation du procédé d'éclairage par le gaz hydrogène du charbon de terre*, Paris, Delaunay, 1819, p. 33-41.

lation et la vaccine, des quarantaines et des mesures d'hygiène ;
plutôt que les produits chimiques, des matières végétales, etc.

Malgré tout, les techniques que j'ai étudiées ont bien fini
par s'imposer (de manière massive vers la fin du XIXᵉ siècle
seulement). L'avantage du détour par l'indétermination est
qu'en relativisant la supériorité intrinsèque de l'innovation en
débat, il permet de détecter le pouvoir et les moyens de son
exercice. Ce livre explicite en détail les forces qui assurent la
victoire des systèmes techniques, malgré leurs dangers, malgré les oppositions et malgré la conscience que l'on avait de
ces dangers. J'ai voulu comprendre pourquoi, pour qui et
contre qui, en se fondant sur quels savoirs et en dépit de quels
savoirs, sont advenues les techniques qui ont produit notre
modernité et la crise environnementale contemporaine.

Le second parti pris de cet ouvrage est de reposer la question du risque en termes de trajectoires technologiques.
L'émergence du principe de précaution à la fin du siècle dernier et l'espoir d'un gouvernement démocratique des technosciences ont conduit les sociologues à poser le problème du
risque dans un cadre décisionnel : la question cruciale serait
celle du choix de technologie, de l'évaluation des risques et
des procédures (démocratiques et transparentes) qu'il faut instaurer pour guider ce choix et ces évaluations[1]. Or, le problème est qu'historiquement la technique n'a jamais fait
l'objet d'un choix partagé. Certains acteurs l'ont fait activement advenir et il a fallu réguler ensuite. Contrairement au
rêve sociologique d'une technoscience maîtrisée, d'un progrès
en pente douce, l'histoire de la technique est celle de ses
coups de force et des efforts ultérieurs pour les normaliser.
Grâce à la longue durée, la question du risque peut être envisagée de manière tout à fait différente. La question importante n'est plus tant celle du choix et des bonnes procédures
pour bien choisir que celle de la trajectoire technologique et
des manières variées de peser sur elle. Je propose donc de

---

1. Michel Callon, Pierre Lascoumes, Yannick Barthe, *Agir dans un monde
incertain, essai sur la démocratie technique*, Paris, Seuil, 2001.

mettre à profit la possibilité qu'a l'historien de considérer les formes techniques sur le temps long pour écrire une histoire comparative des différentes régulations du risque (par la norme technique, par les recours aux tribunaux, par la surveillance administrative, par les assurances) et de leurs effets sur les savoirs et les trajectoires techniques.

*

Le premier chapitre aborde la célèbre controverse de l'inoculation de la petite vérole[1] pour décrire le contexte historique de l'émergence du risque. Le risque, entendu ici comme l'application des probabilités à la vie, apparaît en effet dans les années 1720 pour convaincre les individus de se faire inoculer. J'explicite en particulier les cadres théologiques et politiques qui justifient cette extension de la géométrie du hasard à la vie elle-même. Mais la question de l'inoculation demeura inextricablement morale, religieuse, politique et corporelle, et les probabilités échouèrent à faire advenir des sujets désinhibés prêts à risquer leur vie pour mieux la conserver.

A contrario, le cas de la vaccination antivariolique, objet du chapitre suivant, permet d'étudier les techniques de preuves qui assurent le succès de la politique impériale des années 1800. L'administration napoléonienne, qui concevait la population comme incapable de penser une stratégie de minimisation des risques, entreprit de démontrer l'innocuité parfaite du vaccin. L'expérimentation humaine, la clinique, la définition graphique d'une maladie et la gestion statistique de l'information médicale permirent d'imposer la définition

---

1. Les historiens estiment qu'au XVIIIᵉ siècle, en Europe, une personne sur sept est morte de la petite vérole, le plus souvent en bas âge. L'inoculation de la petite vérole est l'insertion du pus produit par cette maladie dans l'espoir de l'avoir sous une forme bénigne et d'en être immunisé. Cette technique, sans doute connue depuis le XIᵉ siècle en Chine, apparaît dans les années 1720 en Europe. La « vaccine » est une maladie des vaches découverte par le médecin anglais Edward Jenner en 1798. La vaccination consiste à injecter le pus de cette maladie dans le but de s'immuniser contre la petite vérole.

improbable d'un virus non virulent, d'un virus *parfaitement bénin*, préservant *à jamais* de la petite vérole. Le gouvernement intervint de manière raisonnée dans le champ médical afin de discipliner des énoncés qu'il jugeait stratégiques pour le bien national. Dans ce cas, la désinhibition moderne relève bien d'une certaine forme de manipulation et d'imposition des perceptions, cherchant à capter, mobiliser et aligner les comportements dans le sens de la technique. Il ne faut donc pas hésiter à analyser la science comme une forme d'asservissement des consciences, avant de comprendre aussi son rôle d'exploration du réel, de communication ou de production de sens.

Les deux chapitres suivants concernent aussi les corps, mais cette fois dans leurs rapports à l'environnement. Contrairement à une idée bien établie, l'environnement n'est pas une notion récente. Il possède une longue généalogie dont j'essaie de caractériser un pan à travers la notion de *circumfusa*, ou « choses environnantes ». Cette catégorie de l'hygiène du XVIIIe siècle était extrêmement large : elle incluait toutes les choses naturelles et artificielles (du climat aux fumées artisanales) qui déterminaient la santé et même la forme des corps. Le paradoxe est donc que l'industrialisation et l'altération des « choses environnantes », qu'elle a causée par son cortège de pollutions, se sont déroulées non dans un vide cognitif, mais en dépit de théories médicales dominantes faisant de l'environnement le producteur même de l'humain.

En France, les années 1800 sont une fois encore cruciales. Nous verrons comment le capitalisme chimique a conduit à une transformation radicale de la régulation environnementale. En lieu et place des polices urbaines d'Ancien Régime, soucieuses de protection sanitaire et prêtes à interdire ou punir les artisans, l'administration industrialiste met en place un cadre libéral de régulation des conflits fondé sur la simple compensation financière des dommages environnementaux. Parallèlement à la libéralisation des environnements, l'hygiénisme reconfigure les étiologies médicales : davantage que les choses environnantes, ce sont maintenant les facteurs sociaux qui déterminent la santé des populations. Et donc, l'industrialisation, en accroissant la richesse sociale, produira à terme un peuple en meilleure santé.

Les deux derniers chapitres sont consacrés au risque industriel et à sa gestion. Contrairement aux suppositions de la sociologie, les risques de l'ère industrielle furent immédiatement majeurs. Le politique n'a jamais pu externaliser simplement les conséquences inattendues de la modernité en déléguant leur gestion aux assurances. Le risque a toujours été une question politique de répartition (spatiale et sociale) et de légitimation. À travers une étude de cas sur les débuts du gaz d'éclairage à Paris, je montre que la norme technique de sécurité, c'est-à-dire le projet nouveau de sécuriser le monde productif en définissant les bonnes formes techniques, apparaît afin de légaliser le risque du gaz en dépit des plaintes des citadins. Les normes étaient également indispensables pour maintenir le principe de responsabilité individuelle dans une société technologique : elles devaient faire advenir des techniques parfaites dont les ratés seraient imputables, sans reste, à l'erreur humaine.

*

Une anecdote, pour finir, qui montre l'importance du récit historique pour la compréhension des enjeux actuels. Tout le monde connaît ou croit connaître l'histoire fameuse de nos ancêtres qui auraient eu peur des trains. Celle-ci ne manque jamais d'être rapportée afin de discréditer les peurs irrationnelles que susciterait la science. En 2004, en pleine controverse autour des OGM, le PDG d'une *start-up* de biotechnologies expliquait dans les colonnes du *Monde* que « les innombrables articles écrits pour faire peur à l'opinion publique pourraient alimenter un bêtisier du même niveau que ce qu'on a pu écrire au moment de l'apparition du chemin de fer[1] ». L'année précédente, le philosophe des sciences

---

1. Michel Debrand, « Sauvons les OGM », *Le Monde*, 8 septembre 2004.

Dominique Lecourt dénonçait les « biocatastrophistes » en se référant aux craintes irrationnelles suscitées par les premiers chemins de fer : « En 1835, les membres de l'académie de médecine de Lyon demandèrent solennellement : ne risquerons-nous pas des atteintes à la rétine et des troubles de la respiration à grande vitesse, les femmes enceintes ballottées ne vont-elles pas faire des fausses couches[1] ? » L'histoire permet de ridiculiser les anxiétés par une sorte de récurrence technophile : tout comme les craintes passées nous semblent absurdes, les craintes actuelles sembleront ridicules à nos descendants. L'importance qu'a pris cet argument mérite que l'on s'y arrête.

Il s'agit en fait d'un mythe. En 1863, Louis Figuier, le grand vulgarisateur des sciences du XIXe siècle, fait le compte rendu d'un mémoire de l'hygiéniste Pietra Santa sur les conséquences sanitaires des chemins de fer[2]. Il profite de l'occasion pour composer un petit bêtisier médical. Il mentionne, sans donner de référence, des accusations proférées par de doctes médecins : les chemins de fer fatigueraient la vue, causeraient des avortements et des troubles nerveux. Il est vrai que les médecins des années 1850 s'interrogeaient sur les chemins de fer. On trouve dans les manuels d'obstétrique de brefs passages sur les dangers des longs voyages (en voiture ou en train) et des trépidations pour les femmes proches du terme de leur grossesse[3]. L'influence du chemin de fer sur la vue est plus mystérieuse. Pietra Santa conseille en effet aux lecteurs de reposer régulièrement leur vue, mais cela n'a rien de spécifique aux chemins de fer. Quelles que soient les sources de Figuier, on ne trouve en tout cas nulle trace du rapport de l'académie de médecine de Lyon mentionné par Dominique Lecourt, institution qui, d'ailleurs, n'existe pas.

---

1. Dominique Lecourt, « Faut-il jeter le clonage avec le fantôme d'un bébé clone ? », *Chronic'art*, 10, 2003.
2. Louis Figuier, « L'hygiène et les chemins de fer », *L'Année scientifique et industrielle*, Paris, Hachette, 1863, p. 389-396.
3. Amédée Dechambre, *Dictionnaire encyclopédique des sciences médicales*, Paris, Masson, 1886, vol. 47, article « Grossesse ».

La construction du mythe se poursuit en Allemagne. En 1889, Heinrich von Treitschke mentionne, sans donner de références, un rapport de 1835 (même date que le pseudo-rapport lyonnais) du collège médical de Bavière qui conseille d'interdire les chemins de fer car leur vitesse faramineuse pourrait causer un « *delirium furiosum* » aux passagers. Cette anecdote connaît un succès extraordinaire. On la retrouve dans une histoire des chemins de fer en 1912, dans *Mein Kampf* en 1922 (où Hitler s'en sert pour ridiculiser les experts), puis dans différents travaux historiques des années 1960-1980 sur la révolution industrielle, à chaque fois mentionnée à propos des « résistances au progrès ». Bien entendu, le rapport bavarois n'existe pas plus que le rapport lyonnais[1].

En France, embellie par l'imagination de Treitschke, l'histoire prospère. En 1906, dans la préface de sa *Bibliographie des chemins de fer*, de Villedeuil ajoute, parmi les consé-quences médicales présumées du voyage en train, la danse de Saint-Guy produite par les trépidations. Il évoque aussi la cécité en utilisant un terme médical vieilli : les chemins de fer « enflammeraient la rétine » à cause de la succession fugace des images, toujours sans donner de référence, malgré les 826 pages que compte ce recueil bibliographique[2] ! En 1957, un article de *L'Express*, à l'occasion des 120 ans de l'inaugura-tion de la ligne Paris-Saint-Germain, explique que, dans les années 1840, des « pythies sinistres » annonçaient que les chemins de fer « provoqueraient des maladies nerveuses, voire l'épilepsie et la danse de Saint-Guy », qu'ils « enflam-meraient la rétine et feraient avorter les femmes enceintes ». L'auteur ajoute : « Ce ne sont pas là les marmonnements de rebouteux, mais des prophéties communiquées publiquement à l'académie de médecine[3]. » L'histoire est par la suite reprise

---

1. Bernward Joerges, « Expertise lost : an early case of technology assess-ment », *Social Studies of Science*, 24, 1994, p. 96-104.
2. Pierre Charles de Villedeuil, *Bibliographie des chemins de fer*, Paris, Librairie générale, 1906, p. 46.
3. Georges Ketman, « Ce jour-là », *L'Express*, 23 août 1957.

dans des livres de vulgarisation et des manuels d'histoire du supérieur. Elle entre dans la culture commune[1].

Notons pour conclure qu'en 1860, alors que se cristallisait la rumeur d'une crainte liant folie et chemins de fer, la médecine et les tribunaux commençaient à étudier (et indemniser) les traumatismes nerveux causés par les accidents ferroviaires, ce qui n'avait rien à voir avec la danse de Saint-Guy[2]. En fait, les innombrables plaintes, procès et pétitions ne s'opposaient pas aux chemins de fer mais aux accidents qu'ils provoquaient et aux compagnies soupçonnées de faire des économies au détriment de la sécurité des voyageurs. La sécurité actuelle des systèmes ferroviaires est l'heureuse héritière de ces contestations.

---

1. André Philip, *Histoire des faits économiques et sociaux de 1800 à nos jours*, Paris, Aubier, 1963, p. 94 (réédité en 2000 par Dalloz) ; Simone de Beauvoir, *La Vieillesse*, Paris, Gallimard, 1970, vol. 2, p. 416 ; Henri Vincenot, *La Vie quotidienne dans les chemins de fer au XIXᵉ*, Paris, Hachette, 1975, p. 13.
2. Wolfgang Schivelbuch, *The Railway Journey. The Industrialisation of Space and Time*, University of California Press, 1986, p. 134-149 ; Ralph Harrington, « The railway journey and the neuroses of modernity », Wrigley et Revill (dir.), *Pathology of Travels*, Amsterdam, Rodopi, 2000, p. 229-259.

CHAPITRE PREMIER

L'inoculation du risque

Le risque, l'application du calcul des probabilités aux affaires de vie, de mort et de santé, constitue une technique généralement employée pour guider les conduites individuelles. Confrontés, par exemple, à la question de se faire vacciner ou non, nous devons nous en remettre à de simples fractions et subsumer nos vies et nos corps à de vastes ensembles. L'information statistique et le calcul des risques nous somment de nous comporter en individus rationnels cherchant à maximiser nos espérances de vie.

L'usage du risque demeura longtemps circonscrit au monde du commerce et de l'assurance. Au milieu du XIIe siècle, les marchands pisans et génois empruntèrent à l'arabe le mot *rizq* (« la part que Dieu attribue à chaque homme ») pour désigner, dans leurs contrats, les pertes et les profits liés à des événements incertains. Le risque, conjointement à la tenue des comptes ou l'assurance maritime, participait à l'essor du capitalisme marchand. Il contribuait également à sa légitimation morale : le profit commercial, c'est-à-dire le gain du marchand qui revend un bien inchangé, fut justifié théologiquement en invoquant le « prix du risque ». Au XVIIe siècle, avec le développement de la statistique (ou arithmétique politique) et des assurances (sur les incendies et la vie) le risque apprenait à compenser financièrement les dangers du monde[1].

---

1. Sylvain Piron, « L'apparition du *resicum* en Méditerranée occidentale, XIIe-XIIIe siècles », *Pour une histoire culturelle du risque. Genèse, évolution,*

Par quel processus historique ce concept marchand et assurantiel est-il devenu l'outil contemporain générique de gouvernement des conduites ? L'inoculation de la petite vérole, une technique médicale qui apparaît en Europe au XVIIIᵉ siècle, a fourni l'occasion décisive d'étendre la rationalité probabiliste à la vie elle-même.

L'inoculation est une technique minimaliste : une entaille, du pus variolique, quelques jours de fièvre et l'espoir d'être exempt de la terrible maladie. En échange de quelques pustules, on échappait à la variole dont on mourait fréquemment, dont on restait plus ou moins disgracié, parfois aveugle, sourd, débile ou bien tout cela à la fois. Technique minimaliste, l'inoculation compte pourtant parmi les innovations les plus importantes de la modernité : non seulement parce qu'elle a pris part à la révolution démographique, mais surtout parce qu'elle inaugure une nouvelle manière de vivre avec les virus. Plutôt que de recourir à une stratégie de blocus (quarantaine, isolement, surveillance, désinfection), les humains passèrent un accord avec leur némésis : en échange de l'immunité, ils donnèrent un droit d'asile à quelques virus ayant l'obligeance de ne pas trop abîmer leurs hôtes.

Dans le projet des Lumières – d'instauration de l'individu autonome et mû par la raison –, l'inoculation tient une place très importante : elle fut la technique emblématique d'une philosophie morale qui valorisait l'autogouvernement rationnel de soi[1]. Les personnes qui s'inoculèrent ou qui hésitèrent à s'inoculer furent aux prises avec les mêmes doutes : était-il légitime de courir volontairement un risque de mort ou de le faire courir à ses enfants ? Pire, l'inoculé devenant contagieux,

---

actualité du concept dans les sociétés occidentales, Strasbourg, Histoire et Anthropologie, 2004, p. 59-76 ; Geoffrey Clarck, *Betting on Lives. The Culture of Life Insurance in England, 1695-1775*, Manchester, Manchester University Press, 1999 et Cornell Zwierlein, « Insurances as part of human security, their timescapes and spatiality », *Historical Social Research*, 2010, vol. 35, n° 4, p. 253-274.
1. Jérôme B. Schneewind, *L'Invention de l'autonomie. Une histoire de la philosophie morale moderne*, Paris, Gallimard, 2001.

il imposait un risque accru à son entourage et à la société en général. Deux positions s'affrontaient : les inoculateurs défendaient la liberté des individus de se protéger ; leurs opposants, la discipline collective qu'impose une police de la santé. En permettant d'échapper au sort biologique commun, l'inoculation faisait peser de nouvelles contraintes sur la conscience des individus. Au projet baconien « d'allègement de la condition des hommes[1] » par la technique, devait correspondre un allègement de leurs consciences. Pour les propagandistes de l'inoculation, le risque remplissait précisément cette fonction.

Dans ce chapitre, mon but est de rendre étonnant ce qui dans d'autres historiographies va de soi, à savoir : l'application de la géométrie du hasard à la gestion de la vie. Le but est de faire sentir la révolution que représente le risque dans les années 1720 : un regard inédit sur la vie et son insertion dans l'ordre naturel, un repère inattendu pour l'action et une source de légitimité d'un nouvel ordre. Reprendre l'histoire de l'inoculation, sans considérer les probabilités comme la manière *naturelle* de la penser, permet de faire ressortir le contexte historique spécifique qui a conduit à l'émergence du risque comme mode de gouvernement des conduites[2].

Le risque de l'inoculation apparaît dans les années 1720 en Angleterre et Nouvelle-Angleterre comme outil casuistique de production de bonne conscience. Il s'adosse à une théologie qui lie l'ordre probabiliste du monde à l'ordre divin. Dans les années 1750 en France, le risque prend un sens différent : il participe d'un projet philosophique valorisant l'individu autonome et rationnel et qui se préoccupe activement de le mobiliser pour le bien public. Le risque est également au cœur de

---

1. Francis Bacon, *Novum Organum*, 1620, aphorisme 73.
2. L'histoire des pratiques de quantification a déjà abordé la question de l'inoculation, mais sans faire ressortir le coup de force théologique et politique que représente la mise en probabilité de la vie. Voir : Andrea Rusnock, *Vital Accounts. Quantifying Health and Population in Eighteenth-Century England and France*, Cambridge, Cambridge University Press, 2002. Sur l'inoculation en général, se reporter à la bibliographie indicative en fin de volume.

l'utopie de la sphère publique : il sépare l'essentiel (le nombre) de l'accessoire (les arguties morales), il distingue les juges légitimes (les lecteurs rationnels) de la foule frivole et sentimentale (le peuple, les mères). Enfin, à partir des années 1760, le risque est utilisé dans des programmes de mise en politique des faits biologiques : il permet alors de penser l'inoculation du point de vue d'un roi absolu désirant optimiser sa population c'est-à-dire maximiser le nombre des sujets utiles (*i. e.* actifs et fertiles) et minimiser le nombre d'enfants nécessaires pour les produire. Sans d'ailleurs que cette rationalité ne soit mise en pratique sous l'Ancien Régime, à part dans le cas du maître d'esclaves.

1. L'émergence casuistique du risque

Les premiers arguments probabilistes en faveur de l'inoculation sont élaborés en 1721 à Boston. Alors qu'une épidémie de variole se répand dans la ville, un groupe de pasteurs, menés par Cotton Mather, encourage les fidèles à se faire inoculer. Ils donnent des prêches sur le sujet, publient des pamphlets et des articles. William Douglass, le seul médecin de la ville qui soit passé sur les bancs de la Faculté, les surnomme ironiquement les « *inoculation ministers* ». L'opposition est particulièrement forte : les épidémies étant conçues comme des « maladies judiciaires » châtiant la communauté pécheresse, l'inoculation était rejetée comme une tentative impie visant à se soustraire à la volonté divine.

Mather ne semble pas avoir anticipé une telle réaction. Dans ses premiers écrits sur le sujet, il présentait l'inoculation comme la conséquence naturelle du désir de sécurité dont témoignait le développement de l'assurance-vie. Comment les Bostoniens pourraient-ils renoncer à s'inoculer alors que « nombreux sont ceux prêts à payer cher pour assurer leur vie contre les dangers de cette terrible maladie[1] ». Le 14 novembre

---

1. Lettre de Mather aux médecins de Boston, 6 juin 1721, citée dans *A Vindication of the Ministers of Boston*, Boston, B. Green, 5 février 1722. Entre

1721, une bombe est jetée dans sa maison. L'engin est entouré de la note suivante : « *Mather, You Dog, Damn you, I will enoculate you with this, with a Pox to you*[1]. » Dans ce contexte, les pasteurs avaient intérêt à se montrer particulièrement persuasifs.

L'un des obstacles qu'ils devaient surmonter était l'idée augustinienne de la « lumière intérieure », d'un bien gravé par Dieu dans notre cœur, « qui s'irradie dans notre esprit, pour nous permettre de porter sur toutes choses un jugement droit[2] ». La répugnance naturelle que l'on éprouve à l'égard d'un pus virulent, la réticence des pauvres, le bon sens des humbles, l'instinct même des animaux qui « savent faire usage des choses naturelles » et qui ne s'inoculent pas, tous ces signes n'indiquaient-ils pas l'existence d'une prohibition universelle et donc divine ? La difficulté était de parvenir à présenter un nouvel usage du corps, qui paraissait contre nature, comme s'inscrivant dans l'ordre naturel.

Le risque servit précisément à cela : afin d'invalider les scrupules et de justifier l'inoculation, les pasteurs modifièrent la relation entre nature et morale en articulant les deux non pas par les sentiments universels déposés par Dieu dans sa créature, mais grâce aux lois probabilistes qu'il fallait découvrir dans le monde.

Suivant la logique de la théologie naturelle, le monde étant ordonné par la Providence, c'était par l'étude de ses lois que l'on pouvait connaître les décrets divins et agir moralement. En 1700, Mather avait publié un traité intitulé *Reasonable Religion* démontrant que « quiconque agit raisonnablement vit religieusement ». Le problème moral tel que le pose Mather est d'ordre topographique : il veut déplacer le lieu du jugement

---

1696 et 1721, plus de soixante assurances sur la vie sont fondées en Angleterre. Cf. Geoffrey Clarck, *Betting on lives*, *op. cit.*, p. 33.

1. Cotton Mather, *Diary of Cotton Mather (1709-1724)*, Boston, Peabody Society, 1912, vol. 2, p. 658, « Mather, chien, sois maudit, je vais t'enoculer (*sic*) avec cette pustule ».

2. Saint Augustin, *La Cité de Dieu*, cité par Charles Taylor, *Les Sources du moi* (1989), Paris, Seuil, 1998, p. 182.

moral de l'intériorité du sujet vers l'exercice de la raison saisissant les régularités du monde. Agir moralement consistait à se défier de la spontanéité pour se conduire conformément à une loi extérieure, naturelle et divine[1]. Avant la Chute, l'homme pouvait suivre ses penchants, car la loi divine était « inscrite dans son cœur ». Après la Chute, il lui faut faire appel à la raison que Dieu lui a donnée afin de déchiffrer les « hiéroglyphes » de la nature. Les vrais directeurs de conscience sont les êtres naturels : « Bien des choses, quoique muettes, hurlent de justes reproches contre nous[2]. » Le bon chrétien comprend les desseins de Dieu transparaissant dans l'ordre du monde.

La justification de l'inoculation proposée par les pasteurs bostoniens est l'application concrète de cette théologie naturelle. Mather rejette les arguments théoriques et bibliques pour ou contre l'inoculation : « EXPÉRIENCE ! C'est à toi que l'on doit tout référer[3]. » Aux scrupules d'un candidat à l'inoculation, inquiet pour son salut, le pasteur Colman répond : « Si quelqu'un meurt de l'inoculation, il meurt dans l'usage du moyen *le plus probable* qu'il connaissait pour sauver sa vie ; il meurt dans la voie du devoir et donc dans la voie de Dieu[4]. » Les cas de conscience se résolvent ainsi par la comparaison des risques entre les petites véroles naturelle et inoculée.

---

1. Sur le rejet par l'ascétisme protestant de la voix intérieure : Max Weber, *L'Éthique protestante et l'esprit du capitalisme* (1893), Paris, Plon, 1964, p. 136.
2. Cotton Mather, *Reasonable Religion*, Londres, Cliff and Jackson, 1713, p. 39.
Sur la théologie naturelle ou physico-théologie, fondamentale dans la philosophie naturelle du début du XVIIIe, voir Jacqueline Lagrée, *La Religion naturelle*, Paris, PUF, 1991 ; Jean-Marc Rohrbasser, *Dieu, l'ordre et le nombre*, Paris, PUF, 2001 ; Margaret J. Osler, « Whose ends ? Teleology in early modern natural philosophy », *Osiris*, vol. 16, 2001, p. 151-168.
3. Cotton Mather, *An Account of the Method and Success of Inoculating the Small-Pox in Boston in New England*, Londres, 1722, p. 15.
4. Révérend Colman, *A Letter to a Friend in the Country Attempting a Solution of the Scrupules and Objections of a Conscientious or Religious Nature Commonly Made against the New Way of Receiving the Small-Pox*, Boston, 1722.

Si le concept de « risque de l'inoculation » naît en 1721 à Boston, c'est aussi parce que les informations quantitatives étaient directement disponibles : en Nouvelle-Angleterre, contrairement à l'Europe, la petite vérole n'est pas endémique et dès le commencement de l'épidémie causée par l'entrée d'un navire dans le port de Boston, l'administration met en place de sévères mesures de quarantaine. Pour les organiser, elle recense non seulement les morts mais aussi les malades de la petite vérole. Le rapport des morts aux malades permet de calculer le risque de la petite vérole naturelle qui est ensuite comparé au résultat des inoculations. Mather et Colman énoncent ainsi les premiers arguments quantitatifs en faveur de la pratique : lors de l'épidémie bostonienne, sur 7 989 malades, 844 avaient succombé, soit 1 sur 9, alors que sur les 286 inoculés 6 seulement avaient péri, soit 1 sur 48. La différence considérable et constante entre les deux taux de mortalité témoigne bien de l'existence d'un ordre divin en faveur de l'inoculation.

L'histoire du risque se poursuit en Angleterre. Mather et Colman entretenaient dans les années 1720 une relation épistolaire avec James Jurin, médecin et secrétaire de la Royal Society[1]. Or c'est lui qui, à partir de 1723, entreprend de promouvoir l'inoculation en Angleterre. La variole étant endémique à Londres, la quantification du danger est plus difficile. Jurin utilise les bulletins paroissiaux de mortalité qui depuis le début du XVIIᵉ siècle précisaient les causes des décès[2]. Il réalise par ailleurs de petits recensements, famille par famille, afin d'estimer le risque de mourir de la variole une fois la maladie déclarée[3]. Enfin, il publie dans les journaux une

---

1. ARS, ms. 245, « Extract of a letter from the Revd M. Colman from Boston to Henry Newman », 8 mars 1722 et James Jurin, « A Letter to the learned Coleb Cotesworth… containing a comparison between the danger of the natural smallpox and of that of the given by inoculation », *Philosophical Transactions*, vol. 32, 1722, p. 215, qui cite une lettre de Mather.
2. Point essentiel qui fera défaut aux inoculistes français.
3. ARS, ms. 245, Anthony Fage, « An account [...] of how many had the small pox in the year 1722, how many had it before [...] and how many dyed ».

annonce invitant les médecins à lui communiquer les résultats de leurs inoculations. En 1724, une brochure très diffusée rend compte de ces recherches[1].

À Londres comme à Boston, les probabilités prennent leur sens grâce à la théologie naturelle. Pour Jurin, la différence des risques révèle l'origine divine de l'innovation. Le révérend David Some inclut dans ses sermons de petites démonstrations arithmétiques. Selon lui, le risque de l'inoculation n'est pas un signe d'impiété mais rappelle au contraire à l'homme sa dépendance envers Dieu[2]. La quantification de la vie s'inscrivait aussi dans un mouvement de rationalisation de la charité. En 1752, l'évêque de Worcester fonde à Londres le Smallpox and Inoculation Hospital qui pratique l'inoculation gratuite. Pour stimuler la générosité des donateurs, il calcule dans un sermon la population que gagnerait l'Angleterre si la pratique se généralisait. Quelques années plus tard, un autre pasteur va jusqu'à calculer le nombre de vies sauvées pour chaque livre versée à l'hôpital[3] !

En 1754, l'argument probabiliste apparaît dans deux traités sur l'inoculation rédigés en français : l'*Essai apologétique sur l'inoculation* de Charles Chais et l'*Inoculation justifiée* de Samuel Tissot. Chais, déjà connu pour ses ouvrages de théologie, est un pasteur d'origine genevoise établi à La Haye. Tissot n'est encore qu'un jeune médecin de Lausanne. *L'Inoculation justifiée* lui permet de se faire un nom. Il ne s'agit pas

---

1. James Jurin, *An Account of the Success of Inoculating the Small-Pox in Great Britain*, Londres, Peele, 1724, qui sera immédiatement traduit en français. L'une des originalités de cet ouvrage est de chercher à concilier quantification et narration médicale. L'essentiel du texte est consacré au récit des inoculations fatales pour que le lecteur puisse juger du lien de causalité entre l'opération et le décès. Selon l'appréciation du lecteur, le risque de l'inoculation varie considérablement de 1/64 à 1/482. Pour plus de précisions sur Jurin, Andrea Rusnock, *Vital Accounts, op. cit.*, p. 49-70.
2. David Some, *The Case of Receiving the Small-Pox by Inoculation*, 1725, Londres, Buckland, 1750, p. 27.
3. Samuel Squire, *A Sermon Preached before His Grace Charles, Duke of Marlborough [...] March 27, 1760*, Londres, Woodfall, 1760.

d'un simple traité médical, mais, comme l'indique le sous-titre, d'une *dissertation apologétique*. L'ouvrage est dédié à son oncle, pasteur dans un village proche de Lausanne.

Les deux auteurs proposent une métaphore marchande afin de rendre tangible l'équivalence entre risque et volonté divine. C'est à tort que l'on parle de la vie comme d'un « don de Dieu ». Ma vie ne m'appartient pas. Elle n'est qu'un « précieux dépôt » que Dieu m'a confié et dont « je suis comptable ». Cette expression doit être prise au pied de la lettre : lors du jugement dernier je devrai « rendre compte » de mes décisions devant le Grand Propriétaire. Ne pas choisir les meilleurs risques revient donc à léser Dieu[1].

La casuistique protestante de l'inoculation décrit un monde sans droit naturel évident, ni voix intérieure qui nous dicterait le bien. L'homme est « abandonné à lui-même [...] sans oracle infaillible ». Le seul parti à prendre est celui qui « paraît *probablement* le meilleur [...] on peut alors dire, la Providence nous appelle à cela[2] ». La moralité de l'inoculation repose sur l'intime conviction : le fidèle doit méditer la différence des risques et son sens théologique, reconnaître enfin que l'argument probabiliste n'est pas un simple opportunisme drapé dans la loi de la nature. Quand il s'est bien persuadé que les probabilités indiquent la voie divine, « il ne doit plus rouler dans l'esprit de scrupule parce que le succès dépend des dispensations de la Providence ». Une fois convaincu, le protestant peut affronter avec ferveur l'incertitude des issues car il s'inscrit dans l'ordre providentiel ; le risque n'est que l'expression de la grâce de Dieu à laquelle il faut s'en remettre. Les apologues protestants de l'inoculation peuvent, sans être accusés de faire passer l'utile avant le licite ou le physique avant la morale, rejeter le sentiment naturel au nom de la raison probabiliste parce que celle-ci est en même temps et avant tout raison théologique.

---

1. Charles Chais, *Essai apologétique sur l'inoculation*, La Haye, De Hondt, 1754, p. 89, 96.
2. *Ibid.*, p. 91.

L'inoculation et sa justification probabiliste participent d'un processus historique plus large qui fit passer la définition de l'action bonne du Verbe de Dieu à l'intelligence des lois de la nature. La théologie naturelle et l'éthique eudémoniste de John Locke furent essentielles pour cette transition. Parce que la nature obéit à des lois choisies par Dieu, parce que l'homme obéit au désir d'autoconservation déposé par Dieu dans sa créature, et parce que la violation des lois naturelles produit une peine, l'optimisation de nos plaisirs nous fait collaborer au projet divin. Dieu instrumentalise la raison instrumentale. Ce raisonnement fonde l'apologétique protestante de l'inoculation. Tissot écrit ainsi : « Quand Dieu créa l'univers, il établit un certain nombre de lois physiques qui [...] sont les meilleures possibles. En créant les êtres pensants, il grava chez eux les fondements des lois morales. Comme la première est qu'ils s'aiment eux-mêmes et qu'ils cherchent leur bonheur, il voulut que [...] ce qui devait servir d'organe à ce bonheur puisse produire leur bien-être[1]. »

Dans cette éthique fondée sur la loi naturelle et le souci de soi, la médecine occupait une place éminente. Par sa capacité à définir les conduites favorables à l'autoconservation, elle enracinait la morale dans la physiologie[2]. Au cours du XVIIIe siècle, de nombreuses angoisses culturelles furent saisies par le discours médical : le luxe, l'oisiveté, la solitude, la gloutonnerie, et, bien sûr, la masturbation. La médecine traduisait en maux physiques les désordres moraux de l'époque des Lumières. Le médecin se pensait comme une source de contrôle plus efficace que la morale. Dans l'*Encyclopédie*, le docteur Menuret de Chambaud expliquait que « pour être bon moraliste, il faut être excellent médecin[3] ». À propos de

---

1. Samuel Tissot, *L'Inoculation justifiée*, Lausanne, Bousquet, 1754, p. 107.
2. Thomas Laqueur, *La Fabrique du sexe*, Paris, Gallimard, 1992 ; *Le Sexe en solitaire*, Paris, Gallimard, 2005.
3. Denis Diderot et Jean Le Rond d'Alembert (dir.), *Encyclopédie, ou dictionnaire raisonné des sciences, des arts et des métiers, etc.*, Neuchâtel, Samuel Faulche, 1765, vol. 11, article « Œconomie animale », p. 360.

l'onanisme, Tissot explique « qu'il est plus aisé de détourner du vice par la crainte d'un mal présent que par des raisonnements fondés sur des principes[1] ». L'inoculation et la masturbation appartiennent au même moment de naturalisation de la morale : 1718, publication d'*Onania* ; 1721, premières inoculations en Angleterre ; 1754, début de la controverse de l'inoculation à Paris ; 1760, publication de *L'Onanisme* de Tissot. Les partisans de l'inoculation tels Mather, Tissot, Menuret de Chambaud ou Bienville rédigent aussi les principaux textes sur les dangers de la masturbation[2]. Dans les deux cas, la médecine prétendait guider les conduites en faisant du moindre risque un critère de moralité : les dangers supposés de l'onanisme démontraient l'énormité du péché tandis que l'inoculation était justifiée par l'argument du moindre risque.

En dénaturalisant la désapprobation morale instinctive, le risque réalisait un tour de force dont on ne peut surestimer la portée. Selon le médecin bostonien William Douglass, la création par les probabilités d'un for intérieur à part des normes collectives risquait de diviser la communauté religieuse et politique. L'invocation de l'ordre naturel par les pasteurs représentait un geste semblable à celui des enthousiastes puritains du XVIIe siècle qui se prétendaient directement et personnellement inspirés par Dieu. Le risque, parce qu'il ouvrait la possibilité d'agir préventivement, en conscience, sur son corps, semblait préluder à d'autres initiatives portant cette fois sur le corps politique[3].

À Paris, l'inoculation et l'autonomie nouvelle qu'elle permettait semblait remettre en cause l'ordre social de la monarchie absolue. Un médecin de la faculté expliquait qu'en

---

1. Samuel Tissot, *L'Onanisme ou dissertation physique sur les maux produits par la masturbation*, Lausanne, Chapuis, 1760, p. ix.
2. Cotton Mather, *The Pure Nazarite. Advice to a Young Man Concerning an Impiety and Impurity*, Boston, T. Fleet, 1723 ; M.D.T. de Bienville, *La Nymphomanie ou traité de la fureur utérine*, Amsterdam, Rey, 1771 ; Denis Diderot et Jean Le Rond d'Alembert (dir.), *Encyclopédie, op. cit.*, vol. 10, article « Manustupration », p. 51.
3. William Douglass, *Inoculation of the Small Pox As practised in Boston*, Boston, Franklin, 1722, p. 12.

légitimant une atteinte volontaire à son corps, le principe d'utilité individuelle sapait « le pouvoir que les Princes ont sur la vie des hommes comme ministres de Dieu ». « Supposer que la conduite de chacun par rapport à son corps, aurait été abandonnée à son caprice [...] répugne à l'idée d'un gouvernement bien ordonné[1]. »

2. Le risque et le gouvernement des autonomies

Les propagandistes français de l'inoculation utilisèrent justement les probabilités afin de réordonner l'autorité dans le corps politique. Le 24 avril 1754, le géomètre Charles-Marie de La Condamine lit à l'Académie des Sciences un mémoire prônant l'inoculation. Il obtient un immense succès : tous les périodiques en rendent compte, la plupart abordant le sujet pour la première fois. Grimm commente : « M. de La Condamine a fait une révolution[2]. » Qu'y avait-il de si révolutionnaire à mettre en probabilité une technique médicale ?

Premièrement, le risque permettait de contourner la faculté de médecine qui possédait (en théorie plus qu'en pratique), le monopole de la définition des remèdes légitimes[3]. Aux médecins qui dénoncent son ingérence, La Condamine rétorque que l'inoculation n'est pas de leur ressort : il s'agit d'une « question compliquée qui ne peut être résolue que par la mesure de la plus grande probabilité [...] et l'on sait que le calcul des risques appartient à la géométrie [...] le docteur en médecine est plus capable d'embrouiller que d'éclaircir la question[4] » ! En posant l'inoculation comme « un pur pro-

---

1. *Mémoire sur le fait de l'inoculation*, Paris, Butard, 1768, p. 16-18.
2. *Correspondance littéraire, philosophique et critique de Grimm et de Diderot*, Paris, Furne, 1829, vol. 1, p. 454.
3. Laurence Brockliss et Colin Jones, *The Medical World of Early Modern France*, Oxford Clarendon Press, 1997.
4. Charles-Marie de La Condamine, *Histoire de l'inoculation de la petite vérole ou recueil de mémoires, textes, extraits et autres écrits sur la petite vérole artificielle*, Amsterdam, Société typographique, 1773, p. 492.

blème de probabilité[1] », La Condamine faisait aussi valoir sa propre expertise de géomètre. Revenant d'une longue expédition géodésique en Amérique du Sud, il avait acquis aux yeux du public une réputation de savant héroïque, parvenant, en des lieux exotiques et dangereux, à faire triompher l'idéal de précision de la science européenne.

Deuxièmement, le risque marginalisait la faculté en instaurant le public comme juge de l'inoculation. Dans les années 1750, la médecine est une province de la République des lettres. Les débats médicaux appartiennent au même univers textuel que la littérature ou la politique : les médecins, qui ne disposent pas de périodique spécialisé jusqu'à la fondation du *Journal de médecine* en 1755, publient leurs articles dans la presse généraliste. Malgré les prétentions régulatrices de la faculté, c'est bien la sphère publique : les gazettes, les affiches et les réclames, qui définit le succès commercial des thérapeutiques[2]. Grâce au risque, le tribunal du public cessait d'être une simple métaphore : en permettant de juger sur le fond une affaire médicale tout en restant ignorant de la médecine, il instaurait le public en véritable juge de la question.

L'usage des probabilités avait enfin le mérite de sélectionner les individus dignes de siéger dans ce tribunal. Pour La Condamine, la raison n'était pas la chose au monde la mieux partagée : il fallait exclure « à peu près toutes les femmes » et « la plupart des hommes qui n'ont pas eu d'éducation[3] ». Cette partie du peuple est radicalement invalidée comme instance de jugement : « leur incapacité naturelle ou le peu d'habitude d'exercer leur raison, les empêche de lier deux raisonnements, et de leur vie [ils] ne sont parvenus à une troisième conséquence ». « De cent femmes, de cent mères,

---

1. « Lettre de M. de La Condamine à M. Daniel Bernoulli », *Mercure de France*, avril 1760.
2. Colin Jones, « The great chain of buying : medical advertisement, the bourgeois public sphere, and the origins of the French Revolution », *The American Historical Review*, 1996, vol. 101, n° 1, p. 13-40.
3. Charles-Marie de La Condamine, *Histoire de l'inoculation...*, *op. cit.*, p. 305.

il ne s'en trouvera pas une qui ait assez de lumières pour voir qu'elle doit inoculer un fils chéri[1]. » Alors que les femmes sont de plus en plus caractérisées par la prédominance de leurs sentiments sur leur raison, le risque participe de leur exclusion dans un domaine – la santé des enfants – où leur compétence était pourtant reconnue. Le risque crée donc une sphère publique étroite et sexiste qui peut ensuite être invoquée comme l'instance suprême de jugement.

La publication du mémoire de La Condamine marque le début d'une des plus grandes controverses du XVIIIe siècle français[2]. À partir de 1754, traités, pamphlets et articles sur l'inoculation se succèdent rapidement. Les prises de parti de médecins, de mathématiciens, de prêtres, de moralistes et de philosophes conduisent à un enchevêtrement du débat et une complexification des arguments. Pour les défenseurs de l'inoculation et les philosophes des Lumières (les deux groupes se recoupant largement) ce processus est contraire à l'idée qu'ils se font de la bonne discussion. L'*Encyclopédie* distingue ainsi la *controverse*, synonyme de *dispute religieuse* (stérile et sans fin), de la *discussion*. Celle-ci « exprime l'action *d'épurer* une matière de toutes celles qui lui peuvent être étrangères pour la présenter *nette & dégagée* de toutes les difficultés qui *l'embrouillaient*[3] ». Or ce qui se joue durant la controverse de l'inoculation, c'est justement la légitimité de cette philosophie du démêlement. Les questions qui verront s'affronter pendant une génération casuistes, philosophes, médecins et mathématiciens sont mixtes : quelle est la valeur morale et théologique

---

1. Charles-Marie de La Condamine, « Lettre de M. de La Condamine, à M. l'abbé Trublet », *Année Littéraire*, vol. 6, 1755, p. 17.
2. Cette époque est marquée par la politisation de la sphère publique. À travers plusieurs crises (refus des sacrements aux jansénistes, attentat de Damiens, censure de l'*Encyclopédie*), l'opinion publique devient, dans la culture politique de l'Ancien Régime, l'instance de jugement du souverain. Roger Chartier, *Les Origines culturelles de la Révolution française*, Seuil, 1990.
3. Denis Diderot et Jean Le Rond d'Alembert, *Encyclopédie, op. cit.*, vol. 4, p. 1034, article « Discussion ».

du risque ? La médecine peut-elle aller au-delà de la guérison ? Que signifie guérir ? Quel sens donner au désir d'amélioration des corps ? Quelles sont ses conséquences sur le corps politique ?

Prenons un exemple concret. Soit le reproche couramment fait à l'inoculation de « faire un mal pour obtenir un bien » ou « d'insérer un mal dans un corps sain ». Ce problème éthique conduisait à des discussions théoriques sur la nature de la petite vérole : sa généralité s'explique-t-elle par l'existence d'un germe inné ou bien est-elle une maladie purement contagieuse comme la syphilis ? La doctrine du germe inné qui fait de la petite vérole une crise propre à la nature humaine, au même titre que la puberté, avait été abandonnée par les médecins dans les années 1750. La théorie contagionniste faisait alors consensus. Pourtant, avec la controverse de l'inoculation, l'opinion médicale semble faire marche arrière[1]. Grâce au germe inné, les objections morales s'évanouissaient : l'inoculation n'insère pas une maladie mais détruit un vice déjà présent dans le corps ; qu'une personne meure de l'inoculation, il était loisible d'incriminer un germe particulièrement virulent auquel l'inoculé aurait tôt ou tard succombé. La théorie du germe inné renvoyait les accidents au corps de l'inoculé plutôt qu'à la lancette de l'inoculateur. Pour de nombreux propagandistes, il semble plus simple de recourir à cette théorie claudicante que de s'enliser dans des palabres éthiques[2]. Mais parce qu'il semblait *prédestiner* à la mort ou à la survie, le germe inné possédait des résonances théologiques

---

1. Tissot proposait une analogie simple : le lait qui caille avec une goutte d'acide. La potentialité de cailler est interne au lait, mais elle ne s'exprime que par un germe extérieur. L'inoculation est une manière d'épuiser la potentialité morbide : de même que le lait déjà caillé ne caille plus, la personne inoculée n'aura pas la petite vérole. Cf. Samuel Tissot, *L'Inoculation justifiée*, *op. cit.*, p. 33. Charles Rosenberg, *Explaining Epidemics and other studies in the History of Medicine*, Cambridge, Cambridge University Press, 1992.
2. M.D.T. de Bienville, *Le Pour et le contre de l'inoculation ou dissertation sur les opinions des savants et du peuple sur la nature et les effets de ce remède*, Rotterdam, 1768.

fâcheuses. À la faculté de médecine, profondément divisée sur la question janséniste, propagandistes et contradicteurs de l'inoculation s'accusent réciproquement de tenir des propos peu orthodoxes sur la prédestination[1].

L'inoculation, tel l'anneau de Möbius, donnait l'illusion de posséder deux faces, l'une médicale et l'autre éthique, qui après examen s'avéraient former une surface continue de problèmes et d'arguments. Selon les termes de l'époque, il était « impossible de séparer le moral du physique ». En juin 1763, le parlement de Paris consulte la faculté de médecine sur « le côté physique » de la question seulement et réserve le problème moral aux théologiens de la Sorbonne[2]. Mais en 1768, alors que le débat s'enlise, un médecin antinoculiste propose un changement de stratégie : puisque la faculté ne parvient pas à un accord quant à la valeur médicale de l'innovation, il faut qu'elle la juge selon les lois morales de la médecine. Au fondement de celles-ci se trouve la distinction entre thérapeutique et hygiène. La première qui a pour objet le corps malade peut faire usage de moyens « contre nature » (purges, saignées, amputations) car elle prend le corps « en état de nécessité ». La seconde a pour objet le corps sain et vise à le conserver en cet état par l'usage des choses naturelles : le repos, le régime, l'environnement, etc. L'inoculation ne trouve pas de place dans ce dualisme car elle est un moyen contre nature employé sur un corps sain. Autoriser l'inoculation entérinerait l'existence d'une médecine de troisième type, une médecine de la « transformabilité » ou de la « mutabilité » du corps humain. Les médecins seraient entraînés sur une pente interventionniste dangereuse visant à l'amélioration sans fin du corps humain selon les désirs des patients[3].

Cette casuistique médicale étendait la transcendance au corps : le fidèle n'est plus seulement comptable de sa vie qu'il

---

1. Guillaume J. de l'Épine, *Rapport sur le fait de l'inoculation*, Paris, Quillau, 1765, p. 23-27.
2. « Arrêt de la cour de parlement sur le fait de l'inoculation. » Extrait des registres du Parlement, 8 juin 1763.
3. *Mémoire sur le fait de l'inoculation, op. cit.*, p. 46.

doit gérer en bon marchand calculant ses chances, mais de la physicalité même de son corps qui lui est confié en l'état et qu'il ne peut modifier suivant sa convenance. Reprenant la vision paulinienne d'un corps n'appartenant pas à celui qui l'habite (« Ne savez-vous pas que vos membres sont le temple du Saint-Esprit, qui réside en vous, qui vous a été donné de Dieu et que vous n'êtes plus à vous-mêmes ? »), l'antinoculiste affirme que notre corps « ne nous a pas été donné pour servir à nos expériences[1] ». Dans la religiosité doloriste de la Contre-Réforme centrée sur le corps souffrant, il n'était guère acceptable d'employer une pratique médicale moralement douteuse pour échapper à la maladie. Celle-ci n'était-elle pas l'occasion d'une pénitence utile ? En outre, l'incorporation de Dieu en Christ justifiait la valorisation théologique du corps sain conçu comme une structure absolument parfaite. Toute modification volontaire paraissait sacrilège[2].

Le risque devait justement permettre d'épurer le débat, de tirer l'inoculation du flou des controverses morales et médicales afin de la présenter « nette et dégagée » devant le public-juge raisonnable. Selon La Condamine, l'inoculation « n'est plus une question de morale ni de théologie, c'est une affaire de calcul : gardons-nous de faire un cas de conscience d'un problème d'arithmétique[3] ». Aux scrupules moraux, le géomètre répond par des théorèmes : « le père doit-il exposer son fils volontairement ? Oui, et je le démontre » et il conclut son raisonnement par « Il est donc démontré dans toute la rigueur de ce terme… » C.Q.F.D. En dégageant l'individu des contraintes morales et théologiques et en laissant la raison calculatrice comme seul déterminant des conduites, le risque

---

1. Épître aux Corinthiens, 6,19 et *Mémoire sur le fait de l'inoculation*, *op. cit.*, p. 27.
2. Jacques Gélis, « Le corps, l'Église et le sacré », *in* Alain Corbin, Jean-Jacques Courtine, Georges Vigarello (dir.), *Histoire du corps*, Paris, Seuil, 2005, vol. 1, p. 17-107.
3. Charles-Marie de La Condamine, « Mémoire sur l'inoculation de la petite vérole », in *Histoire de l'Académie royale des sciences*, Paris, Imprimerie royale, année 1754, 1759, p. 649-655.

devait imposer une seule façon recevable d'envisager l'inoculation. Sa conséquence politique est radicale : dans une société d'êtres rationnels, il ne peut y avoir qu'une seule manière de se comporter. Le risque devait produire une société d'individus libres et rationnels, libres de choisir le risque et obligés de le prendre car rationnels. Il rendait possible à la fois l'autonomie des conduites par rapport aux normes morales et une discipline intérieure permettant leur contrôle.

3. Du contrat viral au contrat social

La fabrication de sujets calculateurs était au cœur d'un projet politique. Elle paraissait être une condition indispensable pour que puisse fonctionner une société composée d'individus souverains : contrairement aux principes moraux et religieux irréductiblement pluriels et contradictoires, et contrairement à la vertu, la pitié ou la bienveillance, la capacité de calcul semblait être la seule faculté suffisamment partagée pour former une communauté politique large et un consensus sur les lois. Après avoir révoqué les transcendances fondant l'ordre social de la monarchie absolue, il apparaissait donc que des individus autonomes pouvaient être gouvernables à condition de devenir des sujets calculateurs[1].

Il se pourrait que l'inoculation et l'attention nouvelle au concept de risque aient eu un rôle important dans l'élaboration de la philosophie utilitariste. Le plus grand bonheur du plus grand nombre fut la maxime d'action des inoculateurs bien avant que Bentham n'en fasse la pierre de touche de toute législation. En 1754, Tissot justifiait ainsi les pertes dues à l'inoculation : « Tout doit être calcul dans notre conduite [...]. Ceux à qui le sort des hommes est confié, doivent

1. Élie Halévy, *La Formation du radicalisme philosophique*, Paris, Alcan, 1901, vol. 1, et Mary Poovey, *A History of the Modern Fact : Problems of Knowledge in the Sciences of Wealth and Society*, Chicago, University of Chicago Press, 1998, p. 144-150.

toujours ramener leur calcul à la somme commune[1]. » Selon Helvétius, autre défenseur de l'inoculation, toute loi devait répondre à l'exigence de « l'utilité publique, c'est-à-dire celle du plus grand nombre ». À l'acmé de la controverse de l'inoculation paraissent plusieurs textes essentiels : *De l'Esprit* d'Helvétius (1758), *Du Contrat social* de Rousseau (1762) et le *Traité des délits et des peines* de Beccaria (1764). Il ne s'agit pas d'une simple coïncidence : la controverse portait précisément sur ce qui était au cœur de la philosophie utilitariste en gestation, à savoir, la possibilité de faire du calcul individuel des risques et des avantages le fondement d'une morale publique[2].

Dans le *Traité des délits et des peines*, Cesare Beccaria prend pour point de départ un criminel potentiel qui considère les *risques* de son méfait. Pour qu'une pénalité soit efficace, il suffit que le risque soit à peine supérieur à l'utilité retirée du crime. Au moment où Beccaria élabora cette théorie pénale, il participait à la revue milanaise *Il Caffè*, qui avait publié un long article sur l'inoculation, faisant du rapport entre risque et espérance le mobile de la décision[3]. Le type de pouvoir qui s'invente pendant la controverse de l'inoculation, et que Beccaria est l'un des premiers à penser, prend pour cible, non pas les conduites, mais les mobiles des conduites : le souverain doit agir de manière indirecte sur les ressorts de la décision, par l'éducation et la loi, de manière à produire des sujets calculateurs et à orienter leurs calculs individuels vers la maximisation du bien public. De même, selon d'Holbach, également promoteur de l'inoculation, le bon souverain doit se contenter d'éclairer les citoyens, de « les amener par la douceur à la raison qu'ils ignorent[4] ». La possibilité d'un pouvoir libéral qui

---

1. Samuel Tissot, *L'Inoculation justifiée, op. cit.*, qui cite p. 94-95 Charles Duclos, *Considérations sur les mœurs de ce siècle*, Paris, Prault, 1751.
2. Élie Halévy, *La Formation du radicalisme philosophique, op. cit.*
3. Pietro Verri, « Sull'innesto del vajuolo », *Il Caffè : o sia, brevi e vari discorsi già distribuiti in fogli*, vol. 2, 1764, p. 452-523.
4. Paul Henri Thiry d'Holbach, *Éthocratie ou le gouvernement fondé sur la morale*, Amsterdam, Rey, 1776, « Avertissement ».

laisse aux individus le soin de se gouverner dépend de la constitution de sujets probabilistes et sensibles, éduqués à percevoir de petits risques et à agir en conséquence.

L'inoculation fut emblématique de cette manière douce et indirecte de gouverner. Jusqu'à la fin du XVIIIe siècle, il parut impossible politiquement et moralement de l'imposer aux individus. En 1764, à la Faculté de médecine de Paris, le docteur Antoine Petit conclut son rapport en faveur de l'inoculation par une déclaration d'impuissance : « La vie et la santé font partie des choses [...] qu'un gouvernement sage abandonne à la discrétion des particuliers [...]. L'intérêt de sa propre conservation est la plus forte de toutes les lois, d'où il suit qu'il faut laisser au public faire la loi lui-même[1]. » Comme l'inoculation semblait à la fois primordiale pour le bien public et se situer en dehors de la sphère d'action du gouvernement, il convenait de la généraliser non pas par l'édiction de normes positives, mais par la persuasion. En 1802, Bentham prend en exemple l'histoire de l'inoculation pour démontrer l'efficacité de la douceur gouvernementale : « Aurait-on dû établir l'inoculation par une loi directe ? Non, sans doute [...] on aurait porté l'effroi dans une multitude de familles. Cette pratique est devenue universelle en Angleterre par la discussion publique de ses avantages[2]. » Le gouvernement libéral des corps, doux et indirect, dépendait de l'intime conviction des individus et donc du « jugement du public » ; son efficacité reposait sur sa capacité à mettre le débat public au service de ses projets.

La notion de risque permit également à Rousseau de résoudre le problème que posait la peine de mort à l'intérieur de la théorie du contrat social : « On demande comment les particuliers n'ayant point droit de disposer de leur propre vie peuvent transmettre au souverain ce même droit qu'ils n'ont

---

1. Antoine Petit, *Premier Rapport en faveur de l'inoculation, lu dans l'assemblée de la faculté de médecine de Paris en l'année 1764, et imprimé par son ordre*, Paris, Dessain, 1766, p. 144.
2. Jeremy Bentham, *Traités de législation civile et pénale*, Paris, Bossange, 1802, vol. 3, p. 360.

pas ? » Dans un manuscrit de 1756, Rousseau réfléchit à la différence entre péril, danger et risque. Le risque désigne « un danger auquel on s'expose *volontairement* et avec quelque espoir d'en échapper en vue d'obtenir quelque chose qui nous tente plus que le danger nous effraye[1] ». La solution au paradoxe de la peine capitale repose sur cette analyse lexicale : certes, le particulier ne « dispose pas de sa vie » (le suicide est interdit), mais « tout homme a droit de *risquer* sa propre vie pour la conserver ». Le particulier peut donc souscrire à un pacte social qui maximise sa sécurité, même si le souverain a le droit de le tuer. Point capital, l'individu ignore, avant de signer le pacte, s'il sera honnête ou assassin : « C'est pour n'être pas la victime d'un assassin que l'on consent à mourir si on le devient[2]. » Le contrat social est contemporain des réflexions sur la licéité de l'inoculation. Or, pour justifier le risque de mort, les propagandistes utilisaient également l'égalité dans le malheur et l'ignorance des issues. Un médecin strasbourgeois expliquait ainsi que l'inoculation n'est pas immorale car chacun souscrit librement à un risque et parce que personne ne sait qui va y succomber : « On ne choisit pas un homme entre 1 000 pour lui plonger le couteau dans le sang, on ne détermine personne ; chacun peut se dire à soi-même que son risque de mourir est comme 1 à 1 000[3]. » À l'instar de la peine de mort dans le contrat social, l'inoculation est légitime car chacun des contractants partage à égalité les gains et les pertes.

---

1. Bruno Bernardi, « Le droit de vie et de mort selon Rousseau : une question mal posée ? », *Revue de métaphysique et de morale*, 2003, p. 89-106, qui cite le manuscrit R. 16 de la bibliothèque universitaire de Neuchâtel.
2. Jean-Jacques Rousseau, *Du contrat social ou principes du droit politique*, Amsterdam, Rey, 1762, p. 77-78.
3. François-Antoine Hertzog, *Réfutation de la réfutation de l'inoculation*, Strasbourg, Christmann et Leurault, 1768, p. 108.

4. La rationalité de l'État
et la pratique du maître d'esclaves

Une seconde manière de penser l'inoculation consistait à prendre le point de vue non pas du candidat à l'opération, mais celui du souverain cherchant à augmenter le nombre de ses sujets. Dans le contexte de la guerre de Sept Ans et de la rivalité franco-anglaise permanente, l'argument population-niste permettait de revêtir l'inoculation d'un intérêt national : selon Antoine Petit, le chef du parti inoculiste à la faculté de médecine, la nation européenne qui refuserait l'inoculation serait immanquablement subjuguée au bout de quelques siècles[1].

En 1760, le mathématicien bâlois Daniel Bernoulli élabore un modèle mathématique simulant l'effet sur la population de l'inoculation systématique des nouveau-nés. Le but est de montrer la possibilité qu'a le souverain d'optimiser sa popula-tion, d'en augmenter le nombre et d'en modifier la structure générationnelle. La question du risque devient marginale : si tous les enfants étaient inoculés à la naissance, la population se réduirait immédiatement (risque de 1 sur 200) mais « cette déduction est très peu de chose et on pourrait presque la négliger pour la totalité, qui seule mérite l'attention du prince ». L'intérêt principal de l'inoculation est de faire por-ter le coût humain de l'immunisation sur les enfants : « La perte ne tombe que sur les enfants inutiles à la société et tout le gain rejaillit sur l'âge fertile[2]. » À 25 ans (âge intéressant pour l'État qui a besoin de soldats, de travailleurs et de géni-teurs), l'inoculation fait gagner 79,3 individus sur une cohorte de 1 300 enfants. Selon une métaphore agricole explicite, le souverain doit gérer sa population comme un bon agronome

---

1. Antoine Petit, *Premier rapport en faveur de l'inoculation…, op. cit.*, p. 81.
2. Daniel Bernoulli, « Nouvelle analyse de la mortalité causée par la petite vérole et des avantages de l'inoculation pour la prévenir », *Mémoires de mathématique et de physique tirés des registres de l'Académie royale des sciences*, 1760, p. 34.

veille à ses rendements : il doit porter la plus grande attention « à l'âge de la récolte[1] ».

Ce mémoire est emblématique d'une rationalité politique nouvelle qu'il est convenu d'appeler, après Michel Foucault, le *biopouvoir*. Au XVIIIe siècle, avec l'émergence de la démographie, les sujets d'un royaume sont repensés comme formant une « population », c'est-à-dire une entité statistique qui peut faire l'objet de dénombrement, de calculs et d'anticipation. Philosophes, économistes et médecins plaident pour une gestion active de cet objet nouveau : il faut étudier les lois qui le gouvernent (natalité, mortalité, espérance de vie) et identifier les leviers permettant d'agir sur son évolution (économie politique, impôts, lois sur l'héritage, conditions sanitaires et environnementales), tout cela dans le but de maximiser la population au nom de la richesse et de la puissance du royaume. L'objet du pouvoir est déplacé : il ne s'agit plus d'un ensemble de sujets qu'il faut « surveiller et punir », mais d'une population qui, soumise à des lois naturelles que le souverain ne peut pas modifier, doit être gouvernée de manière indirecte grâce à l'économie politique principalement. La gestion libérale de la faim est exemplaire de ce nouveau type de pouvoir. Selon les économistes physiocrates des années 1760, en cas de mauvaises récoltes, le souverain doit accepter la hausse du prix des grains et le risque de disette afin de laisser libre cours aux anticipations des paysans qui augmenteront leur production. En laissant une disette se produire, le souverain réduit le risque de famine en général[2]. La rationalité du prince dans le mémoire de Bernoulli est analogue : plutôt qu'endiguer la petite vérole par des quarantaines, il doit accepter l'inoculation et le risque d'accident individuel afin de contrôler le phénomène épidémique et de réduire son impact sur l'ensemble de la population.

---

1. *Id.*, « Réflexions sur l'inoculation », *Mercure de France*, juin 1760, p. 178.
2. Michel Foucault, *Sécurité, territoire, population*, Paris, Gallimard/Seuil, 2004, p. 3-89.

Cette gestion probabiliste des populations ne trouva pas au XVIIIe siècle d'application dans les politiques de santé. Elle fut par contre au cœur de la gestion capitaliste de la vie dans deux domaines : les rentes viagères et les populations serviles.

Prenons tout d'abord le cas des rentes viagères. Généralement émises par des États, elles permettaient, en échange d'un capital, d'assurer un revenu régulier. Leur rendement élevé (autour de 10 %) supposait un amortissement (c'est-à-dire un décès du rentier) à vingt ans, légèrement moins que l'espérance de vie à la naissance au XVIIIe siècle. Mais à partir de 1770, les banquiers genevois entreprennent d'optimiser le revenu des emprunts viagers émis en masse par l'État français. Ils sélectionnent des enfants à la santé robuste, le plus souvent des filles âgées de 7 ou 8 ans, et achètent pour plusieurs millions de rentes à leurs noms. Afin de faciliter la levée de fonds, ils consolident ces rentes pour vendre à leurs clients un produit financier moins risqué, gagé non pas sur la vie d'une personne mais sur celles d'un groupe de trente jeunes filles, surnommées les « trente immortelles de Genève ». La rente perd ainsi son caractère personnel et peut être revendue sur toutes les places européennes, en Hollande particulièrement.

La vie des « trente immortelles » est entièrement subordonnée à l'impératif de longévité. Afin d'éviter les risques de l'accouchement, on leur impose le célibat. Le médecin genevois Théodore Tronchin, le plus prestigieux des inoculateurs européens, est chargé de les sélectionner, d'entretenir leur santé et de les inoculer. Grâce à ces précautions, sur les premières « trente immortelles » sélectionnées en 1772, vingt-huit étaient encore vivantes vingt ans plus tard. Cette conjonction d'innovations financière et médicale contribua directement à la débâcle financière de la monarchie française : en 1789, sur 530 millions de livres de revenus, 162 millions partaient à Genève pour honorer les rentes viagères[1] !

---

1. Herbert Luthy, *La Banque protestante de la révocation de l'édit de Nantes à la Révolution*, Paris, S.E.V.P.E.N., vol. 2, 1961, p. 465-500.

Si aucun souverain ne suivit le projet de Bernoulli, son mémoire avait néanmoins un modèle concret : celui du maître d'esclaves. L'inoculation fut avant tout une technologie esclavagiste. Couramment pratiquée en Afrique du Nord, sur les côtes de Guinée et au Soudan depuis le XVIIe siècle au moins[1], les marchands d'esclaves empruntèrent très tôt cette technique indigène afin de protéger leur marchandise. Ainsi, dès 1723, la Royal African Company rémunère un inoculateur dans ses comptoirs négriers[2]. L'inoculation était triplement profitable : en immunisant les esclaves, elle accroissait leur valeur vénale, réduisait les pertes pendant la traversée et évitait de se heurter aux quarantaines des îles sucrières. L'inoculation fluidifiait la traite négrière, réduisait ses risques et augmentait la rentabilité du capital.

Dans les colonies, l'inoculation fut pratiquée sur une tout autre échelle qu'en métropole : en 1756, alors qu'on ne compte que quelques inoculés à Paris, le gouverneur des îles de France et de Bourbon (Maurice et La Réunion) fait inoculer 400 Noirs[3]. Dans les plantations de Saint-Domingue, les premières inoculations remontent à 1745 et la pratique se généralise dans les années 1770[4]. En Louisiane, lors de l'épidémie de 1772, plus de 3 000 esclaves sont inoculés en quelques mois[5].

---

1. Voir Eugenia W. Herbert, « Smallpox inoculation in Africa », *The Journal of African History*, 1975, vol. 16, n° 4, p. 539-559. Selon Cotton Mather, les esclaves de Boston étaient généralement inoculés. Cf. George Kittredge, « Lost works of Cotton Mather », *Proceedings of the Massachusetts Historical Society*, vol. 45, 1912, p. 431.
2. Larry Stewart, « The edge of utility : slaves and smallpox in the early eighteenth century », *Medical History*, vol. 29, 1985, p. 54-70. Selon Herbert S. Klein, *The Middle Passage*, Princeton University Press, 1978, l'inoculation explique en partie la réduction de la mortalité des esclaves lors de la traversée de l'Atlantique à partir des années 1750.
3. Jean-François Bougourd, « Histoire de l'inoculation à Saint-Malo », *Journal de médecine*, vol. 34, 1770, p. 134-151.
4. Gabrien Debien, *Les Esclaves aux Antilles Françaises, XVIIe-XVIIIe siècles*, Société d'histoire de la Martinique, 1974, p. 313-316.
5. M. Le Beau, « Observations sur quelques inoculations faites à la nouvelle Orléans, dans la Louisiane », *Journal de médecine*, vol. 40, 1773, p. 501-504.

Sur les populations serviles, la rationalité probabiliste pouvait s'exercer sans contrainte. Établi aux Antilles, le médecin Jean-Baptiste Leblond inocule des centaines d'esclaves en proposant aux maîtres un système d'assurance : l'opération était facturée « à raison de vingt francs par tête » et le médecin s'engageait à verser 1 000 francs en cas de décès[1]. L'inoculation esclavagiste ne fit ni scandale, ni preuve. Parce que les corps noirs étaient jugés trop différents pour pouvoir en tirer des enseignements médicaux[2], les propagandistes de l'inoculation n'y firent guère référence, si ce n'est pour la donner en exemple d'une rationalité calculatrice que le public français ferait bien de suivre.

5. L'échec moral du risque

Les destins contrastés de l'inoculation dans les plantations et en métropole témoignent de l'échec du risque à convaincre des sujets autonomes. En 1758, après quatre années de propagande, La Condamine recense moins de 100 inoculés à Paris ; dix ans plus tard, un peu plus de 1 000 dans la France entière. Les raisons de cet échec sont multiples. Elles sont en partie morales. Le ton assuré des défenseurs de l'inoculation et les sarcasmes de Voltaire contre l'arrêt du Parlement de juin 1763 demandant l'avis de la faculté de théologie pourraient faire croire que les critiques éthiques furent marginales ou surannées. Il n'en est rien : toutes les institutions judiciaires qui furent confrontées au problème de l'inoculation la déclarèrent illicite.

En 1754, un médecin de Nancy demande au procureur général l'autorisation d'inoculer. Celui-ci est bien embar-

---

1. Jean-Baptiste Leblond, *Voyage aux Antilles et à l'Amérique méridionale, commencé en 1767 et fini en 1802*, Paris, Arthus-Bertrand, 1813, p. 355.
2. Londa Schiebinger, « Human experimentation in the eighteenth century : natural boundaries and valid testing », *in* Lorraine Daston et Fernando Vidal (dir.), *The Moral Authority of Nature*, University of Chicago Press, 2004, p. 385-409.

rassé : qui serait tenu responsable en cas d'accident ? Les parents de l'enfant ? Le médecin qui a préparé le patient ? Le chirurgien qui a fait l'incision ? Perplexe, le procureur demande conseil à l'avocat général du parlement de Paris, Omer Joly de Fleury. La réponse de ce dernier est catégorique : « Cette pratique étant dangereuse en elle-même, il convient de poursuivre sévèrement tous ceux qui oseraient la mettre en pratique[1]. » Avant de rendre son arrêt de juin 1763, Joly de Fleury avait prospecté auprès de l'abbé Gervaise, alors syndic de la Sorbonne, afin de connaître la position des théologiens. Sa réponse ne laissait aucun doute quant au résultat final de la procédure : « Si l'expérience fait voir qu'encore que l'inoculation réussisse assez généralement, cependant elle a ses dangers [...] alors on serait obligé de décider que cette pratique n'est pas permise[2]. » Dès 1763, les opposants semblent avoir gagné le débat moral : la justification probabiliste d'un danger de mort couru volontairement est rejetée sans ambages par les juristes et les casuistes de la Sorbonne.

En fait, décrire l'inoculation comme un risque choisi, uniforme, individuel et donc moral simplifiait trop la nature du danger. Le problème moral ne résidait pas tant dans le choix que dans le non-choix : non-choix des enfants qui sont inoculés en bas âge pour éviter de gaspiller les frais d'une éducation et non-choix de l'entourage contraint de respirer un air infecté. L'inoculation redistribuait les risques de manière inégale : en s'inoculant, les riches échappaient au sort épidémique commun et exposaient le peuple à une contagion accrue. Pire, en augmentant la contagion, l'inoculation contraignait les générations futures : « Permettez l'inoculation, vous allez rendre la petite vérole éternelle et universelle. Plus on inoculera, plus on voudra être inoculé[3]. » Le dilemme que pose l'inoculation est semblable à celui du prisonnier : par

---

1. BNF, ms. Joly de Fleury, ms. 307, fol. 164. Lettre d'Omer Joly de Fleury au procureur de Nancy, 28 décembre 1754.
2. *Ibid.*, ms. 577, fol. 184.
3. Pierre-Louis Le Hoc, *L'Inoculation de la petite vérole renvoyée à Londres*, La Haye, 1764, p. 102.

l'agrégation de choix individuels, la collectivité serait conduite à choisir la pire solution. C'est précisément le caractère irréversible de l'inoculation qui rendait la stratégie des quarantaines attrayante. Jean-Jacques Paulet, docteur à la faculté de Montpellier, insiste sur le saut dans l'inconnu que représente l'inoculation : en multipliant les foyers d'infection, elle « mettrait les hommes dans une désolation à laquelle il ne sera plus possible de remédier[1] ».

L'inoculation de Louis XVI en 1774 est présentée par les historiens comme la victoire des inoculistes. Pourtant, au même moment, de nombreuses ordonnances bannissent l'inoculation de l'espace urbain au nom de la salubrité. La sénéchaussée de Lyon prend d'ailleurs soin de distinguer l'inoculation royale, symbole de bravoure, et le bien public, qui impose d'interdire cette pratique[2]. À partir des années 1770, les projets de quarantaine de Paulet ont le vent en poupe. En 1768, son *Histoire de la petite vérole* rencontre un grand succès : Voltaire, le premier d'entre les philosophes à encourager l'inoculation, affirme avoir changé d'avis après sa lecture[3]. Paulet montrait le succès possible des quarantaines : en prenant des précautions sévères, des villages reculés étaient parvenus à se prémunir des épidémies. Certaines localités autour de Montpellier n'avaient pas connu la petite vérole depuis plus de trente ans. Inoculation et quarantaine semblaient correspondre à des formes politiques différentes : il revenait aux pays individualistes et peu gouvernés comme l'Angleterre de recourir à l'inoculation ; à l'inverse, les quarantaines étaient souhaitables dans les royaumes bien administrés comme la France. Les parlements interdisent l'inoculation dans les villes : Paris en 1763, Metz en 1765, Saint-Omer en 1776, Dijon, Lyon et Rennes en 1778.

---

1. Jean-Jacques Paulet, *Avis au public sur son plus grand intérêt ou l'art de préserver de la petite vérole*, Paris, Ganeau, 1769, p. III.
2. BNF, ms. Joly de Fleury, ms. 2420, fol. 280, Jugement de la sénéchaussée de Lyon, 19 mai 1778.
3. « Lettre de M. de Voltaire à Paulet au sujet de l'histoire de la petite vérole », *Mercure de France*, juillet 1768, p. 149.

L'inoculation conserva la réputation d'une pratique égoïste. Kant symbolise bien cet échec moral. En 1800, un jeune
aristocrate l'interroge sur la licéité de l'inoculation. Dans sa
réponse, le philosophe distingue deux lois : celle de l'habileté
et celle de la morale, celle qui détermine l'avantage probable
et celle qui interdit de faire un mal dans l'espoir d'obtenir un
bien[1]. Et le philosophe de l'audace, celui qui avait défini les
Lumières comme le devenir adulte de l'humanité, reculait
finalement devant les conséquences corporelles de l'autonomie de la raison. Pour les Lumières, l'inoculation posait problème car elle semblait détourner leurs valeurs et les transformer en maux. La volonté d'agir sur un corps sain, de le
transformer sous prétexte d'utilité, illustrait les dangers d'une
éthique individualiste encline à l'excès dans sa conquête de
l'autonomie.

6. Risque et sensibilités

L'échec du risque fut également psychologique : il paraissait
décrire une raison trop pauvre, éloignée à la fois de l'idéal de
sensibilité et de l'éthos aristocratique de l'exploit. Que les
premiers inoculés soient presque tous de jeunes nobles
témoigne de l'échec de l'argument probabiliste : le danger de
l'inoculation n'est pas interprété comme un risque faible
appelant une décision rationnelle, mais comme un exploit
aristocratique. En témoignent ces allégories de l'inoculation :
une Victoire ailée grave une stèle en l'honneur de la première
inoculée danoise, et c'est à l'ombre de cette stèle que le prince
du Danemark reçoit à son tour l'inoculation.

---

1. Emmanuel Kant, « Réflexions sur l'inoculation », *Écrits sur le corps et
l'esprit*, Paris, Flammarion, 2007.

Épigrammes en l'honneur de l'inoculation de la comtesse de Bernstorff[1].

Sur une médaille, la duchesse d'Amon reçoit quant à elle les lauriers du courage pour avoir, comble d'audace, fait inoculer ses trois enfants simultanément (*tres liberi simul inoculati*).

Médaille en l'honneur de la duchesse d'Amon[2].

---

1. Medical Museion, Copenhague.
2. AAM V1 d1.

À Paris, en 1756, l'inoculation des enfants du duc d'Orléans par Tronchin est interprétée comme une action héroïque. Poinsinnet compose un *Poème à Monseigneur le duc d'Orléans* en style épique, louant le courage de son protecteur[1]. Lorsque les inoculés reparaissent à l'Opéra, ils sont applaudis par le public. Et si l'on exprime des réticences, elles sont encore formulées dans le vocabulaire aristocratique de l'exploit : lorsque le duc de Gisors demande à son père l'autorisation de se faire inoculer, ce dernier refuse car il s'agit d'un danger volontaire dans « lequel il n'y a ni honneur ni gloire à acquérir[2] ».

Selon la casuistique protestante de l'inoculation, la raison tirée des lois de la nature devait gouverner le sentiment. Dans les années 1760, à Paris, cette injonction se heurte à la valorisation nouvelle de la sensibilité : les romans, les traités d'esthétique ou de morale invitent au contraire les lecteurs à l'introspection, à l'exploration du for intérieur et à la découverte de capacités émotionnelles inconnues. La morale du sentiment sapait la justification casuistique fondée sur l'ordre naturel et réactivait au contraire la topographie morale augustinienne de la lumière intérieure. Shaftesbury et Hutcheson critiquaient ainsi la morale lockienne et postulaient au contraire l'existence d'un « œil intérieur », de sentiments innés de bienveillance, de pitié et d'amour permettant de percevoir le bien moral. Le thème de la sensibilité entravait d'autant plus les efforts des inoculistes qu'il concernait au premier chef la famille et l'éducation des enfants. Au milieu du XVIIIe siècle, la manière d'évoquer les relations filiales change de nature : alors que les théories de l'éducation se multiplient, les sentiments de tendresse et d'amour deviennent la manière légitime de qualifier ces relations ; ils sont ce qui donne sa valeur au fait d'être mère ou père. La famille est de plus en plus conçue comme une sphère d'intimité fondée sur

---

1. Louis Poinsinnet, *L'Inoculation. Poème à Monseigneur le duc d'Orléans*, Paris, 1756.
2. *Mémoires du duc de Luynes sur la cour de Louis XV*, Paris, Firmin-Didot, 1864, vol. 15, p. 21.

les sentiments qu'il convient d'isoler des rapports de calcul qui gouvernent la sphère économique[1].

Les antinoculistes s'emparent du discours sentimental afin de rejeter l'opinion mondaine et d'exhorter le peuple à juger. L'auteur du *Désaveu de la nature* remarque ainsi « une différence frappante [...] les petits, ou ce qu'on appelle les bonnes gens, n'ont qu'un sentiment, il est contre. Les grands ou ceux qui donnent le ton et ceux qui le reçoivent, n'ont qu'une voix pour l'inoculation[2] ». Les larmes jouent également un rôle important dans la communication antinoculiste. *Le Désaveu de la nature* est un poème lacrymal relatant le désespoir de parents accablés par la mort de leur fils due à l'inoculation. Quelques années plus tard, un académicien lyonnais publiait une élégie pour sa fille emportée par l'opération. Selon la *Correspondance littéraire*, elle « arracha des larmes à toute la France[3] ». Dans la morale du sentiment, la perte d'un enfant lors de l'inoculation acquiert le statut de catastrophe qui fait perdre jusqu'au sens de la vie.

La crainte du remords constituait sans doute l'obstacle le plus tenace contre l'inoculation. Madame Rolland, sachant les probabilités favorables, hésite cependant à faire inoculer sa fille car elle veut minimiser ses regrets potentiels : « Je me déciderais aisément pour des indifférents, car il y a beaucoup de probabilités en faveur ; mais je me reprocherais toute ma vie d'avoir exposé mon enfant aux exceptions à ce bien et j'aimerais mieux que la nature l'eût tué que s'il venait à l'être par moi[4]. » La psychologie mondaine s'avérait décidément

---

1. Daniel Mornet, *La Pensée française au XVIIIᵉ siècle*, Paris, Armand Colin, 1926 ; Philippe Ariès, *L'Enfant et la vie familiale sous l'Ancien Régime*, Paris, Seuil, 1975.
2. Gabriel de Saint-Aubin, *Le Désaveu de la nature. Nouvelles lettres en vers*, Paris, Fetil, 1770, p. 2-3. Sur la fonction démocratique du sentiment : William Reddy, *The Navigation of Feeling*, Cambridge, Cambridge University Press, 2001.
3. François Métra, *Correspondance secrète, politique et littéraire*, Londres, J. Adamson, 1787, vol. 14, 28 mai 1783.
4. Manon Roland, *Lettres de Mme Roland*, Paris, Imprimerie nationale, 1902, vol. 2, Mme Roland à M. du Bosc, 6 avril 1788.

bien plus complexe que le « pèse-risques » sollicité par La Condamine.

D'Alembert propose une analyse fondamentale de l'échec psychologique du risque. Au lieu de calculer comme La Condamine et Bernoulli les risques objectifs de l'inoculation et de la petite vérole naturelle, il essaie de mathématiser les atermoiements qu'elle entraîne. Selon lui, la théorie des probabilités n'a pas pour but de formater les sensibilités mais d'essayer de les décrire avec rigueur, ce qui est infiniment plus délicat[1].

Premièrement, il faudrait tout d'abord prendre en compte la préférence pour le présent. Or nul théorème ne dit comment comparer un risque immédiat (l'inoculation) avec la somme des risques de mourir à chaque âge de la petite vérole naturelle, risques qui « s'affaiblissent en s'éloignant, par la distance où on les voit, distance qui les rend incertains et en adoucit la vue[2] ».

Deuxièmement, comparer les risques isolément n'a pas de sens car « si quelqu'un doit courir les dangers A, B, C, D, E et un autre les dangers a, B, C, D, E il est évident que pour comparer le risque total que courent ces deux personnes, il faut comparer la somme des risques $A + B + C + D + E$ à $a + B + C + D + E$, et non pas seulement le risque A au risque a… L'avantage est encore diminué par cette considération puisque le rapport de $a + B + C + D + E$ à $A + B + C + D + E$ approche plus de l'égalité que celui de a à A[3] ». Ce qui

---

1. Lorraine Daston, *Classical Probability in the Enlightenment*, Princeton, Princeton University Press, 1988, p. 82-89 et Hervé Le Bras, *Naissance de la mortalité, l'origine politique de la statistique et de la démographie*, Paris, EHESS, 2000, p. 330. L'édition des *Œuvres complètes* de d'Alembert par Pierre Crépel, Pierre-Charles Pradier et Nicolas Rieucau devrait jeter un jour nouveau sur le raisonnement mathématique de d'Alembert sur l'inoculation.
2. Jean Le Rond d'Alembert, « Réflexions philosophiques et mathématiques sur l'application du calcul des probabilités à l'inoculation de la petite vérole », *Mélanges de littérature, d'histoire et de philosophie*, Amsterdam, Chatelain, 1767, vol. 5, p. 320.
3. *Id.*, *Opuscules mathématiques*, Paris, Briasson, 1768, vol. 4, p. 336.

implique par exemple que pour un individu prenant déjà beaucoup de risques (un marin, un mineur, etc.), l'appréciation de l'avantage de l'inoculation est moindre.

D'Alembert reprend également l'argument antinoculiste de la différence de nature des risques : perdre son fils de la petite vérole naturelle n'a pas les mêmes conséquences morales que le perdre par l'inoculation. Un argument probabiliste manifestement immoral est faux du point de vue des probabilités subjectives.

Enfin, d'Alembert déconnecte l'intérêt de l'État de celui du particulier et vide les arguments populationnistes de Bernoulli de leur substance normative. Celui-ci avait calculé que l'inoculation augmenterait la vie moyenne de 4 ans. D'Alembert démontre que cela ne suffit pas à décider le particulier. Soit un monde imaginaire où la plus longue vie est de cent ans. La petite vérole est la seule maladie mortelle. Chaque année elle enlève un nombre égal d'hommes. La vie moyenne serait donc de 50 ans. L'inoculation délivrant de la petite vérole, les inoculés sont donc sûrs de vivre 100 ans, mais elle est mortelle une fois sur cinq. Si tous les enfants sont inoculés « à la mamelle », alors la vie moyenne devient 80 ans. Bien que l'État y gagne (la somme de vie est augmentée) « il n'y aurait peut-être pas de citoyen assez courageux ou assez téméraire pour s'exposer à une opération où il risquerait 1 contre 4 de perdre la vie[1] ». L'argument populationniste ne vaut que pour « l'État qui considère tous les citoyens indifféremment », mais il est une « chimère politique » puisqu'il « ne saurait déterminer aucun citoyen à l'adopter ».

D'Alembert démontre parfaitement l'incapacité du risque à produire une conviction généralisée. Les individus n'étant pas uniformes, la perception du risque ne saurait être univoque : « L'appréciation sera fort différente pour chaque particulier, relativement à son âge, à sa situation, à sa manière de penser et de sentir, au besoin que sa famille, ses amis, ses concitoyens peuvent avoir de lui [...] il n'y aura peut-être pas deux indivi-

---

1. *Id.*, *Opuscules mathématiques*, Paris, David, 1761, vol. 2, p. 35-38.

dus qui l'apprécieront également[1]. » Loin de standardiser les jugements, le risque éparpille les consciences.

7. La fabrique mondaine du risque

L'échec du risque fut enfin pragmatique. Premièrement, l'inoculation révélait la difficulté d'arraisonner les corps aristocratiques à la rationalité probabiliste. Certaines réactions face à l'inoculation du jeune Louis XVI soulignaient le hiatus entre la conception aristocratique du corps et la mise en série que supposait le risque. Appliquer le calcul des probabilités au Roi paraissait scandaleux car c'était le placer dans le même espace comptable que les autres inoculés[2].

Deuxièmement, les listes d'inoculations à partir desquelles le risque était calculé n'inspiraient aucune confiance. On soupçonnait les inoculateurs de les expurger en imputant leurs échecs à une épidémie régnante ou à un vice caché du sujet. L'argument probabiliste était trompeur : comme les inoculateurs n'acceptaient que les individus en bonne santé, il revenait à comparer la mortalité variolique commune avec celle d'une élite sélectionnée. Pire, en se chargeant des sujets sains, les inoculateurs augmentaient mécaniquement la mortalité de la petite vérole naturelle puisque celle-ci « tombait sur les gens maléficiés[3] ». De toute façon, en clamant leurs succès, en imprimant et en distribuant des listes d'opérations, ils se conduisaient comme les « charlatans » (les thérapeutes n'ayant pas pris leurs grades) qui affichaient les tableaux de

---

1. *Id.*, « Réflexions philosophiques… », art. cit., p. 325.
2. Par exemple, la petite pièce *L'Ombre de Vadé ou le triomphe de l'inoculation*, Paris, 1774, met en scène la querelle entre deux poissonnières des Halles. Contre les arguments probabilistes de Franchon en faveur de l'inoculation de Louis XVI, Margot rétorque : À la bonne heure donc / Car il n'en périrait qu'un sur un million, / Qu'ça s'rait assez pour défendre / Sur not'grand prince d'entreprendre / Alors cette opération. / Car not' Roi lui tout seul vaut plus d'un million ; / Puisqu'il fait le bonheur de tout'la France entière.
3. Guillaume J. de L'Épine, *Rapport sur le fait de l'inoculation, op. cit.*, p. 65.

leurs cures autour du Pont-Neuf. Un antinoculiste ironisait : « Il n'y a que les empiriques et les inoculateurs qui donnent des listes de leurs guérisons[1]. »

Troisièmement, l'appréciation de l'inoculation n'était pas uniquement une affaire de vie ou de mort ; elle se jouait aussi à la surface des corps, selon les désagréments et les cicatrices que l'on anticipait. La petite vérole présentait en effet de multiples faces. Certaines formes « discrètes » étaient bénignes. Proches de la varicelle, elles ne laissaient pas de cicatrices. À l'autre extrémité, les formes confluentes, putrides ou hémorragiques s'avéraient le plus souvent mortelles. Entre les deux, un continuum de cas, de symptômes et de cicatrices variés se prêtait mal au traitement statistique. Tout le problème était pourtant de savoir où se situait la petite vérole inoculée sur ce continuum. L'idéal était de juger sur pièces, en examinant les visages des inoculés ou, à défaut, en écoutant et en lisant des descriptions de corps inoculés.

Enfin, le risque manquait de spécificité. Accepter sa logique revenait à penser son corps comme générique, en dépit des différences d'âge, de tempéraments, d'humeurs et d'histoire médicale. L'élite sociale préférait juger par elle-même en utilisant ses réseaux de connaissances que s'en remettre à des listes dont l'apparente objectivité cachait des jugements médicaux subjectifs et intéressés. Le rôle des sociabilités dans la production de la confiance est bien visible à travers la diffusion en rhizome de l'inoculation. Par exemple, l'inoculateur pisan Angelo Gatti fréquente le salon d'Holbach au sein duquel il trouve ses premiers clients[2]. Les inoculateurs officient sur des groupes d'amis, une inoculation entraînant l'autre. La recherche aristocratique d'information était plus intensive qu'extensive : il s'agissait moins de connaître l'effet

---

1. *Lettre apologétique de M. Gaullard fils, pour servir de réponse à la lettre de M. de la C. insérée dans le* Mercure *du mois de mars 1760*, Paris, 1760, p. 37.
2. Entre autres : les enfants d'Helvétius, du comte de Jaucourt, du comte d'Houdetot. Voir la liste dans Gatti, *Lettre de Gatti à Roux*, 1763, p. 4-6, qui recoupe la société décrite par Alan C. Kors, *D'Holbach's Coterie, an Enlightenment in Paris*, Princeton, Princeton University Press, 1976.

de l'opération en général, que d'obtenir une information fiable sur la pratique d'un inoculateur précis, à propos de corps auxquels on pouvait s'identifier. Les récits médicaux plus que le risque apportaient aux mondains des informations propres à les convaincre. Nous allons voir comment les sociabilités mondaines permettaient de produire ce type de savoirs.

Premièrement, l'écriture médicale profane joue un rôle essentiel. Alors qu'au XIXᵉ siècle les médecins cantonnent les narrations des patients à l'oralité, au milieu du XVIIIᵉ siècle, raconter son corps malade, décrire ses symptômes, coucher le tout sur une feuille de papier et l'envoyer à un ami ou à son médecin, toutes ces pratiques d'écriture et de correspondance sur les corps sont communes[1]. La « consultation médicale épistolaire », très répandue dans les milieux aisés, témoigne de la fiabilité reconnue aux narrations des patients.

L'inoculation étant l'événement médical par excellence, dont il faut donc garder trace, son histoire est souvent écrite à plusieurs mains : les parents, les amis tiennent ainsi des « journaux d'inoculation » relatant heure après heure l'état du malade et de ses pustules. En cas d'accident, ces journaux se transforment en redoutables témoignages contre l'inoculateur. Prenons un exemple. Un des rares accidents que La Condamine concède aux antinoculistes concerne les enfants du marquis de La Perrière. L'affaire connut un retentissement considérable puisqu'elle suscita la publication de quatre brochures et de plusieurs articles. En 1765, près de Besançon, les deux fils du marquis de La Perrière sont inoculés par le médecin Acton. L'opération tourne mal : le cadet décède, l'aîné s'en sort, mais frappé de surdité. L'inoculateur incrimine une maladie héréditaire et la santé viciée des enfants. Indigné, le père rédige une « histoire de l'inoculation » qui donne une

---

1. Wayne Wild, *Medicine-by-Post : the Changing Voice of Illness in Eighteenth-Century British Consultations Letters and Literature*, Amsterdam, Rodopi, 2006 ; Séverine Pilloud, « Consulter par lettre au XVIIIᵉ siècle », *Gesnerus*, vol. 61, 2004, p. 232-253 ; Vincent Barras et Philip Rieder, « Corps et subjectivité à l'époque des Lumières », *Dix-Huitième siècle*, vol. 37, 2005, p. 211-233.

description de l'opération extrêmement précise, dont on ne trouve guère d'équivalent dans les ouvrages médicaux :

« M. A*** avec des ciseaux leur coupa la chair au gras du coude. Il leur fit une entaille à chaque bras en enlevant la peau et un morceau de chair jusqu'au sang, et mit sur chaque trou un fil de mousseline trempé dans le pus de la petite vérole, une croûte entière d'un grain de petite vérole, un petit morceau de mousseline trempé et imbibé dudit pus, un peu de coton lardé comme un petit pois, et aussi imbibé du pus, par-dessus tout cela un plumaceau de charpie sèche et un emplâtre. Cette opération fut si douloureuse que mon fils aîné s'en évanouit, et le petit jetait les hauts cris[1]. »

Ce mémoire est envoyé à des inoculateurs anglais prestigieux ainsi qu'au rédacteur du *Journal Britannique*. Tous incriminent la méthode « barbare » de l'inoculateur[2]. Le marquis de La Perrière consulte également François Dezoteux, un jeune chirurgien ambitieux qui revient de Londres où il s'est initié à l'inoculation. Le malheur arrivé au fils du marquis est l'occasion de se faire connaître : sous prétexte de « rassurer le public », il publie une brochure qui fait valoir contre Acton sa propre méthode d'inoculation, moderne, anglaise et sûre. D'une manière générale, les récits d'accidents sont souvent produits par les inoculateurs eux-mêmes : l'inoculation s'inscrit dans la concurrence des médecins pour le patronage aristocratique et le marché de l'inoculation étant étroit mais très rémunérateur, il est tentant de discréditer ses concurrents en publiant leurs accidents. Les dangers de la pratique sont ainsi renseignés par la concurrence (suicidaire) entre inoculateurs[3].

Deuxièmement, les accidents d'inoculation s'intègrent bien dans la « culture de la nouvelle » caractéristique de l'espace mondain. Prenant la forme de courts récits distrayants, la

---

1. François Dezoteux, *Pièces justificatives des lettres concernant l'inoculation*, Lons-le-Saunier, 1765.
2. *Id.*, *Lettres concernant l'inoculation*, Besançon, Charmet, 1765.
3. Voir par exemple le conflit entre les médecins nîmois J. Nicolas : *Journal des inoculations*, Avignon, Chambeau, 1766 et J. Razoux : *Lettre sur l'inoculation de la petite vérole écrite de la vallée de Tempé*, Cologne, 1765.

nouvelle doit être surprenante, inouïe[1]. Les maladies des grands captaient l'attention du public à tel point que certains périodiques leur consacraient une rubrique spéciale. Le *Journal de Paris* propose ainsi de fournir « le bulletin de la maladie des personnes dont la santé intéresse le public ». En 1765, la duchesse de Boufflers, qui avait été inoculée par Gatti, connaît une récidive de petite vérole. Il s'agit d'une immense nouvelle rapportée par le *Journal des Dames*, l'*Année Littéraire* et la *Gazette Littéraire*. « Tout Paris retentit de la nouvelle[2]. » Selon Grimm : « Ce qui est arrivé à Mme de Boufflers va faire un très grand bruit en Europe. » L'affaire occupe aussi les salons. Walpole indique qu'elle a été l'unique sujet de conversation un mois durant[3]. Cette focalisation sur l'exceptionnel irrite profondément les propagandistes de l'inoculation : à quoi sert l'argument probabiliste fondé sur la répétition de faits positifs, banals certes, mais pléthoriques, si le moindre fait surprenant capture davantage l'attention mondaine ?

Enfin, les règles de politesse et de sociabilité jouent un rôle similaire de divulgation des accidents. Les récits médicaux s'inscrivant dans les usages mondains de la lettre, maints journaux d'inoculation, maintes consultations épistolaires circulent dans les salons avant de finir dans les colonnes d'un périodique. Les lectures de correspondances médicales à haute voix participent aussi à la mise en public des corps[4]. L'inoculation redéfinit les sociabilités plus qu'elle ne les rompt. Par exemple, il est courant dans les familles aristocratiques, de choisir pour gardes-malades des amis fidèles (ayant déjà eu la petite vérole) que l'on distingue en faisant partager l'intimité de la maladie. Ceux-ci ne se privent pas de raconter

---

1. Antoine Lilti, *Le Monde des salons*, Paris, Fayard, 2006, p. 320-323.
2. Guillaume J. de L'Épine, *Supplément au rapport fait à la faculté de médecine contre l'inoculation*, Paris, Quillau, 1767, p. 75.
3. *Horace Walpole's correspondance*, New Haven, Yale University Press, 1961, vol. 31, p. 93.
4. Guillaume J. de L'Épine, *Rapport sur le fait de l'inoculation, op. cit.*, p. 40-43.

l'opération pour faire valoir leur dévouement. Aux amis moins intimes ou qui ne sont pas immunisés, la famille de l'inoculé a coutume de remettre des bulletins de santé quotidiens. Les simples connaissances envoient leurs domestiques à qui l'on remet un billet décrivant l'état du malade. Cela s'appelle dans le langage mondain « envoyer faire sa visite ». S'il s'agit d'un proche, il est bienséant de visiter ou faire visiter quotidiennement. L'opération se conclut en général par une « fête de convalescence » qui permet de louer le courage de l'inoculé et de montrer les résultats s'ils sont flatteurs. Les bienséances imposent enfin de faire une « visite de convalescence » qui est l'occasion idéale de se faire une opinion de la pratique. On discute de l'opération, on s'informe de ses douleurs et l'on peut en étudier *de visu* les résultats. Par exemple, en 1764, alors que l'inoculation est encore exceptionnelle à Besançon, les mondains se pressent à la porte du marquis de Puricelli qui a fait inoculer sa fille. Exaspéré, le père accepte de montrer les bras de la convalescente afin que les curieux inspectent ses cicatrices[1].

En somme, les pratiques d'écriture et de sociabilité autour des corps malades et la culture mondaine de la nouvelle forment un système très efficace de surveillance des effets de l'opération sur un grand nombre de corps et permettent ainsi une production extensive de cas, la permanence d'un regard (non pas centralisé et médicalisé, mais profane et distribué) et, en fin de compte, une description assez complète des conséquences de l'opération. Contre le risque, les sociabilités mondaines assurent la construction en réseau d'un savoir sur les complications de la pratique.

Ces connaissances mondaines ont une grande valeur aux yeux des médecins de la faculté. Pour appuyer leurs dires ou authentifier un cas, ils invoquent souvent l'autorité aristocratique. La parole mondaine est d'autant plus appréciée que suivant les normes de la civilité noble, elle est, sous peine de dés-

---

1. « Lettre de M. Puricelli à A***, 18 octobre 1764 », *Réponse à une brochure intitulée Lettres concernant l'inoculation*, Besançon, 1765, p. 33.

honneur, un dire vrai[1]. Le monde parisien, par son expérience collective sur la santé de ses membres, devient ainsi une autorité médicale : lorsque le parlement de Paris commande à la faculté le rapport sur l'inoculation, la première initiative des médecins est de « vérifier les faits qui avaient transpiré dans le Public, et faisaient tous les jours la matière de ses conversations[2] ». Ils enquêtent auprès des inoculés, collectent les journaux d'inoculation et les correspondances médicales. L'expertise universitaire se construit ainsi en interaction avec les savoirs mondains.

Dans le petit monde des aristocrates choisissant de se faire inoculer, les compétences médicales sont donc bien distribuées. La situation n'est pas celle d'une opposition entre médecins experts et patients passifs, mais plutôt celle d'individus prenant l'initiative de faire sur eux-mêmes ou sur leurs enfants des expériences et qui payent pour cela des médecins avec lesquels ils entretiennent des relations de patronage. Les patients participent pleinement à l'opération : ils discutent des différentes méthodes à employer avec leurs proches et leurs médecins, rédigent des journaux d'inoculation, envoient des médecins enquêter sur des accidents, commandent des autopsies et font même faire des expériences. Grâce à une sociabilité très riche et une frontière ténue entre les corps privés et leurs représentations publiques, l'information sur l'inoculation circule très bien à l'intérieur de ce réseau, peignant par petites touches un tableau des dangers de l'innovation bien différent de celui proposé par l'outil probabiliste.

La société aristocratique demeura rétive au projet de gouvernement par le risque. Jamais il n'y eut une manière unique, probabiliste, de considérer l'inoculation mais une multitude

---

1. Steven Shapin, *A Social History of Truth*, Chicago, University of Chicago Press, 1994, p. 3-125. Le témoignage de Mme de Boufflers se passe de vérification : « Une personne de son rang et de son caractère ne peut avoir d'autre motif que la vérité, le Public s'en rapportera aisément à son témoignage. » (*Gazette littéraire*, vol. 6, 1765, p. 377.)
2. Guillaume J. de L'Épine, *Supplément au rapport...*, *op. cit.*, 1767, p. 65.

de modes d'être dans son corps. Se mettre en scène, démontrer son courage, se penser comme exemplaire, affirmer sa maîtrise de soi étaient des manières légitimes d'envisager l'inoculation. À l'inverse, la crainte du remords, de l'infraction morale, de la dénaturation des relations filiales par la rationalité mercantile, représentaient des raisons respectables de rejeter l'inoculation.

L'importance attachée au corps et à sa représentation multipliait les narrations médicales, les traces écrites, les descriptions orales et leurs circulations. Ce processus de narration généralisée des corps démontrait combien les formes de la petite vérole et les effets de l'inoculation étaient variables, combien le savoir géométrique sur l'inoculation était une simplification contestable et dogmatique. Contre le risque primait l'irréductibilité des corps et des cas. L'exploration des conséquences de l'inoculation se fit dans cet espace public polyphonique où la distribution des savoirs et de l'autorité était de règle.

Le programme des géomètres de gouvernement des conduites éprouvait ses limites. Le risque, ce vieil outil d'édification personnelle emprunté à la casuistique protestante des années 1720, était manifestement insuffisant pour gouverner des individus autonomes dans les rapports à leur corps. Et il fallut des techniques de preuve et de pouvoir d'un tout autre genre pour faire advenir la société vaccinée du premier XIXe siècle.

CHAPITRE II

Le virus philanthrope

La Révolution française inscrit la vie dans un dispositif politique nouveau. En instaurant la souveraineté de la nation (du latin *nascor*, naître), elle fait de la *naissance* le fondement de l'autorité : le roi était ministre de Dieu sur terre, les gouvernements révolutionnaires sont les dépositaires de la souveraineté *nationale*, c'est-à-dire d'un ensemble biologique défini par la naissance et la filiation.

La nation étant une entité à la fois charnelle et politique, conçue par les révolutionnaires comme un organisme dont la tête serait l'Assemblée, le déploiement du pouvoir sur les corps gagnait une légitimité nouvelle : la population n'était plus simplement un ensemble de sujets, elle constituait également un corps politique pouvant choisir d'améliorer ses propres performances. Le thème révolutionnaire fondamental de « la régénération nationale » incluait ce travail de perfectionnement que le peuple devait réaliser sur lui-même[1]. La

---

1. Antoine de Baecque, *Le Corps de l'histoire, métaphores et politiques, 1770-1800*, Paris, Calmann-Lévy, 1993. C'est sans doute le *Léviathan* de Hobbes qui ancre la métaphore biologique dans la philosophie politique. Cf. Robert Esposito, *Communitas. Origine et destin de la communauté*, Paris, PUF, 2000.
Sur la biopolitique révolutionnaire : Dora Weiner, « Le droit de l'homme à la santé, une belle idée devant l'Assemblée constituante, 1790-1791 », *Clio medica*, vol. 5, 1970, p. 1209-1223 ; Jacques Léonard, *La Médecine entre savoirs et pouvoirs*, Paris, Aubier, 1981, chap. III ; Mona Ozouf, « Régénération », *in* François Furet et Mona Ozouf (dir.), *Dictionnaire critique de la Révolution française*, Paris, Flammarion, 1988, p. 821-831 et Emma Spary,

vie constituait en fait la monnaie d'échange du pacte national : pour participer à la souveraineté, il fallait être disposé à
la sacrifier. Rousseau demandait au citoyen de prêter le ser-
ment suivant : « Je m'unis de corps, de bien et de volonté à la
Nation [...] je jure de vivre et de mourir pour elle[1]. »

La nature contractuelle du lien politique justifiait de nouvelles contraintes sur les corps, ceux des pauvres en particulier. Un décret de juin 1793 rendait ainsi obligatoire l'inoculation de tous les enfants dont les parents recevaient des
secours publics. Cette disposition (unique en Europe et dont
on ne trouve aucune trace d'application) fut présentée à la
Convention comme le fruit d'une transaction politique : en
contrepartie de leur reconnaissance de la propriété privée, les
pauvres avaient le droit d'exiger des secours de la nation. Et
en attendant que la République forme des citoyens éclairés
sachant reconnaître leurs intérêts, les représentants de la souveraineté nationale pouvaient imposer au peuple les moyens
de son bonheur : « La société ne doit jamais perdre de vue
ceux qui contractent avec elle. Il faut qu'elle prenne chaque
individu au moment de sa naissance, et qu'elle ne l'abandonne
qu'au tombeau[2]. »

Cet approfondissement du biopouvoir s'accordait enfin
avec la transformation contemporaine de la guerre. Phénomène naturel et circonscrit au XVIIIe siècle, la guerre devint
pendant la Révolution et l'Empire l'affrontement eschatologique d'un peuple, de ses corps et de sa vitalité contre
l'Europe coalisée[3]. Dans cette « guerre totale », l'optimisation de la vie jouait un rôle essentiel.

---

*Le Jardin de l'Utopie : l'histoire naturelle en France entre Ancien Régime et Révo-
lution*, Paris, Muséum national d'histoire naturelle, 2005.
1. Cité par Pierre Nora, « Nation », *in* François Furet et Mona Ozouf
(dir.), *Dictionnaire critique de la Révolution française, op. cit.*, p. 802.
2. Discours d'Étienne Maignet, « Commission des secours publics »,
Archives parlementaires, recueil complet des débats législatifs de 1787 à 1860,
26 juin 1793, p. 493.
3. David A. Bell, *The First Total War, Napoléon's Europe and the Birth of
Warfare as We Know It*, Boston, Houghton Miflin, 2007.

Aussi, lorsqu'en 1798 le médecin anglais Edward Jenner révèle l'existence d'une mystérieuse maladie des vaches immunisant les humains contre la variole, les États prennent immédiatement en charge cette innovation. Dès les années 1800, la « vaccine » (du latin *vaca*, la vache) est rendue obligatoire dans les armées britanniques, prussiennes et françaises[1]. En 1804, le ministre de l'Intérieur Chaptal vient à peine de créer l'appareil préfectoral qu'il lui donne la vaccination comme mission prioritaire : « Aucun objet ne réclame plus hautement votre attention ; c'est des plus chers intérêts de l'État qu'il s'agit, et du moyen assuré d'accroître la population[2]. » La vigueur des premières campagnes vaccinales (on compte au moins 400 000 vaccinés en France en 1805, sans doute dix fois le nombre total d'inoculés entre 1760 et 1800) s'inscrit dans un contexte de mobilisation. Les premiers vaccinateurs envisagent leur action comme analogue à la guerre : leur but est « d'exterminer » la variole ou du moins de « l'extirper » du territoire national. La vaccine est présentée comme une « conquête de l'art sur la nature[3] », comme un stratagème machiavélique utilisant un virus pour éradiquer ses congénères[4]. La nouvelle inoculation devait produire « une belle race d'hommes [...] propre à faire respecter l'État au dehors[5] » et réaliser sans douleur ce que la Révolution avait tenté dans le bruit et la fureur : la régénération de l'homme.

Pourtant, malgré l'ampleur grandiose des enjeux, il n'y a pas eu, en France, d'obligation vaccinale avant 1902. Ce fut

---

1. Peter Baldwin, *Contagion and the State*, Cambridge, Cambridge University Press, 1999, p. 235. Jean-François Coste, *De la santé des troupes à la Grande Armée*, Strasbourg, Levrault, 1806. Le faible nombre de vaccinations dans les armées napoléoniennes s'explique par le fait que la plupart des soldats avaient déjà eu la variole.
2. Circulaire du 14 germinal an XII (4 avril 1804).
3. Gabriel Jouard, *Quelques observations pratiques, importantes et curieuses sur la vaccine*, Paris, Delalain, 1803, p. 20.
4. Jacques-Louis Moreau, *Traité historique et pratique de la vaccine*, Paris, Bernard, 1801, p. 277.
5. J. Parfait, *Réflexions historiques et critiques sur les dangers de la variole naturelle, sur les différentes méthodes de traitement, sur les avantages de l'inoculation et les succès de la vaccine pour l'extinction de la variole*, Paris, 1804, p. 67.

Napoléon lui-même qui rejeta les demandes pressantes des vaccinateurs[1]. La population, avant d'être sujette à une entreprise d'amélioration biologique, était composée de *pater familias* dont le régime impérial ne voulait pas enfreindre l'autorité, reflet de son propre pouvoir. L'obligation vaccinale s'apparentait aux projets révolutionnaires d'amoindrissement de la puissance paternelle que le code civil, contemporain de la vaccine, entendait au contraire restaurer[2]. En 1808, le ministre de l'Intérieur Fouché retoque un rapport des vaccinateurs : « les mesures coercitives qu'ils projettent ne sont point autorisées par les lois et *la douceur et la persuasion* sont les moyens les plus efficaces pour faire le succès de la nouvelle inoculation[3] ». Mais comment gouverne-t-on avec « douceur et persuasion » sous l'Empire ?

La vaccination est un objet historique classique. Les historiens ont étudié ses conséquences démographiques, l'organisation des campagnes vaccinales, le mouvement antivaccinateur anglais et la diffusion globale de la vaccine[4]. L'objet de ce chapitre est assez différent : il refuse de considérer la vaccine comme une essence fixe transmise par des vecteurs neutres. Il propose une ontologie historique du vaccin, c'est-à-dire l'histoire de l'attribution de ses compétences, de leur représentation et de la production d'un accord social sur ces compétences. En 1800, le vaccin n'est guère plus qu'un néo-

---

1. Alors qu'un préfet propose de faire de la vaccination un préalable au baptême, on lui fait savoir que « Sa Majesté s'est prononcée formellement contre les mesures de rigueur » (AAM V 52, lettre du préfet des Landes au comité central, 27 septembre 1811). Pourtant, dès 1806, dans la principauté de Piombino et à Erfurt, l'administration française rend la vaccination obligatoire pour tous les enfants. La Bavière et la Hesse suivent en 1807. L'obligation vaccinale est établie en 1816 en Suède et en 1856 en Grande-Bretagne. Cf. Peter Baldwin, *Contagion and the State*, *op. cit.*, p. 254-266.
2. Jean Delumeau, Daniel Roche, *Histoire des pères et de la paternité*, Larousse, 1990, p. 279-312. Le père « supplée les lois, corrige les mœurs et prépare l'obéissance » ; cf. P.-A. Fenet, *Recueil complet des travaux préparatoires du code civil*, vol. 10, Paris, 1827, p. 486.
3. AN F8 97, *Rapport sur les vaccinations en France en 1806 et 1807*, p. 119.
4. Voir la bibliographie en fin de volume.

logisme. C'est un être mystérieux qui n'a presque pas d'existence, aucune essence et des compétences encore indéterminées. Les premiers vaccinateurs qui avaient à l'esprit l'échec de l'inoculation, c'est-à-dire celui des probabilités à persuader de risquer sa vie pour mieux la conserver, entreprirent de fixer les caractéristiques du vaccin de manière à annuler toute réticence. Ils imposèrent la définition improbable d'un virus non virulent, d'un virus *parfaitement bénin*, préservant *à jamais* de la petite vérole. La stratégie gouvernementale n'était pas d'imposer la vaccination mais plutôt d'instaurer et de maintenir une définition du vaccin telle que tout être sensé devait forcément l'accepter. « Les lois d'un ordre supérieur, écrivait Bentham en 1796, mènent les hommes par des fils de soie qui s'attachent à leurs inclinations et se les approprient pour toujours[1]. » Le vaccin de 1800 fut l'un des fils de soie du biopouvoir. En instaurant un être naturel nouveau, les médecins entendaient gouverner les corps non par la contrainte, mais de manière indirecte, en orientant les perceptions. La douceur du pouvoir eut pour contrepartie sa dureté dans le domaine de la preuve et de la vérité.

---

1. Jeremy Bentham, « Essays on the subject of the poor laws », *in* Michael Quinn (dir.), *Writings on the Poor Laws*, Oxford University Press, 2001, p. 136.

1. L'objectivité du philanthrope

Constant Desbordes, Le Bienfait de la vaccine[1].

L'image des médecins, leur assurance, la confiance qu'ils commandaient furent déterminantes pour le succès de la vaccination. « Le bienfait de la vaccine » reflète la présentation d'eux-mêmes qu'ils désiraient établir. À gauche, une paysanne porte son poupon pour qu'une châtelaine fasse vacciner son enfant. Sans même le réveiller, Alibert, médecin à l'hôpital Saint-Louis, prélève le fluide vaccinal avec douceur et fermeté. Le père surveille l'opération tandis que la mère rassure avec tendresse son enfant. Ce tableau met en scène une société apaisée où paysans et bourgeois vivent en harmonie, réunis par les bienfaits de la vaccine. Au centre, Alibert, le front généreux et intelligent, symbolise la place cruciale que la médecine désire occuper dans la société post-révolutionnaire : elle doit être l'intermédiaire entre les classes sociales. L'inoculation était une pratique élitiste, la vaccine est un objet interface qui relie riches et pauvres : l'État prend en charge la santé du peuple, en échange, celui-ci rend possible la transmission de la vaccine. La bonne santé de tous passe par la

---

1. 1822, coll. musée de l'APHP, Paris.

coopération de chacun et la philanthropie éclairée soulage la misère non par la charité, mais par l'innovation.

Avant l'arrivée de la vaccine, les philanthropes espéraient déjà généraliser l'inoculation[1]. En Angleterre, des paroisses payaient des inoculateurs pour immuniser leurs pauvres. En Franche-Comté, des médecins rémunérés par l'intendance inoculaient gratuitement les enfants à travers les campagnes[2]. Ces succès sont exceptionnels : partout ailleurs, et surtout dans les villes, le risque (de mort et de contagion) bloque les projets d'inoculation générale. Par exemple, lorsque des médecins proposent d'inoculer gratuitement les enfants trouvés de Lille, l'administration des hôpitaux souligne les dangers de l'entreprise : la santé de ces enfants ne tient qu'à un fil et l'inoculation pourrait provoquer le retour de l'épidémie[3]. En 1790, La Rochefoucauld-Liancourt, membre de la Société philanthropique sous l'Ancien Régime, devenu président du comité de mendicité de la Constituante, propose, sans plus de succès, d'établir à Paris un hôpital public d'inoculation. Sous la Convention, le projet d'inoculation obligatoire ne reçut aucun début d'application. Enfin, en 1799, un an à peine avant l'arrivée de la vaccine, l'inoculation était encore accusée d'avoir déclenché une épidémie dans Paris[4].

La vaccine intéresse donc immédiatement les philanthropes : définie convenablement, c'est-à-dire non contagieuse et bénigne, elle débloquerait la situation. S'il se montre assez complaisant, le nouveau virus pourrait enfin rendre possible

---

1. Depuis les années 1780, la Société philanthropique est une institution puissante qui regroupe financiers, intendants, aristocrates et savants. Cf. Catherine Duprat, *Pour l'amour de l'humanité, le temps des philanthropes, la philanthropie parisienne des Lumières à la monarchie de Juillet*, Paris, C.T.H.S., 1993, vol. 1.
2. Peter Razell, *The Conquest of Smallpox*, Londres, Caliban, 1977 ; AD Doubs, 1 C 603 ; Pierre Darmon, *La Longue Traque de la variole*, Paris, Perrin, 1984, p. 129-135.
3. AAM V1, Observations de Sifflet, médecin des pauvres de la paroisse de Ste Catherine, 1786.
4. *Journal de Paris*, 5 ventôse an VII, (1er février 1799).

leur vieux projet d'inoculation généralisée. Le 15 février 1800, de retour d'émigration, La Rochefoucauld-Liancourt lance une souscription publique dans le *Journal de Paris* afin de financer un « comité de vaccine » chargé de juger cette innovation faisant grand bruit en Angleterre.

Le financement d'un comité de vaccine par des notables prestigieux (ministres, députés, banquiers, conseillers d'État) soustrayait l'innovation du marché des remèdes et permettait de prétendre la juger en toute impartialité. Le mouvement philanthropique permit aux vaccinateurs de façonner un rôle social nouveau et quelque peu contradictoire : celui de l'expert zélé et désintéressé, à la fois propagandiste et juge d'une innovation. La philanthropie soutenait l'image de désintéressement des vaccinateurs : ils pouvaient parler en « amis de l'humanité », promouvoir la vaccine comme la plus belle invention du siècle, une invention qui allait régénérer l'homme, tout en se présentant eux-mêmes comme des juges neutres et froids, « dépouillés de toute sensibilité[1] ». Quarante ans en arrière, les défenseurs de l'inoculation ne prétendaient nullement être au-dessus de la controverse. Deux parties s'affrontaient et en appelaient à un juge, variable suivant les circonstances : les médecins de la faculté, le public ou le parlement, mais ni les propagandistes, ni les opposants ne prétendaient occuper cette place.

Pour être philanthropique, le vaccin doit obéir à un cahier des charges précis. Premièrement : être parfaitement bénin. L'inoculation requérait l'expertise d'un médecin qui sélectionnait et préparait le sujet ; la vaccine est au contraire présentée comme absolument sûre, quel que soit l'état de santé

---

1. *Rapport du comité central de vaccine*, Paris, Veuve Richard, 1803, p. 10. Cette proclamation est extraordinaire : l'objectivité et l'effacement de soi ne sont pas (encore) des vertus scientifiques ; au contraire, la sensibilité et la capacité à s'émouvoir des phénomènes étaient la marque du savant empirique des Lumières. Cf. Lorraine Daston et Peter Galison, *Objectivity*, New York, Zone Book, 2007, p. 17-35 et Jessica Riskin, *Science in the Age of Sensibility*, Chicago, University of Chicago Press, 2002.

du patient. C'est à cette condition que le premier officier de santé venu, des sages-femmes ou même de simples curés peuvent la pratiquer. La philanthropie veut la vaccine pour tous, riches et pauvres, bien portants et valétudinaires, nouveau-nés et grabataires ; elle doit donc produire un vaccin sans risque[1].

Deuxièmement, le vaccin doit être gratuit. Le comité de vaccine rejeta donc systématiquement les médecins qui essayèrent de gagner de l'argent avec l'innovation car en faisant la promotion de leur pus, plus efficace, plus sûr ou venant directement de Londres, ils laissaient entendre qu'il existait des pus de qualités différentes et risquaient de discréditer le vaccin de tout le monde[2]. Le problème est qu'en refusant ces entreprises certes mercantiles, mais au demeurant justifiées, le comité empêcha la reconnaissance des risques et la recherche de techniques vaccinales plus sûres.

2. Incertitudes et catastrophisme

Lorsque au printemps 1800, une nouvelle inoculation au nom de *cowpox* commence à faire parler d'elle à Paris, les médecins ont quelques raisons de se montrer sceptiques[3]. Quelle est la nature de ce pus ? Est-on même bien sûr d'inoculer le vrai *cowpox* ? Et comment répondre à cette question puisque la matière importée d'Angleterre a transité par des centaines de corps susceptibles d'affections diverses ?

---

1. Henri-Marie Husson, *Recherches historiques et médicales sur la vaccine*, Paris, Gabon, 1801, p. 50.
2. Le Dr Colon, un des principaux promoteurs du vaccin dans la maison duquel le comité avait réalisé ses premières expériences, fut ainsi exclu du comité pour avoir cherché à vendre le vaccin. Cf. *Moniteur Universel*, 28 vendémiaire an IX (20 octobre 1800).
3. L. A. Mongenot, *De la vaccine considérée comme antidote de la petite vérole*, Paris, Méquignon, 1802, p. 4 : « On l'a regardé pendant quelque temps comme une chimère brillante ou comme un pur charlatanisme. J'avoue que je n'ai pu d'abord me soustraire à cette impression défavorable. »

En mai 1800, le comité fait venir du vaccin de Londres. Le Dr William Woodville, qui pratique la vaccination au Smallpox Hospital, envoie du pus dans une fiole remplie d'hydrogène, fermée avec du mercure, couverte d'une vessie et placée dans une boîte capitonnée[1]. Un mois après, le comité dilue ce pus desséché et inocule trente enfants trouvés. Rien ne marche comme prévu : sept enfants seulement ont un bouton ; le petit Blondeau présentant la plus belle pustule vaccinale est ensuite inoculé avec de la variole et il attrape la maladie. Les apprentis vaccinateurs parisiens tâtonnent : les éruptions obtenues ne présentant aucune régularité, ils ne peuvent identifier le *cowpox*. Pour couper court aux incertitudes, le comité invite Woodville à Paris. En octobre 1800, il a vacciné 150 enfants[2]. La controverse démarre.

Selon certains médecins, le *cowpox* amené par Woodville ne serait en fait qu'une petite vérole. En effet, lors des premières vaccinations au Smallpox Hospital de Londres, la plupart des patients avaient eu une éruption généralisée plutôt qu'une pustule vaccinale. Woodville lui-même avait d'abord accusé le pus de Jenner d'être simplement variolique, avant d'admettre que l'atmosphère de l'hôpital avait pu provoquer l'épidémie parmi ses vaccinés[3]. De fait, la vaccine fut d'abord perçue comme une variole adoucie. À la fin du XVIIIe siècle, des médecins avaient tenté d'atténuer le pus variolique en baignant les croûtes de variole dans de l'eau chaude, de l'acide affaibli ou dans différents gaz[4]. La réussite de Jenner semblait

---

1. AAM V6 d54, lettre de Pearson et Woodville à Thouret, 6 mai 1800. En janvier 1800, Pinel avait tenté sans succès d'inoculer un pus prélevé sur des vaches parisiennes. Après cet échec, il est généralement admis que le *cowpox* n'existe pas dans les vacheries françaises.
2. « Rapport du comité médical établi à Paris pour l'inoculation de la vaccine », *Moniteur universel*, 28 vendémiaire an IX (20 octobre 1800).
3. Cet épisode est à la source d'une longue polémique poursuivie par les historiens. Peter Razzell a repris la thèse de la contamination du vaccin de Woodville par la variole pour dénoncer le « mythe » du *cowpox* de Jenner. Cf. Peter Razzell, *Edward Jenner's Cowpox Vaccine. The History of a Medical Myth*, Lewes, Caliban Books, 1977.
4. M. Bouteille, « Troisième dissertation sur l'inoculation », *Journal de médecine*, vol. 47, 1777, p. 226.

simplement consister à avoir découvert le moyen d'atténuer la variole en passant par la vache.

Mais dès octobre 1800, les symptômes du vaccin paraissant n'avoir rien de commun avec ceux de la variole, les médecins conviennent qu'il s'agit en fait d'une maladie entièrement différente. Problème : si le vaccin n'est pas en fin de compte une variole adoucie, que peut-il bien être et surtout comment expliquer son efficacité ? Le système vaccinal était assez facile à critiquer d'un point de vue théorique. Comment un mouvement local presque sans fièvre peut-il détruire le trait constitutionnel disposant l'individu à la petite vérole ? Comment expliquer que la petite vérole puisse survenir *pendant* la vaccine ? De manière étrange, la vaccine préserverait de toutes les petites véroles futures et non de la petite vérole présente. Les opposants utilisent les analogies chimiques alors courantes en médecine pour faire sentir l'absurdité de cet effet différé : le vaccin serait impuissant à neutraliser la variole quand il est en contact avec elle et deviendrait efficace quand il est absent du corps. L'inoculation revenait à anticiper un phénomène naturel en provoquant la variole par la variole ; inoculer une matière inconnue paraît beaucoup plus téméraire.

Le problème de la vaccine n'est pas tant qu'elle est risquée, au sens où l'inoculation comportait un risque individuel de mort, mais bien plutôt qu'on ignore la nature de ses dangers potentiels. Contrairement à la variole, le *cowpox* est rare et non contagieux. Il fallait donc le transmettre de bras à bras, de vaccinifères à vaccinés suivant une chaîne toujours plus longue. Vacciner revenait ainsi à inoculer un virus qui avait prospéré dans des centaines de corps pouvant être affectés de diverses maladies. Parce qu'elle pourrait transmettre la syphilis ou la scrofule, c'est-à-dire des maladies héréditaires, la vaccine mettait en jeu la santé de « toutes les générations à venir[1] », voire

---

1. François-Ignace Goetz, *De l'inutilité et des dangers de la vaccine prouvés par les faits*, Paris, Petit, 1802, p. 87.

« la constitution de la race humaine[1] ». En s'hybridant, le *cow-pox* pourrait aussi créer des maladies nouvelles : « Les virus [...] se mêlent entre eux et forment des virus composés, encore plus redoutables : ils se propagent par la génération comme par la contagion. Ils dégradent les tempéraments nationaux[2]. »

La possibilité d'une catastrophe devait inciter à prolonger les expériences avant de propager un nouveau virus dans la population. Le médecin allemand Marcus Herz soulignait ainsi la nécessité de différer la généralisation de la vaccine. Les contre-épreuves varioliques sur des centaines de vaccinés, la bonne santé de milliers d'autres ne prouvent rien : la question n'est pas le nombre des expériences mais leur durée. « 50 000 essais ne suffisent pas pour consommer l'expérience, 100 000 ne prouveraient pas davantage. » Le problème est de juger les conséquences lointaines de l'innovation. Il faudrait tout d'abord arrêter d'inoculer le *cowpox* et observer avec une grande attention le sort des personnes déjà vaccinées. Après dix ans, on communiquerait les résultats au public et aux médecins pour qu'ils en débattent. Si le succès semblait manifeste, on pourrait soumettre à la même opération 50 000 autres individus. Si, après une génération, la vaccine se maintient en crédit, on pourra enfin la propager à toute la population. C'est selon lui la seule façon d'agir avec la rigueur qu'impose l'échelle colossale des enjeux : la santé de la population européenne et des générations futures[3].

---

1. Jean-Sébastien Vaume, *Les Dangers de la vaccine*, Paris, Giguet, 1801, p. 48.
2. Jean Verdier, *Tableaux analytiques et critiques de la vaccine et de la vaccination*, 1801.
3. Marcus Herz, « Über die Brutalimpfung und deren Vergleichung mit der humanen », *Hufeland's Journal der praktischen Heilkunde*, Berlin, 1801, vol. 12, p. 3.

3. Les corps éprouvettes

Il y eut aux origines de la vaccination une modification profonde du rôle de l'expérimentation humaine en médecine. Définir ce changement est délicat car l'expérimentation humaine n'est pas une catégorie aux limites bien précises : l'art de la preuve clinique est justement d'inscrire l'expérimentation dans un projet thérapeutique afin de la rapprocher de la simple observation. Mais s'il y a un continuum entre l'observation d'essais à finalité thérapeutique et l'expérimentation humaine à seul but probatoire, les essais réalisés par le comité de vaccine entre 1800 et 1803 sont bien atypiques : ils soumettent un grand nombre d'enfants à des expériences qui n'ont *aucun* but thérapeutique. La médecine acquiert sur cet objet précis une très grande latitude dans l'usage des corps.

Au XVIIIe siècle, les sujets expérimentaux étaient soit les médecins eux-mêmes, soit des condamnés à mort[1]. L'expérimentation humaine n'était moralement guère différente de la dissection puisque les corps soumis à l'expérience étaient juridiquement déjà morts. Adossé au pouvoir de punir du souverain, l'expérimentation humaine n'était pas une méthode de preuve normale en médecine. Lors de la controverse de l'inoculation, les rares cas ne furent pas le fait de médecins mais d'aristocrates qui faisaient inoculer un pus aux enfants de leurs domestiques pour en vérifier la bonté avant de l'administrer à leur progéniture[2]. La vaccine échappe à ces cadres contraignants. Le nombre des corps soumis à l'expérimentation change d'ordre de grandeur : il ne s'agit plus seulement de quelques condamnés à mort, mais de corps pléthoriques, de corps abandonnés par milliers.

---

1. Grégoire Chamayou, *Les Corps vils. Expérimenter sur les corps humains aux XVIIIe et XIXe siècles*, Paris, La Découverte, 2008, p. 21-94. Des enfants trouvés furent parfois utilisés pour démontrer l'utilité de remèdes, mais les médecins se heurtaient le plus souvent au refus des administrateurs des hospices.
2. Guillaume J. de l'Épine, *Supplément au rapport, op. cit.*, p. 120.

En 1800, le vaccin est un être nouveau. On ne sait ni ce qu'il est, ni ce qu'il peut. Les incertitudes sont considérables et nombreuses sont les vaccinations malheureuses[1]. C'est aussi un être rare et transitoire : son existence dépend de sa transmission. Si les médecins n'ont plus de sujets à vacciner, il disparaît. Les tentatives de conserver le pus *ex vivo* dans des plaques en verre, des tubes capillaires, des fioles vidées d'air ou remplies d'azote ne sont pas concluantes et les vaccines réussissent bien mieux lorsqu'elles se font avec de la matière fraîche, de bras à bras. Aussi, pour conserver et transporter ce virus protecteur, les médecins doivent-ils organiser des chaînes vaccinales. Tout au long du XIXe siècle, les enfants trouvés en constitueront les maillons indispensables.

Prenons un exemple. En octobre 1800, le Dr Husson, secrétaire et cheville ouvrière du comité, se rend à Reims pour y apporter le vaccin. Il inocule sa famille et ses amis. De retour à Paris, il publie un article optimiste : « Le feu de la vaccine s'entretient[2]. » La métaphore, prise dans un sens préhistorique, est judicieuse : les premiers vaccinateurs peinent à maintenir des chaînes de transmissions pérennes. Ils sont en permanence à la recherche d'enfants à vacciner afin d'entretenir le virus. Or peu de parents sont disposés à livrer leurs enfants à la lancette, surtout à l'approche de l'hiver[3]. Les médecins rémois ont impérativement besoin de vacciner les enfants trouvés, ce que refuse l'administration des hospices. Dans sa correspondance privée, Husson fait part de ses doutes : « J'appréhende que la vaccine ne vienne à tomber d'ici à quelque temps[4]. »

---

1. Pierre Chappon, *Traité historique des dangers de la vaccine, suivi d'observations et de réflexions sur le rapport du comité central de vaccine*, Paris, Demonville, 1803, recense 207 petites véroles après vaccine, 39 morts et 115 accidents divers. Dans AAM V30 d2, on trouve des lettres adressées à Husson narrant des accidents et des récidives.
2. *Journal de médecine*, vol. 1, vendémiaire an IX, p. 266.
3. AAM V 57, Caqué à Husson, 21 nivôse an IX (11 janvier 1801).
4. *Ibid.*, Husson à Caqué, 6 nivôse an IX (6 janvier 1801).

La nomination de Chaptal au ministère de l'Intérieur le 7 novembre 1800 change la situation politique du vaccin. Pinel, qu'il a rencontré dans les années 1770 sur les bancs de la faculté de médecine de Montpellier[1], l'a convaincu que l'innovation permettra d'extirper la petite vérole[2]. À partir de 1801, sur son ordre, les hospices sont ouverts aux vaccinateurs. Le rapport de force a changé : lorsqu'un préfet leur refuse l'accès aux enfants trouvés, les vaccinateurs menacent : « Il serait douloureux pour nous d'être obligés d'écrire pour cet objet au ministre de l'intérieur qui est notre *associé*[3]. »

C'est à ce moment précis que se joue la pérennité du vaccin : jusqu'à la fin du XIXe siècle, les enfants trouvés furent employés à le produire et à le transporter. Comme le soulignait déjà Yves-Marie Bercé, « sans eux rien n'aurait été possible[4] ». Un décret de 1809 désigne vingt-cinq hospices d'enfants trouvés qui, sous l'euphémisme de « dépôts de vaccin », sont chargés de l'entretenir. Comme les administrateurs ou les sœurs de charité étaient souvent réticents à vacciner des nouveau-nés vulnérables, l'autorité est dorénavant confiée à un médecin choisi par le préfet pour son zèle vaccinal.

Entretenir le vaccin est un travail délicat : il faut espacer les vaccinations pour être capable de fournir du fluide frais à la demande et inoculer l'enfant « dépôt de vaccin » en de nombreux points afin de produire davantage de pus (huit à Paris dans l'hospice de vaccine, parfois jusqu'à une cinquantaine lorsque les enfants trouvés ne sont pas assez nombreux[5]). Pour extraire le précieux fluide, les pustules sont ouvertes puis

1. Jean-Antoine Chaptal, *Mes souvenirs sur Napoléon*, Paris, Plon, 1893, p. 19 et Jean Pigeire, *La Vie et l'œuvre de Chaptal (1756-1832)*, Paris, Domat, 1931.
2. AAM V1, le comité à Chaptal, 15 frimaire an IX (6 décembre 1800).
3. *Ibid.*, lettre d'Augalnier, médecin à l'hôpital de Marseille, à Thouret, 18 germinal an IX (8 avril 1801).
4. Yves-Marie Bercé, *Le Chaudron et la lancette*, Paris, Presses de la Renaissance, 1984, p. 70.
5. AN F^8 125, État des individus vaccinés par le soussigné Bernardin Piana, 1812.

pressées à plusieurs reprises. Cette opération est réalisée en public : dans les villages, le maire est averti de l'arrivée du vaccinateur et doit se trouver avec les enfants non vaccinés dans la mairie. Cela évite de déplacer inutilement le vaccinateur et permet de légaliser les vaccines : les certificats (nécessaires pour l'inscription à l'école et l'obtention des secours publics) sont souvent signés par le maire[1]. L'instrumentalisation biologique de la misère n'effarouche pas les parents. Ils suspectent la santé des enfants abandonnés ; fruits des turpitudes, ils craignent qu'ils ne transmettent la syphilis, ils demandent à inspecter leurs corps et préfèrent le pus des enfants légitimes. Ils reprochent au système d'être dangereux, jamais d'être inhumain.

Les enfants des hospices servirent également de terrain d'essai : les vaccinateurs acquirent sur eux les savoir-faire et l'expérience nécessaire pour juger des bonnes et des mauvaises vaccines. Les accidents pouvant être passés sous silence, les vaccinateurs ne risquaient pas de subir les récriminations des parents et d'alimenter les traités antivaccinistes.

Au départ, il faut le rappeler, les médecins ignorent tout de la vaccine. Ils ont besoin d'identifier ses phénomènes et d'apprendre à les reproduire avec régularité. Le comité établit par exemple le laps de temps nécessaire à la vaccination pour donner une protection efficace en organisant des contre-épreuves varioliques sur 40 enfants : on commence par insérer vaccin et variole en même temps avant de retarder jour après jour la seconde inoculation. Autre problème : à quel âge peut-on vacciner ? Le comité opère sur des enfants de plus en plus jeunes, jusqu'à vacciner des prématurés. Aucun âge ne paraît défavorable. Il se pourrait aussi que la préservation de la vaccine ne soit que locale. On inocule donc la petite vérole aux extrémités opposées aux points de vaccination. Les vaccinateurs essaient aussi de reproduire des accidents : ils déposent du pus dans la gorge ou sur les muqueuses nasales afin d'étu-

---

1. AN F^8 100, Circulaire du préfet aux maires, 15 juillet 1811.

dier les complications respiratoires liées à la vaccine. De même, pour comprendre les éruptions vaccinales, ils mettent la peau à vif et déposent quelques gouttes de vaccin. Le sujet écope d'une plaie gangréneuse. À l'intérieur des hospices, l'expérimentation humaine se banalise. Les enfants trouvés servent ainsi de corps-tests : si une maladie éruptive se déclare sur une personne précédemment vaccinée, le comité inocule le pus incriminé sur un enfant des hospices pour vérifier qu'il ne s'agit pas d'une petite vérole[1].

Des essais furent aussi menés dans le but de réfuter le risque de contamination par la vaccine : Alibert vaccine des dartreux, des scrofuleux et des teigneux en faisant passer le pus des uns aux autres sans constater de contaminations croisées. Cullerier et Richerand reportent du vaccin pris d'enfants syphilitiques sur des enfants sains sans les infecter. Ces expériences dangereuses et très critiquées furent réalisées sur quelques enfants seulement[2]. Elles eurent pourtant des conséquences considérables : durant tout le siècle, après des cas hypothétiques de contamination syphilitique, les médecins invoquent, pour dédouaner la vaccine, les grandes expériences qu'aurait réalisées le comité au début des années 1800. En somme, grâce à l'expérimentation sur les enfants trouvés, le comité explore et définit les compétences du vaccin. Le programme philanthropique d'un virus absolument bénin qui peut être inoculé à tous commence à prendre consistance.

La question n'est pas de savoir si les vaccinateurs se sont comportés de manière inhumaine, mais plutôt quels furent les dispositifs juridiques et idéologiques qui les autorisèrent à agir

---

1. *Rapport du comité central de vaccine*, op. cit., p. 97, 117, 203, 230-259.
2. P.-L. Delaloubie, *Essai sur l'emploi du fluide vaccin pris sur une personne atteinte de maladie ou de vice héréditaire, ou d'affection quelconque. Ce fluide peut-il être nuisible ou sans danger ?*, Thèse de la faculté de médecine de Paris, 1805. Richerand qui est souvent cité pour prouver la non-transmissibilité des maladies semble n'avoir réalisé qu'une seule expérience de ce type. Anthelme Richerand, « Observations sur la vaccine », *Journal de médecine*, vol. 2, an IX, p. 114.

ainsi. Les enfants des hospices ne sont pas de simples « corps vils » sur lesquels tout serait permis. Des médecins sont indignés par les essais des premiers vaccinateurs[1]. En avril 1800, les administrateurs des hospices puis le ministre de l'Intérieur refusent au comité de vaccine les enfants trouvés qu'il réclame pour ses premières expériences[2]. À Nantes, les dames de charité qui assistent à ces travaux s'en offusquent[3]. Selon Marcus Herz, les expériences des vaccinateurs ne sont pas acceptables : il faudrait pouvoir justifier l'effet de la vaccine par des raisonnements d'analogie ou pouvoir augmenter peu à peu la dose ou bien encore expérimenter sur des sujets qui n'ont plus rien à perdre[4].

Le Dr Duchanoy, membre de l'administration des hospices, propose au ministre une solution juridique simple : il suffit de placer dans les hospices des médecins convaincus du bienfait de la vaccine. Les médecins « sont en effet les juges naturels à consulter dans cette matière[5] » et les expériences seront licites tant qu'ils attendent d'elles un gain thérapeutique pour le patient. L'expérimentation humaine perd la netteté de ses contours moraux ; jusqu'alors adossée au droit de vie et de mort du souverain, elle devient l'apanage du médecin.

La transformation des hospices en « dépôts de vaccin » et l'utilisation des enfants trouvés comme instruments de biologie s'inscrivent dans le projet de rentabiliser les secours publics. À propos de l'enfance abandonnée, les historiens ont décrit le passage d'une logique charitable à une logique utili-

---

1. Lorsque le comité relate un essai de transmission de dartre par la vaccine, le Dr Chappon est outré. Il s'agit là d'une « expérience cruelle ». Il perd « [s]on sang froid tant [s]a sensibilité en est affectée » (Pierre Chappon, *Traité historique des dangers de la vaccine…*, op. cit., p. 279-281).
2. AN F⁸ 97, Les membres du comité médical de la société formée à Paris pour l'inoculation de la vaccine au ministre de l'Intérieur, ventôse an VIII.
3. AD Loire Atlantique, 1M 1344, lettre du comité de vaccine au préfet de Loire-Inférieure, 21 février 1807.
4. Marcus Herz, « Über die Brutalimpfung… », art. cit. et AAM V1, « L'Inoculation brutale ».
5. AN F⁸ 97, Duchanoy à Lucien Bonaparte, 29 germinal an VIII (19 avril 1800).

tariste à la fin du XVIIIe siècle. Cette population immense (60 000 enfants en 1800), son sort misérable et son utilité potentielle pour la société faisaient d'elle l'objet par excellence d'une pratique philanthropique cherchant à la fois à soulager la misère et à lui trouver une fonction sociale[1]. Au même moment, la Marine obtenait le droit d'enrôler les enfants sous tutelle car « étant élevés à la charge de l'État, ils lui *appartiennent*[2] ». Comparé à Trafalgar, l'hospice de la vaccine semblait un moindre mal.

4. Les contre-épreuves font-elles preuve ?

La difficulté d'acclimater en médecine la preuve expérimentale était d'ordre statistique : à l'inverse des phénomènes physiques, les causalités médicales étant fluctuantes, il paraissait peu rigoureux de prouver l'efficacité d'une thérapeutique avec les rares sujets expérimentaux accordés par le souverain[3]. La mise à disposition des enfants des hospices permit aux vaccinateurs de dépasser cet obstacle et d'importer en médecine l'épistémologie et le discours de l'expérience cruciale.

En novembre 1801, le comité organise à Paris une expérience publique de grande ampleur : cent deux enfants trouvés, précédemment vaccinés, sont inoculés. Des notables sont invités à témoigner du succès de l'expérience, c'est-à-dire constater l'absence de petite vérole. Selon l'Académie des

---

1. Jehanne Charpentier, *Le Droit de l'enfance abandonnée*, Presses universitaires de Rennes, 1967 ; Muriel Joerger, « Enfant trouvé-enfant objet », *Histoire, économie, société*, vol. 6, 1987, p. 373-386. L'allaitement artificiel est la grande expérimentation de masse qui précède la vaccine au XVIIIe siècle. Cf. Marie-France Morel, « À quoi servent les enfants trouvés ? Les médecins et le problème de l'abandon dans la France au XVIIIe siècle », Jean-Pierre Bardet (dir.), *Enfance abandonnée et société en Europe, XIVe-XXe siècles*, Rome, École française de Rome, 1991.
2. Loi du 15 pluviôse an XIII. Cf. A. et D. Dalloz, *Répertoire méthodique et alphabétique de législation de doctrine et jurisprudence*, vol. 32, article « Minorité, tutelle, émancipation », p. 241.
3. François Doublet, article « Expérience particulière », *Encyclopédie méthodique. Médecine*, vol. 6, Paris, Panckoucke, 1793, p. 180.

sciences, « il en résulte la preuve expérimentale la plus décisive qu'on puisse jamais désirer[1] ». Le Parlement anglais est
également très impressionné : Jenner avait bien réalisé des
contre-épreuves, mais sur quatre sujets seulement[2]. La
dimension probabiliste des phénomènes corporels disparaît
avec le discours de l'expérience cruciale : « Il ne s'agit pas de
déterminer le degré de probabilité, mais bien l'infaillibilité du
nouveau mode : ou il préserve de la petite vérole ou il n'en
préserve pas[3]. » À travers toute la France, le même cérémo-
nial administratif d'une preuve médicale expérimentale se
répète. En 1803, le comité de vaccine a réussi son pari : le
ministre de l'Intérieur, les préfets, les notables, tous sont
convaincus par les contre-épreuves.

Pourtant, au même moment, des médecins restaient sceptiques. Premièrement, même si la vaccine protégeait de l'inoculation, elle pouvait ne pas protéger de la petite vérole naturelle. Deuxièmement, on réalisait les inoculations au plus tard
dix-huit mois après la vaccine alors que le problème résidait
surtout dans la durée de la préservation. Troisièmement, les
enfants des hospices fournissaient un matériau expérimental
certes commode mais défectueux car, faute de parents, on
ignorait leurs histoires médicales : leur immunité pouvait être
due non pas à la vaccine mais à une petite vérole ignorée[4].
Enfin, même si la variole est une maladie externe, son
diagnostic n'était pas aussi facile qu'on le croyait. Décider
qu'un enfant avait eu ou non une petite vérole restait une

---

1. Portal, Hallé, Fourcroy, Huzard, *Rapport fait au nom de la commission
nommée par la classe des sciences mathématiques et physique, pour l'examen de la
méthode de préserver de la petite vérole par l'inoculation de la vaccine*, Paris,
Baudoin, germinal an XI, 1803.
2. Jenner présente les expériences du comité de vaccine devant le Parlement anglais pour faire valoir les avantages de sa découverte. Cf. *The Evidence at Large as Laid Before the Committee of the House of Commons, Respec-
ting Dr Jenner's Discovery of Vaccine Inoculation*, Londres, Murray, 1805,
p. 172-174.
3. Louis Valentin, *Résultats de l'inoculation de la vaccine dans les départements
de la Meurthe, de la Meuse, des Vosges et du Haut-Rhin*, Nancy, 1802, p. 32.
4. François-Ignace Goetz, « Au rédacteur », *Le Moniteur universel*, 10 brumaire an IX (1er novembre 1800).

affaire délicate que les administrateurs invités à témoigner n'avaient aucune légitimité à juger. Comme le but de l'inoculation variolique était justement d'éviter une éruption générale et de réduire la petite vérole à des symptômes locaux, l'absence d'éruption générale chez les cent deux sujets expérimentaux ne constituait pas une preuve suffisante[1]. La véritable question était beaucoup plus délicate : y a-t-il une différence de nature entre les symptômes locaux d'une inoculation après vaccine et ceux d'une simple inoculation ?

La contre-épreuve variolique, soumise à un regard expert et critique, perdait son caractère décisif et se transformait en nouveau problème à résoudre. Il ne suffisait plus d'y assister et d'en témoigner, il fallait savoir la lire convenablement, savoir ce qu'est un travail local par opposition au général, connaître les symptômes d'une inoculation sur des individus variolés ou non. Les critères qui définissaient le succès de l'épreuve étaient eux-mêmes sujets à controverses[2]. Avec ce corollaire : comme le test se montrait d'autant plus convaincant que les critères de jugement restaient implicites, c'est-à-dire que l'on ne possédait pas la culture médicale des éruptions pustuleuses, les contre-épreuves furent particulièrement persuasives pour les administrateurs.

À la suite de cette controverse, les compétences que les philanthropes attribuaient au nouveau virus sont traduites dans des termes plus ambigus. La proposition : « la vaccine est préservative de la petite vérole » devient « il n'y a pas d'éruption après une contre-épreuve variolique » qui devient « il n'y a pas un travail variolique aux incisions » qui est elle-même traduite en « il y a une différence de nature entre le travail d'une inoculation variolique et d'une inoculation

1. *Id.*, *Traité de la petite vérole et de l'inoculation*, Paris, Croullebois, 1798, p. 59 ; Salmade, *Instruction sur la pratique de l'inoculation de la petite vérole*, Paris, Merlin, 1799, p. 55.
2. On ne teste jamais une hypothèse isolément mais un réseau d'hypothèses ou de croyances non explicites. Voir Harry Collins, *Changing order. Replication and Induction in Scientific Practice*, Chicago, University of Chicago Press, 1985.

variolique après vaccine ». C'est pour qualifier cette différence que les vaccinateurs se lancent dans une entreprise pionnière de cartographie du monde flottant et débattu des éruptions pustuleuses.

5. La nature graphique du pouvoir vaccinal

Tout commence par une note particulièrement retorse en bas de la page sept de l'*Inquiry* de Jenner[1]. Avant de présenter les cas étayant sa théorie, c'est-à-dire des histoires de vachers ayant eu le *cowpox* et qui furent préservés en conséquence de la petite vérole, Jenner fait référence à une mystérieuse maladie des vaches qui ressemble beaucoup au *cowpox*, transmissible à l'homme, mais qui n'immunise pourtant pas contre la petite vérole : le *spurious cowpox*. Cette distinction donne à la théorie de Jenner un degré de liberté : les nombreux cas de petites véroles après vaccine que lui rapportaient ses collègues pouvaient être mis sur le compte de la fausse vaccine sans nuire à la réputation de la vraie. La notion de fausse vaccine, au départ suffisamment marginale pour être reléguée dans une note de bas de page, devient rapidement le rouage central de la théorie vaccinale. Pour ses opposants, il s'agit d'un subterfuge grossier visant à la rendre irréfutable. C'est sur ce point précis que le nouveau regard clinique joua un rôle capital : au lieu d'expliquer la fausse vaccine par les causes de son apparition (causes qui s'allongeaient et qui se contredisaient à mesure des petites véroles après vaccine), le comité central instaure, par la clinique, la pustule type de la *vraie vaccine* et rejette toutes celles ne répondant pas à cette définition. Il ne s'agit pas de dire que le comité ou Jenner trichent : il y a bien entendu des vaccinations qui ne protègent pas. L'enjeu est plutôt de définir les critères du succès de la vaccine et, par là même, ceux qui sont aptes à en juger.

---

1. Edward Jenner, *An Inquiry into the Causes and Effects of the Variolae Vaccinae*, Londres, 1798, p. 7.

Dans les traités sur la vaccine du début du siècle, des dizaines de pages sont consacrées à la description extraordinairement détaillée de la pustule : sa taille, sa forme, ses couleurs, sa consistance, son relief, son induration, son élasticité et cela aux différentes étapes de son existence. Cette minutie est nouvelle. Au dix-huitième siècle, les symptômes étant pensés comme de simples signes de la maladie dont l'essence demeurait inaccessible, s'attacher à leur description exhaustive revenait à lâcher la proie pour l'ombre. L'inoculation, dans son principe même, reposait sur cette déconnexion : on pouvait espérer avoir la petite vérole sans éruption, la maladie sans ses symptômes. La nouveauté du regard clinique tient à l'effacement de la séparation entre maladie et symptôme : il n'y a plus d'essence pathologique, la maladie n'est rien d'autre que la collection des symptômes qui la matérialisent[1]. Aussi, lorsque les médecins de 1800 observent la pustule vaccinale, ils voient la maladie elle-même. La pustule n'est pas le signe de la vaccine, *elle est la vaccine*. Sa description clinique permet de la classer dans le champ des maladies éruptives :

« La vaccine sera toujours aux yeux des hommes instruits totalement séparée par de grands caractères naturels à savoir :
    1° la dépression centrale,
    2° l'aréole,
    3° la tumeur sous-cutanée,
    4° la limpidité du fluide,
    5° son dépôt dans des loges ou cellules isolées,
    6° la teinte argentée de la pustule, et
    7° enfin sa forme très régulière[2]. »

La définition clinique permet également de justifier les échecs de la vaccine : si une pustule ne déroule pas cette succession de phénomènes visibles, elle n'est pas une vraie vaccine et ne peut donc être préservative de la petite vérole[3]. Elle

---

1. Michel Foucault, *Naissance de la clinique*, Paris, PUF, 1963, p. 88-105.
2. *Rapport du comité central de vaccine*, *op. cit.*, 1803, p. 77.
3. *Ibid.*, p. 190-230.

explique également le refus du rappel vaccinal par le comité jusque dans les années 1840 : comme il était difficile d'obtenir une pustule de « vraie vaccine » lors d'une seconde vaccination, et comme cette pustule était le critérium de l'effet préservatif, le comité insistait sur l'importance d'une belle première vaccine et rejetait les pustules anormales que donnaient les secondes vaccinations.

Le problème de la définition clinique est qu'elle repose sur des nuances difficiles à décrire. La palette des traités de vaccine est particulièrement riche : « rouge clair », « blanc grisâtre », « couleur opalinée », « teinte rose », « teinte légèrement pourprée », « jaunâtre », « couleur fauve analogue au sucre d'orge », « bois d'acajou[1] », etc. Les couleurs, rabaissées au rang de qualités secondes par la philosophie naturelle, par la systématique botanique et la nosologie médicale[2], deviennent, dans la description clinique, le critère essentiel de la maladie la plus essentielle du siècle qui s'ouvre. Husson insiste par exemple sur « l'aréole inflammatoire d'un rouge vif cerisé glacé de blanc[3] » ; le rapport de 1803 fait de la couleur argentée du bourrelet le critère déterminant de la vraie vaccine, et compare sa teinte « à celle de l'ongle dont on presse l'extrémité[4] ».

C'est ici qu'intervient la grande innovation des vaccinateurs : la *définition graphique de la vaccine*. Dès le début de ses travaux, le comité recourt à Anicet Lemonnier, peintre et dessinateur attaché à l'École de médecine[5]. Sa présence est sou-

---

1. Henri-Marie Husson, *Recherches historiques et médicales sur la vaccine*, *op. cit.*, p. 32-36.
2. Linné exhorte les botanistes à ne considérer comme caractères que la forme, la proportion, le nombre et la position. Cf. Michel Foucault, *Les Mots et les choses. Une archéologie des sciences humaines*, Paris, Gallimard, 1966, p. 144-150.
3. Henri-Marie Husson, « Réflexions sur la vaccine », *Recueil périodique de la Société de médecine de Paris*, vol. 10, 1800, p. 118.
4. *Rapport du comité central de vaccine, op. cit.*, p. 67.
5. Anicet Lemonnier (1743-1824) est un peintre d'histoire réputé. Prix de Rome, membre de l'Académie royale de peinture en 1789, il est nommé peintre-dessinateur de l'École de médecine de Paris en 1794.

vent mentionnée : « Tant d'occasions lui étant offertes de suivre la vaccine dans toutes ses nuances, ses variétés, ses dégénérations, il empruntait le secours du dessin, de la peinture pour transmettre des images fidèles de son développement sur l'homme et sur la vache [...] et dans ses divers états de vraie ou fausse vaccine[1]. » Le progrès rapide des représentations de la pustule montre que les vaccinateurs sont bien en train d'inventer un nouveau code graphique.

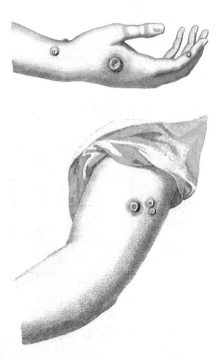

Edward Jenner, An Inquiry Into the Causes and Effects of the Variolae Vaccinae[2].

---

1. *Rapport du comité central de vaccine, op cit.*, p. 26.
2. Londres, 1798.

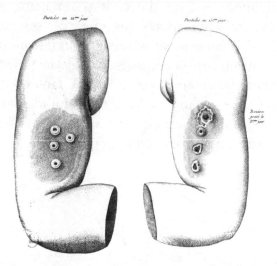

Hugues Félix Ranque, Théorie et pratique de l'inoculation de la vaccine[1].

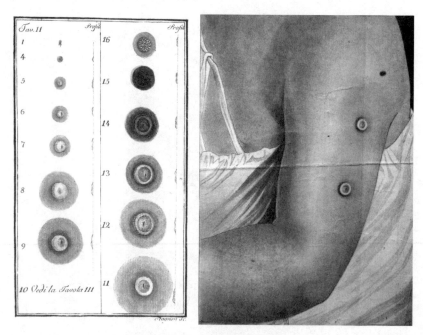

AN F⁸ 97 et Henri-Marie Husson,
Recherches historiques et médicales sur la vaccine[2].

---

1. Paris, Méquignon, 1801.
2. Paris, 1801.

La sociologie des sciences a montré comment l'image savante, en sélectionnant les perceptions, augmente la visibilité de la nature et définit ce qui devient connaissable[1]. En 1800, la présence simultanée du peintre et du clinicien autour des mêmes pustules vaccinales a contribué à stabiliser les phénomènes, à normaliser les observations et à constituer la pustule en objet docile de savoir. La palette si riche des vaccinateurs est issue de leur collaboration avec les peintres. La nosologie de la vaccine qui transforme nuances en essences et coloris en catégories prospère sur la richesse du lexique pictural. En choisissant des couleurs, des ombres, des reliefs et des textures, le peintre et le clinicien définissent ensemble les caractères du vrai vaccin : le médecin guide le regard du peintre et contrôle son pinceau, ce dernier stabilise le réel et aide le clinicien à le nommer. Descriptions cliniques et images pathologiques se constituent réciproquement : la définition clinique et graphique de la vraie vaccine s'est construite par des transferts lexicaux de la peinture à la clinique et dans un espace cognitif étrange constitué par l'expérience clinique restructurée par l'image.

En étudiant la composition et l'utilisation de ces images, nous entrons au cœur du pouvoir médical, là où il s'exerce en silence, au moment où le langage n'est pas encore déposé sur les choses. L'image vaccinale n'est pas une copie de la nature, mais une interprétation d'après nature ; elle n'est pas une nature morte rendant l'apparence particulière d'une pustule, mais une image typique accentuant les caractères qui définissent la vaccine. Les médecins corrigent l'artiste quand il reproduit des détails insignifiants. La vaccine typique est aussi entendue comme le plus beau spécimen, celui qui magnifie les régularités découvertes grâce à l'expérience clinique. Le

---

1. Michael Lynch, « Discipline and the Material Form of Images : An Analysis of Scientific Visibility », *Social Studies of Science*, vol. 15, 1985, p. 37-66.

Dr Fournier n'hésite pas à choisir le modèle qu'il fait graver suivant des critères esthétiques : « Parmi plus de quatre cents individus des deux sexes que j'ai vaccinés, une fille âgée de six ans d'une beauté accomplie [...] qui m'a donné la plus brillante aréole que j'aie encore vue[1]. »

Les détails jugés essentiels sont décrits avec une précision extraordinaire. Les images reproduites plus haut déploient une armada de détails. Les couleurs sont essentielles. Le temps l'est aussi. D'où la représentation/définition *sérielle* de la vaccine : il ne suffit pas d'obtenir un bouton qui ressemble vaguement à la pustule représentée, il faut que la pustule déploie dans la durée la même succession de phénomènes. Notons aussi la représentation en *coupe* de la pustule qui permet de définir la vaccine suivant le sens du toucher. L'expérience clinique, en postulant la visibilité du pathologique et en affinant le regard médical, permit aux vaccinateurs de transformer le détail en signe particulier, en lapsus de la nature qui se trahit dans le repli d'une pustule. La culture de la représentation scientifique, mettant en équivalence sujet optimal et fidélité à la nature, produit un effet de pouvoir car en purifiant, en synthétisant et en amplifiant certains phénomènes vaccinaux, elle transforme les vaccines différentes en autant de variétés de fausses vaccines, anormales, rachitiques, irrégulières.

Les nosologies protégeant la vaccine des critiques s'affinent au cours du temps. À côté de la fausse vaccine, Pierre Rayer, dans l'atlas dermatologique de référence des années 1830-40, propose par exemple la catégorie de « vaccinelle » : le virus a bien pris, la pustule présente les signes caractéristiques (la dépression centrale en particulier), mais elle passe par les différentes phases de son développement beaucoup plus rapidement que la vraie vaccine. Et bien entendu, elle ne protège pas contre la petite vérole[2].

---

1. François Fournier, *Essai historique et pratique sur l'inoculation de la vaccine*, Bruxelles, Flon, Paris, Croullebois, 1802, p. 14-19.
2. Pierre François Olive Rayer, *Traité théorique et pratique des maladies de la peau*, vol. 1, Paris, Baillière, 1826, p. 421.

Le même buissonnement nosologique se produit en aval, autour de la variole. On distinguait depuis le XVIIIe siècle la varicelle de la variole, elle-même présentant des variétés plus ou moins graves. À partir des années 1810, lors des épidémies de petite vérole, de nombreux vaccinés sont atteints de symptômes similaires à la variole, quoique atténués. Pour l'honneur de la vaccine, ces maladies ne peuvent être des petites véroles. Il faut donc qu'il existe une maladie similaire à la variole jamais diagnostiquée auparavant. Les médecins invoquent le plus souvent de nouvelles variétés de varicelles particulièrement malignes. Dans les années 1830, des débats acharnés opposent les médecins qui jugent que ces éruptions sont des petites véroles atténuées (ou varioloïdes) et plaident pour la revaccination et ceux qui, défendant la permanence de l'effet préservatif, voient dans ces maladies éruptives une variété de varicelle[1]. L'atlas dermatologique de Rayer opère ainsi des distinctions subtiles entre varioloïde et varicelle, entre varicelle ombiliquée, conoïde, globuleuse ou vésiculeuse, et entre vaccine, vaccinelle et fausse vaccine. En représentant les différentes espèces de pustules sur le rectangle neutre et intemporel de la planche et en les dépouillant de tout commentaire, il naturalise ces catégories pourtant très

---

1. À Londres, à Berlin ou à Milan, le problème de la durée de l'immunité fut étudié beaucoup plus tôt qu'en France. Les médecins continuèrent de publier les cas qui leur semblaient problématiques sans se heurter à la censure. Le *Medical and Physical Journal* de Londres, les *Annali universali di medicina* de Milan ou bien la *Hufeland's Bibliothek der praktischen Heilkunde* de Berlin rendent régulièrement compte de cas de petites véroles après vaccine dès les années 1800. En 1807, le problème des récidives paraît suffisamment grave pour que la Chambre des communes demande une enquête. Jamais la stratégie d'exonération par la clinique n'emporta l'adhésion absolue des médecins. En 1818, lors d'une épidémie de petite vérole en Écosse, de nombreux vaccinés ont des éruptions cutanées. Le Dr Thomson, d'Édimbourg, invente en 1818 la « varioloïde » précisément pour ne pas s'embarrasser de la clinique des pustules, pour pouvoir ranger toutes les éruptions dans la même catégorie et quantifier ainsi l'(in)efficacité vaccinale. Cf. Charles Steinbrenner, *Traité sur la vaccine ou recherches historiques et critiques sur les résultats obtenus par les vaccinations et revaccinations*, Paris, Labé, 1846, p. 31-180.

controversées. Car la complexité nosologique du champ des maladies pustuleuses est le résultat direct des luttes acharnées autour de la vaccine et de ses vertus préservatives. La dermatologie clinique, en postulant la totale visibilité du morbide, produit les possibilités de sa propre complication et permet à la théorie vaccinale de se raffiner en intégrant ses propres dysfonctionnements.

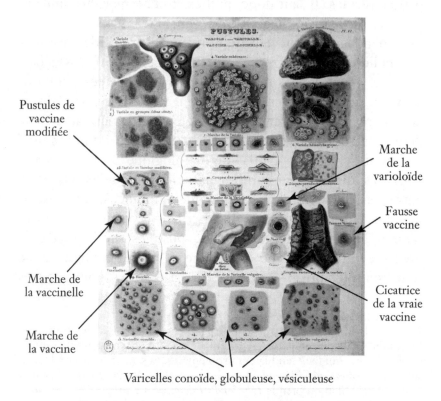

Pierre François Olive Rayer, Traité théorique et pratique des maladies de la peau, *Atlas, 1835*, © *BNF*.

La puissance de l'image repose sur sa capacité à circuler. Les gravures furent un vecteur essentiel de la diffusion globale de la théorie vaccinale. Par exemple, en 1803, à Canton, le chirurgien Alexander Pearson invite les médecins chinois à se fournir en pus dans l'entrepôt de l'*East India Company* et, pour guider leur pratique, il fait imprimer une planche représentant la *genuine pustule*[1]. La vaccine recevra ainsi une définition graphique car les gravures se vendent bien alors que les traités restent sur les rayons. Celui de Husson par exemple ne trouve guère preneur : un libraire de Reims n'en veut pas « de peur qu'il ne lui en reste ». Par contre les gravures l'intéressent au plus haut point[2]. Le public a déjà tranché : l'essence de la vaccine est visuellement inscriptible. Constatant la primauté de l'image, certains médecins renoncent à publier d'épais traités et s'associent aux plus grands graveurs de l'époque pour imprimer des planches représentant les différentes périodes de la vaccine[3].

Les nosologies protectrices sortent des écoles de médecine. Les préfets font ainsi distribuer des instructions qui apprennent à la population l'existence de fausses vaccines et d'éruptions varioliformes qu'il faut savoir distinguer de la petite vérole[4]. La vulgarisation vaccinale prépare les parents à entendre les théories justificatrices, à les convaincre qu'il y a, derrière la simplicité de la procédure, des diagnostics experts qui ne peuvent être réfutés.

Les vaccinateurs réalisèrent un coup de force dont on ne peut surestimer la portée historique. Jamais avant eux la médecine n'avait défini une maladie par l'image[5]. L'entreprise de classification des maladies de la fin du XVIIIe siècle (Boissier de

---

1. ARS, ms. 94.
2. AAM V 57, Caqué à Husson, 8 germinal an IX (30 mars 1801).
3. François Chaussier, professeur d'anatomie de l'École de médecine de Paris, s'associe à l'un des grands graveurs parisiens de l'époque, Louis-Pierre Baltard, pour imprimer de grandes planches vendues à profusion. Husson commande ses gravures à Jean Godefroy, un graveur parisien fameux, le Dr Fournier choisit Antoine Cardon, le graveur le plus renommé de Bruxelles.
4. AN F^8 113, le ministre de l'Intérieur au préfet de la Loire, 2 août 1810.
5. Les atlas anatomiques cartographiaient depuis longtemps le corps sain. Mais les représentations de pathologies visaient à attester des cas extraordinaires plutôt qu'à définir des types. Barbara Stafford, *Body Criticism, Imagining the Unseen in Enlightenment Art and Medicine*, Cambridge, MIT Press, 1991.

Sauvages, Cullen, Pinel) s'était faite sans images car la réalité mouvante de la maladie qui varie au cas par cas, qui est une entité circulante dans le corps et qui peut donc avoir des sièges différents, empêchait toute définition graphique de la maladie. En 1800, nul n'était tenu d'accepter l'hypothèse selon laquelle le morbide se donne à connaître par un ensemble de traits et de plages de couleurs. Georges Cuvier souligne la nouveauté de la nosologie graphique entreprise par les vaccinateurs et explique ses limites : « Comme aucune personne n'est précisément malade comme une autre, on ne peut donner de nos infirmités que des portraits individuels, tandis que, dans les êtres réguliers, l'individu représente l'espèce[1]. » Le Dr Goetz se moque des vaccinateurs singeant les botanistes : « Tournefort et Jussieu n'ont pas mieux dessiné leur savant système des plantes, tout à leurs noms à présent [...] et le parterre le mieux assorti des fleurs les plus brillantes ne présente pas à l'œil enchanté un spectacle plus ravissant que le gris, le blanc, le rouge, et le charmant rosacé des boutons de la vaccine[2]. » Ce qui s'est joué en 1800 avec la vaccine, c'est la possibilité de définir graphiquement une maladie typique. En 1805 apparaissent les premiers atlas dermatologiques (ceux de Robert Willan et Jean-Louis Alibert) puis, dans les années 1830, ceux d'anatomie pathologique. La culture visuelle de la médecine du XIXe siècle est l'héritière de la modalité nosologique d'exercice du pouvoir vaccinal.

6. Utopie de la statistique, dystopie de l'information

Lorsqu'en 1804 le gouvernement endosse la théorie du vaccin parfaitement bénin, la controverse publique se clôt immédiatement. Le ministre de l'Intérieur ordonne que tout

---

1. Georges Cuvier, *Rapport historique sur les progrès des sciences naturelles depuis 1789 et sur leur état actuel*, Paris, Imprimerie impériale, 1810, p. 343.
2. François-Ignace Goetz, *De l'inutilité et des dangers de la vaccine, op. cit.*, p. 25.

article sur la vaccine, avant d'être publié, soit approuvé par le comité[1]. La presse généraliste, qui en 1802 et 1803 publiait des histoires d'accidents et de récidives, est muselée. Le comité philanthropique devient un comité central, placé sous l'autorité du ministère de l'Intérieur. Ses membres, les médecins parisiens les plus influents (Thouret, directeur de l'école de santé, Pinel, médecin-chef de Bicêtre, Mongenot, médecin-chef de l'hospice des enfants, etc.) sont rémunérés par l'administration. Des comités sont également fondés dans chaque département afin de correspondre avec le comité central. En 1804, un médecin disait de la vaccine qu'elle était le « résultat de la perfection qu'a acquise la science du gouvernement[2] ».

L'administration permit surtout aux vaccinateurs de réorganiser en profondeur la circulation de l'information médicale. Le but de la circulaire de 1804 instaurant le service de la vaccine était double : rendre manifestes les avantages du vaccin au peuple et, en retour, enregistrer les résultats des vaccinations pour corroborer la vertu préservative non par une expertise médicale, mais par le tableau statistique de millions d'enfants vaccinés à travers la France. Selon Chaptal, « en tenant chaque année un état du nombre toujours décroissant de ceux qui auront été attaqués [par la variole] et de la moindre proportion de ses victimes dans les listes de mortalité, on opérera une conviction générale ». La statistique n'est pas le *sensorium* de l'État mais un espace de comparabilité, de mise en évidence de l'avantage vaccinal à destination de la population. D'un côté, elle divulgue le risque variolique : les préfets font afficher aux portes des mairies les tableaux nominatifs des morts de la variole afin de soumettre à la vindicte publique les parents insouciants qui n'ont pas fait vacciner

---

1. AAM V6, lettre de Fouché à Sauvo, rédacteur du *Moniteur universel*, 25 juillet 1809, qui l'oblige à présenter les articles au comité. La censure devait exister avant 1809, cf. AAM V1d4, Vaume, Mémoire confidentiel sur la vaccine, 22 juillet 1806.
2. AN F[8] 110, Vigaroux, Rapport fait au comité de vaccine sur la vaccination dans le département de l'Hérault.

leurs enfants[1]. De l'autre, en entreprenant de recenser exhaustivement toutes les vaccines, elle produit un dispositif de comptage générant des résultats convenables.

Penchons-nous sur les modalités concrètes de la production des nombres. L'administration impose aux vaccinateurs de remplir des tableaux comportant six colonnes : numéro du vacciné, date, nom, âge, adresse et « observations ». Habitués à rédiger leurs cas dans des cahiers, les vaccinateurs doivent maintenant enregistrer leurs observations dans une étroite colonne. Soit ils la laissent entièrement vide, et c'est ce que font la plupart d'entre eux, surtout quand ils envoient des listes pléthoriques, soit ils résument en quelques phrases le résultat de leur pratique.

C'est bien dans ces notes rédigées en caractères serrés que l'on peut entrevoir les dangers de la vaccine. Un vaccinateur des Hautes-Alpes note, satisfait : « Tous les enfants vaccinés pendant l'année 1806 n'ont eu que quelques petits ulcères et des dartres... » En 1806, Coste, chirurgien à Montauban n'a vacciné que douze personnes, mais rapporte deux éruptions miliaires qui durent vingt et un jours ; sur les vingt vaccinés de Gasquet, on compte une tumeur scrofuleuse, une éruption miliaire et une dartre[2]. Dans l'Orne, un vaccinateur compte 8 éruptions générales sur 276 vaccinés[3]. Le Dr Taulin, de Saint-Dizier, fournit un tableau comptant 157 vaccinations ; la colonne « Observations » narre huit accidents dont deux mortels[4]. En 1812, à Nantes, le Dr Valteau vaccine 32 nouveau-nés à l'hospice des enfants trouvés, 22 décèdent dans le mois suivant la vaccination[5]. Les cires dermatologiques de l'hôpital

1. AN F[8] 113, le ministre de l'Intérieur au préfet de la Loire, 2 août 1810 : « Ce tableau authentique de l'insouciance des parents me paraît un des moyens les plus puissants pour forcer les familles encore indécises à recourir enfin à une méthode qui leur conservera leurs enfants et leur évitera la honte d'une inscription qui les couvre de blâme. »
2. AAM V 54.
3. AAM V 63 d3, Orne, État des vaccinations de Gavelon, 1811.
4. AAM V 57, État des personnes vaccinées par J.-B. Taulin, résidant à Eurville, adjoint du comité de vaccine de St Dizié, 1808.
5. AN F[8] 113, Valteau au préfet de Loire-Inférieure, le 21 août 1813.

Saint-Louis indiquent la gravité des affections dermatologiques postvaccinales très banales au XIXe siècle.

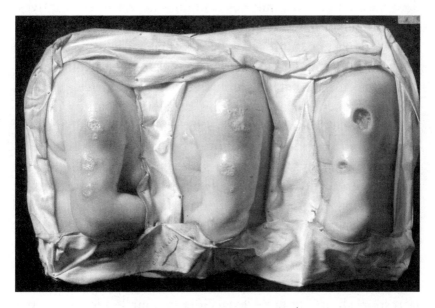

Vaccines ulcéreuses (vers 1880)[1].

L'ignorance, comme le savoir, se fabrique. En ce qui concerne les risques vaccinaux, elle fut produite par une gestion pyramidale de l'information, organisée en plusieurs échelons : mairies, comités départementaux, comité central, qui fonctionnaient comme autant de filtres à mauvaises nouvelles. Les complications (ulcères, dartres, éruptions diverses parfois dangereuses) étant rapportées de manière littéraire dans les colonnes « Observations », elles ne sont que rarement reprises par l'échelon supérieur qui, ayant pour but la quantification, favorise les informations numériques. Multiplier les étapes dans la transmission de l'information permet ainsi de maximiser les effets de l'autocensure des vaccinateurs. Comme la vaccine est censée être parfaitement bénigne, l'officier de santé ou le médecin qui rencontre un accident

---

1. Cires dermatologiques du musée de l'hôpital Saint-Louis, groupe hospitalier Lariboisière, F. Widal, APHP, Paris.

peut craindre qu'il ne soit mis sur le compte de sa mauvaise pratique. Par exemple, en 1820, dans les Alpes, le passage de deux vaccinateurs produit des centaines de maladies éruptives. Sur 600 personnes vaccinées, on compte 40 morts. Le vaccinateur départemental accuse les officiers de santé d'avoir confondu ou mélangé le pus vaccinal et le pus variolique[1].

La vaccination étant faiblement rémunératrice, elle est confiée en général à de simples officiers de santé. Ceux-ci reçoivent de l'administration départementale de maigres primes en fonction du nombre de vaccinations réalisées. Contrairement aux inoculateurs des années 1760, ils n'ont aucun intérêt à divulguer les accidents de leurs concurrents. À moins d'être particulièrement têtu, de prendre le risque de passer pour un antivaccinateur et de s'exposer aux reproches des comités de vaccine et des préfets, il est beaucoup plus commode de garder ses observations sous le coude et ses scrupules pour soi. La statistique eut aussi une fonction morale : la responsabilité de taire les accidents pour le bien supérieur de la nation, le travail de réfutation des plaintes des parents et d'exonération clinique de la vaccine furent répartis à travers tout le système vaccinal. Chaque échelon écopait de sa part d'accidents, de scrupules et d'indignité.

Le comité de vaccine reprend à son compte le mode de production des savoirs médicaux à l'œuvre dans l'espace mondain, à savoir la collection de narrations médicales. Mais en organisant un réseau *ad hoc* qu'il domine, il change du tout au tout les effets des savoirs produits. Le système statistique vaccinal ramène en un centre unique les filaments épars d'un réseau auparavant décentralisé et qui comportait de nombreux points d'accès à la sphère publique. L'information circule de bas en haut et de haut en bas, avec des effets d'autocensure et de censure à chaque nœud de transmission. Ayant le pouvoir de publier, de censurer, de récompenser et de sanctionner, le comité central guide le jugement des vaccinateurs à la base de

---

1. AAM V25, lettre du Dr Rabasse au préfet du département des Hautes-Alpes, 12 avril 1820.

la pyramide. Cette gestion de l'information permit au comité de vaccine, en prétendant voir mieux, voir plus, voir quantitativement, de ne voir que ce qu'il voulut voir.

Pour confirmer cette propriété du système vaccinal qui parvient à isoler le comité dans un monde à la fois virtuel et convaincant, prenons le cas des guérisons opérées par la vaccine. À l'inverse des accidents, les narrations des maladies (scrofules, dartres, gourmes, gales, épilepsies) qui disparaissent lors de l'opération sont explicitement valorisées par le comité central qui les publie dans ses rapports annuels avec force éloges. En 1807, le comité invite les médecins à rechercher activement les cures miraculeuses et à lui envoyer des comptes rendus[1]. Le résultat ne se fait pas attendre : par un jeu de miroir, les vaccinateurs font remonter les cas qui intéressent tant l'élite médicale parisienne, même s'ils ne sont pas convaincus du lien de causalité entre la vaccine et la guérison. Mais dans les comités départementaux, puis au comité central, des centaines, des milliers de cas similaires s'accumulent, semblant accorder une nouvelle compétence à ce virus décidément bien complaisant.

La statistique produisait un argument extrêmement commode : les vaccinations, pour l'essentiel, c'est-à-dire pour l'immense part que rapportent les tableaux pléthoriques aux colonnes d'observations toujours vides, sont absolument sans danger. Le faible nombre de narrations d'accidents qui arrivent à passer les obstacles successifs de l'autocensure, de la censure, de la vérification pointilleuse par le comité, bref les quelques accidents ou récidives qui restent inexplicables et s'imposent à la conscience du comité central sont alors mis en balance avec les centaines de milliers de vaccinations sans problème. Et bien évidemment ces accidents ne pèsent pas lourd et ne parviennent pas, en tout cas, à imposer une mise en cause de la vaccine parfaitement bénigne et parfaitement préservative.

Clinique et statistique furent deux modes d'appréhension du régulier, deux manières de définir le typique à des échelles

---

1. Mémorial administratif n° 215, 3 mars 1807.

différentes. Elles immunisèrent la vaccine de la critique en faisant jouer la distinction métaphysique entre l'essence et l'accident. Elles permirent aux vaccinateurs de formuler des propositions contradictoires à l'instar de cette conclusion du rapport de 1807 : « Il ne faut pas croire que jamais le cours de la nouvelle inoculation ne soit troublé par quelques orages, quelques complications, disons même quelques accidents. Mais leur somme est dans une proportion si peu considérable qu'on ne peut rien conclure de général contre la vaccine. » La vaccine n'est plus simplement définie comme la somme de ses effets sur un ensemble de corps (ce qu'avaient proposé les inoculateurs du XVIIIe), mais par un sous-ensemble de ses effets qui, présentant une plus grande cohérence (cohérence établie par la clinique et la statistique), constituent quelque chose comme son essence.

À partir des années 1820, la vaccine traverse une longue crise. Faute de rappel vaccinal (1840) et de production animale du vaccin (1880), les petites véroles après vaccine et les contaminations se multiplient. La méfiance du public perdure et se renforce même tout au long du siècle. La crainte de la pollution corporelle, de l'altération du sang et de la contamination héréditaire expliquent les réticences. À l'inverse des préceptes de l'hygiène fondés sur une séparation stricte entre le propre et le sale, la vaccine semblait dissoudre les frontières rassurantes entre son corps et celui des autres, entre le sain et le pathologique et même entre l'humain et l'animal[1].

Malgré ce terrain favorable, les antivaccinateurs français ne parvinrent pas à modifier la doctrine médicale officielle. Ils n'essayèrent pas de collecter et de publier des accidents vaccinaux mais de démontrer le lien entre le vaccin et la *dégénérescence* de la population[2]. Ils n'analysèrent pas la construction

---

1. Nadja Durbach, *Bodily Matters. The Anti-Vaccination Movement in England, 1853-1907*, Durham, Duke University Press, 2005.
2. L'antivaccinisme fut un prodrome au thème médical, social et racial de la dégénérescence. Cf. Hector Carnot, *Petit traité de vaccinométrie*, Paris,

des statistiques produites par le comité mais se contentèrent de les corréler à d'autres agrégats : taille du conscrit, natalité, statistiques de maladies, etc. À trop vouloir montrer, les anti-vaccinateurs français ne convainquirent personne : ils créèrent beaucoup de perplexité et peu de mobilisation.

La première prise en compte des contaminations vint de médecins qui voulaient tout simplement gagner de l'argent avec la vaccine. À cette fin, ils devaient créer un marché en dehors de la vaccine gratuite proposée par le comité et firent donc la promotion de leur lymphe plus pure et plus sûre. Les premières expériences de vaccin bovin furent liées à la demande des notables. Dès 1803, le comité central recourut à la vache pour satisfaire des bourgeois refusant le vaccin huma-nisé[1]. À la fin des années 1820, le Dr James monta une « Société nationale de vaccine » visant à propager le vaccin de génisse. Selon l'Académie de médecine, en faisant la promo-tion du vaccin animal, le Dr James discréditait la vaccine de tout le monde. Parce que la production de vaccin animal était difficile et coûteuse, les vaccinateurs français récusèrent avec constance l'existence de contaminations par le vaccin huma-nisé.

La lenteur du processus qui conduisit à l'acceptation offi-cielle du risque montre bien la résilience du système vaccinal. Il faut en effet attendre 1864 pour que l'Académie de méde-cine accepte la possibilité de transmission syphilitique. Et ce ne sont pas les vaccinateurs qui, débattant du risque de conta-mination, en viennent à étudier la syphilis. Ce sont les syphi-ligraphes, en pleine dispute sur la possibilité de transmettre la

Moquet, 1849, 1857 ; Henri Verdé-Delisle, *De la dégénérescence physique et morale de l'espèce humaine déterminée par le vaccin*, Paris, Charpentier, 1855 ; Armand Bayard, *Influence de la vaccine sur la population*, Paris, Masson, 1855. Le grand théoricien de la dégénérescence, Bénédict Morel, prit d'ailleurs soin de distinguer ses théories de celles des antivaccinateurs (Bénédict Morel, *Traité des dégénérescences physiques, intellectuelles et morales de l'espèce humaine*, Paris, Baillière, 1857, p. 560).

1. *Rapport du comité central de la vaccine, op. cit.*, p. 379. Voir aussi *Le Jour-nal du soir* n° 1025, 25 ventôse an IX.

maladie par le sang, qui vont s'intéresser à la vaccine, pour la transformer en argument dans leur controverse[1].

La vaccine fut l'occasion d'un grand divorce entre médecins et public. Car, au fur et à mesure qu'elle causait des morts par centaines et des accidents par milliers, au fur et à mesure que les parents s'en plaignaient auprès des vaccinateurs qui leur opposaient les arguments de désimputation produits par la clinique et la statistique, au fur et à mesure que la doctrine officielle était répétée d'un côté et repoussée de l'autre, le public, aux yeux des médecins, changeait de nature. D'une instance de jugement et de production d'informations, d'une instance rationnelle qu'il fallait convaincre par le nombre, le public devint une masse, dotée d'une inertie, qu'il fallait subjuguer par l'autorité médicale et administrative et par l'explicitation de sa propre incompétence. Un nouveau genre apparut dans la littérature médicale : le traité sur « les erreurs et préjugés populaires[2] ».

Il serait facile de jeter le ridicule sur les médecins vilipendant « des préjugés populaires » qui devinrent les précautions à prendre des vaccinateurs de la génération suivante. Mais l'histoire de la vaccine recèle d'autres sens. Le comité joua le rôle qui lui fut imparti, c'est-à-dire un rôle d'écran retenant les mauvaises nouvelles et projetant un théâtre d'ombres réconfortantes. Il permit au fond à la politique et aux individus de se décharger du poids moral de la décision. À l'inverse de l'inoculation qui avait conduit à expliciter les relations

1. Voir Jean-Baptiste Fressoz, « Le vaccin et ses simulacres : instaurer un être pour gérer une population, 1800-1865 », *Tracés. Revue de sciences humaines*, vol. 21, 2011, p. 77-108.
2. Anthelme Richerand, *Des erreurs populaires relatives à la médecine*, Paris, Caille, 1812 ; Pierre Adolphe Piorry, *Dissertation sur le danger de la lecture des livres de médecine par les gens du monde*, 1816. Un sous-genre porte d'ailleurs explicitement sur la vaccine : Jean-Baptiste Dugat, *Erreurs et préjugés populaires sur la vaccine et la petite vérole*, Avignon, Guichard, 1823 ; Jean-Étienne Thorel, *Dissertation sur les préjugés populaires qui s'opposent à l'adoption générale de la vaccine*, Strasbourg, 1823 ; Dominique Latour, *Réfutations de quelques préjugés sur la vaccine*, 1823 ; Cortade, *Manuel de vaccine dédié aux officiers de santé et habitants des campagnes du département du Gers*, 1819.

entre Dieu, la nature et la politique, à l'inverse du risque aux dilemmes moraux et psychologiques insolubles, l'expertise, par sa capacité à définir et maintenir le virus vaccin comme un être sans surprise et sans danger, comme une simple technique sans conséquence morale, séparait pour de bon science et politique. De manière bien plus efficace que le risque, l'expertise produisit de la désinhibition : en administrant des preuves et aussi de l'ignorance, elle fut la condition de l'acceptation de la vaccine et derechef celle du changement d'échelle de l'humanité.

CHAPITRE III

L'Ancien Régime
et les « choses environnantes »

La destruction moderne des environnements ne s'est pas faite comme si la nature ne comptait pas mais, au contraire, dans un monde où régnaient des théories qui faisaient de l'environnement le producteur de l'humain. Pour comprendre ce paradoxe, il faut se déprendre de nos dualismes inné/acquis et corps/environnement pour penser dans un lieu épistémique aujourd'hui disparu, la théorie des climats, où s'intriquaient l'agir humain, l'environnement et les corps.

La notion de « climat » telle que Montesquieu l'a popularisée dans *De l'esprit des lois* ne rend pas justice à la richesse de ce concept. Au XVIIIᵉ siècle, les « climats » ne sont pas seulement de grands espaces définis par leur situation latitudinale sur lesquels l'homme n'a guère de prise ; la notion est beaucoup plus englobante : elle inclut les « airs, eaux, lieux » inspirés d'Hippocrate et plus généralement tous les *circumfusa* ou « choses environnantes », qui influent sur la santé et façonnent les corps[1]. Est exemplaire, à cet égard, un ouvrage séminal

---

1. Clarence J. Glacken, *Traces on the Rhodian Shore : Nature and Culture in Western Thought from Ancient Times to the End of the Eighteenth Century*, Berkeley, UCP, 1967 ; James Riley, *The Eighteenth-Century Campaign to Avoid Disease*, Londres, Macmillan, 1987.
Sur les *circumfusa* : Louis Macquart, article « Climat », *Encyclopédie méthodique. Médecine*, Paris, Panckoucke, 1792, vol. 4, p. 878. Le terme de *circumfusa* a été popularisé au XVIIIᵉ siècle par le médecin Jean-Noël Hallé et sa division de l'hygiène en *circumfusa, ingesta, excreta, percepta, gesta*. Cf. Gérard Jorland, *Une société à soigner, hygiène et salubrité publiques en France au XIXᵉ siècle*, Paris, Gallimard, 2010, p. 42-45.

pour le déterminisme climatique, *Les Réflexions critiques sur la poésie et sur la peinture* (1719) de Jean-Baptiste Dubos : les climats qui déterminent les qualités physiques et intellectuelles des peuples sont produits par les environnements locaux transformés par l'agir humain. Pour expliquer la dégénérescence des Romains depuis l'Antiquité, l'auteur invoque ainsi la destruction des égouts (*cloaca maxima*) par les Barbares et la multiplication des mines d'alun qui ont altéré l'air de la ville[1]. De même, en 1731, dans son influent *Essai concernant les effets de l'air sur le corps humain*, le médecin John Arbuthnot décrit l'air comme un mélange d'exhalaisons naturelles et artificielles déterminant les santés humaines[2].

Les sociétés humaines évoluent en rapport avec les enveloppes atmosphériques qu'elles façonnent. Le climat fait la somme de toutes les transformations environnementales possibles ; l'action technique se réverbère dans le climat qui modifie en retour les constitutions humaines.

Au XVIIIe siècle, l'environnement est avant tout une affaire de biopolitique : comme les *circumfusa* exercent une influence déterminante sur la santé, les gouvernements pourraient agir, par leur entremise, sur le nombre et la force de leurs sujets. Par exemple, le traité de démographie et d'économie politique de Jean-Baptiste Moheau et Antoine Montyon, qui apprend au souverain à accroître la population (grâce à de bonnes lois sur le commerce, les impôts ou les héritages), se conclut par un programme à la fois environnemental, populationniste et anthropotechnique : « Ce n'est pas seulement par [...] des institutions utiles [...] que les Rois peuvent favoriser la population ; *tout l'ordre physique* semble être encore dans leurs mains. » Et comme « un climat différent forme une espèce nouvelle », le souverain, en gérant convenablement les *circumfusa* de son domaine, peut prendre en charge la santé, le

---

1. Jean-Baptiste Dubos, *Réflexions critiques sur la poésie et sur la peinture*, 1719, Utrecht, Étienne Neaulme, 1732, vol. 2, p. 152-157.
2. John Arbuthnot, *An Essay Concerning the Effects of Air on Human Bodies*, Londres, Tonson, 1731, p. 10.

nombre et même la forme de sa population[1]. L'Abbé Richard, auteur d'une *Histoire naturelle de l'air* en dix volumes explique que son étude « n'est pas une simple spéculation [...] elle est utile au grand art de gouverner les hommes[2] ». En 1776, la monarchie fonde la Société Royale de Médecine pour guider sa politique médico-environnementale. À sa demande, les médecins rédigent des « topographies médicales » qui décrivent minutieusement les choses environnantes des lieux et leur influence sur la santé des habitants[3]. Les savoirs multiples qui au XVIIIᵉ siècle s'intéressent à l'air, à sa salubrité et à ses constituants (chimie des airs, pneumatique, eudiométrie, météorologie et topographies médicales) s'inscrivent dans cette biopolitique des atmosphères[4].

Le pouvoir des *circumfusa* était aussi source d'inquiétude car, en les altérant, l'humanité prenait le risque de se modifier elle-même. Des transformations environnementales en apparence bénignes pouvaient avoir des conséquences terribles. Selon Richard, une épidémie aux Moluques hollandaises aurait eu pour cause la destruction des girofliers dont les particules aromatiques corrigeaient l'air corrompu par les fumées d'un volcan[5]. Les maladies nouvelles pouvaient être des artefacts humains : la syphilis pouvait ainsi être née dans les mines de Saint-Domingue où les Espagnols soumettaient les Indiens à des conditions de travail tellement effroyables que leur constitution en avait été modifiée[6]. Les vapeurs artisanales suscitaient des inquiétudes semblables dans la bourgeoisie urbaine : au

---

1. Jean-Baptiste Moheau et Antoine Montyon, *Recherches et considérations sur la population de France*, Paris, Moutard, 1778, vol. 2, p. 156.
2. Jérôme Richard, *Histoire naturelle de l'air et des météores*, Paris, Saillant, 1770, vol. 1, p. 2.
3. Jean Meyer, « L'enquête de l'Académie de médecine sur les épidémies, 1774-1794 », *Annales ESC*, 1966, vol. 21, n° 4, p. 729-749.
4. Simon Schaffer, « Measuring virtue. Eudiometry, enlightenment and pneumatic medicine », Andrew Cunningham et Roger French (dir.), *The Medical Enlightenment of the Eighteenth-Century*, Cambridge, Cambridge University Press, 1990, p. 281-318.
5. Jérôme Richard, *Histoire naturelle de l'air et des météores*, op. cit., vol. 2, p. 412.
6. Jean-Bernard Bossu, *Nouveaux voyages aux Indes occidentales*, Amsterdam, Changuion, 1769.

XVIIIe siècle, les villes sont les lieux malsains par excellence, à l'instar des marécages, des prisons et des navires[1].

L'industrialisation et la transformation radicale des choses environnantes qu'elle a causée par son cortège de pollutions et l'utilisation massive des ressources naturelles se sont déroulées dans le cadre théorique de la médecine climatique. Le problème historique n'est donc pas l'émergence « d'une conscience environnementale », mais bien plutôt l'inverse : il s'agit de comprendre la nature schizophrénique de la modernité industrielle qui continua de penser l'homme comme produit par les choses environnantes en même temps qu'elle le laissait les altérer et les détruire.

En France, l'émergence du *capitalisme chimique* fut une cause décisive du processus d'industrialisation des environnements et des consciences. La chimie des années 1800 constitue un point de rencontre historique entre des pollutions massives, des modes de production nouveaux, des capitaux considérables et l'élite savante et administrative issue de la Révolution. Cette conjonction d'innovation, de profit et de pouvoir rendit possible la transformation des régulations environnementales que nécessitait le développement du capitalisme manufacturier. Afin de rendre bien saillante la désinhibition industrielle des années 1800, ce chapitre caractérise l'Ancien Régime de régulation des environnements artisanaux vers le milieu du XVIIIe siècle.

1. Policer les arts et les airs

La police est alors beaucoup plus que l'institution contemporaine de maintien de l'ordre : elle mérite pleinement son nom car les règlements qu'elle promulgue, la surveillance qu'elle exerce et les pénalités qu'elle impose façonnent

---

1. Alain Corbin, *Le Miasme et la Jonquille*, Paris, Aubier, 1982 ; Sabine Barles, *La Ville délétère. Médecins et ingénieurs dans l'espace urbain*, Seyssel, Champ Vallon, 1999.

l'urbain et les manières d'habiter la ville[1]. Son domaine d'action est immense : maintien de l'ordre, approvisionnement des villes, sécurité des transports et des bâtiments, prévention des incendies, surveillance des marchés et vérification des produits alimentaires, propreté des rues, etc. Naguère décrite par Michel Foucault comme une « police de tout[2] », la police d'Ancien Régime est plus précisément une police de toutes « les choses environnantes » : les *circumfusa* et leur rôle sanitaire justifient son emprise sur la cité. Selon Prost de Royer, lieutenant général de la police de Lyon, la police peut limiter la hauteur des constructions, définir la largeur des rues et des cours car « la conservation de la santé publique, par la salubrité de l'air, lui donne incontestablement ce droit[3] ». L'enjeu est écrasant : de la bonne gestion des environnements urbains dépendent la santé, le nombre et même la forme de la population. Le médecin rouennais Lepecq de la Clôture attribue la santé désastreuse des Parisiens à l'incurie de la police qui « fomente ou perpétue les maladies contagieuses » : « On *a fait* des habitants de Paris le peuple le plus faible et le plus malsain qu'il y ait sur la terre[4]. » Le commissaire parisien Delamare explique que l'objet de la police dépasse la bonne santé de l'homme pour s'étendre aussi à « l'intégrité et la parfaite conformation de ses membres[5] ».

La police justifie également son pouvoir sur la cité par sa capacité à gérer les risques créés par les concentrations du

---

1. Voir l'étude magistrale du cas parisien par Thomas Le Roux, *Le Laboratoire des pollutions industrielles. Paris, 1770-1830*, Paris, Albin Michel, 2011 ; et Jérôme Fromageau, *La Police de la pollution à Paris de 1666 à 1789*, thèse de droit, Paris II, 1989.
2. Michel Foucault, « *Omnes et Singulatim* : Towards a Criticism of Political Reason », in *The Tanner Lectures on Human Values*, vol. 2, Cambridge, Cambridge University Press, 1981, p. 223-254.
3. Antoine-François Prost de Royer, *Dictionnaire de jurisprudence et des arrêts*, Lyon, Roche, 1783, vol. 3, p. 746.
4. Louis Lepecq de la Clôture, *Collection d'observations sur les maladies et constitutions épidémiques*, Rouen, Imprimerie privilégiée, 1778, p. 26.
5. Nicolas Delamare, *Traité de la police*, Paris, Jean-Pierre Cot, 1705, p. 533.

bâti, des hommes et des activités. La notion de *péril imminent* est fondamentale car elle appelle une surveillance de chaque instant et de chaque lieu, un gouvernement instantané, une capacité d'anticipation et de prévention que seule la police prétend détenir. L'arrêt royal de 1729 qui confie la sûreté des voies publiques à la police de Paris renforce la surveillance et formalise des procédures allégées. Le gouvernement policier doit être prompt :

« I. Les commissaires auront une attention particulière chacun dans leur quartier pour être instruits des maisons et bâtiments où il y aurait quelque péril.

II. Aussitôt qu'ils en auront avis, ils se transporteront sur le lieu et dresseront Procès-verbal de ce qu'ils y auront remarqué, et qui pourrait être contraire à la sûreté publique.

III. Ils feront assigner sans retardement à la requête de notre procureur du Châtelet les propriétaires au premier jour d'audience de la police de notre Châtelet de Paris [1]. »

À Paris, quarante-huit commissaires répartis dans vingt quartiers quadrillent l'espace urbain [2]. Une grande partie de leur travail concerne la propreté et le respect des règlements urbains (balayer devant chez soi, remettre ses ordures aux entrepreneurs chargés de l'enlèvement, ne rien suspendre aux fenêtres, fermer sa porte la nuit, etc.). Chaque jour, le commissaire doit parcourir son quartier d'exercice (où il doit impérativement résider) vêtu d'une robe distinctive et accompagné d'un huissier [3]. Malgré cette pompe toute judiciaire, il

---

1. *Id.*, *Continuation du Traité de la police*, vol. 4, Paris, Hérissant, 1738, p. 127.
2. Alan Williams, *The Police of Paris 1718-1789*, Baton Rouge, Louisiana State University, 1979 ; Paolo Piasenza, « Juges, lieutenants de police et bourgeois à Paris aux XVIIe et XVIIIe siècles », *Annales*, 1990, vol. 45, n° 5, p. 1189-1215 ; Vincent Milliot, « Qu'est-ce qu'une police éclairée ? La police améliioratrice selon Jean-Charles Pierre Lenoir, lieutenant général à Paris (1775-1785) », *Dix-Huitième Siècle*, vol. 37, 2005, p. 117-130.
3. Jean-Baptiste Lemaire, « Mémoire sur l'administration de la police en France (1771) », *Mémoires de la Société de l'histoire de Paris et de l'Île-de-France*, vol. 5, 1878, p. 29, 58.

apparaît qu'il n'y a pas d'objet trop petit ou trop trivial pour la police. Le commissaire Lemaire note ainsi :

« Police du 17 juillet 1768, rue Mouffetard entrant par la rue Bordet : une particulière écossant des pois et laissant ses écosses sur le pavé devant la boutique à droite où elle demeure, première assignation ; rue d'Orléans entrant par la rue Mouffetard : un tas considérable de terre et ordures de jardin embarrassant la voie publique, deuxième assignation ; quai de l'Horloge du palais, deux pots à fleurs sur la fenêtre au premier au-dessus de l'entresol et de la boutique où est écrit "Sauvage bijoutier", troisième assignation, etc.[1] [...] »

La répétition des injonctions, le rappel des règlements, les assignations au Châtelet et la distribution d'amendes doivent rendre la ville propre et sûre. Le travail continu de la police façonne les conduites individuelles et civilise les mœurs urbaines en les rendant conformes au bien commun. Pour Lemaire, « la police est [...] la science de gouverner les hommes et de leur faire du bien, la manière de les rendre autant qu'il est possible ce qu'ils doivent être pour l'intérêt général de la société[2] ».

La présence des artisans au cœur de la ville est régulée par cette police des microrisques urbains : les ateliers, leurs fumées et vapeurs, leurs foyers trop intenses et leurs écoulements sont soumis à une procédure policière semblable à celle des périls imminents. Cette régulation par la surveillance policière est bien adaptée au monde artisanal : l'activité productive étant pensée comme un ensemble de gestes et de tours de main, ses nuisances ne peuvent se réguler ni par l'édiction d'une norme technique qui anticiperait la nuisance ni par un règlement d'atelier qui prescrirait les bons modes opératoires. Les savoirs tacites, les secrets de production, les

---

1. AN Y^9 471 B, Commissaire Lemaire, Rétif huissier, police des 16 juillet-4 août 1768.
2. Jean-Baptiste Lemaire, « Mémoire sur l'administration de la police en France (1771) », *op. cit.*, p. 28.

manières de faire variées suivant les ateliers expliquent l'agnosticisme de la police à l'endroit des dispositifs : l'infrastructure productive n'est pas un objet qu'elle pourrait contrôler, amender et gouverner, elle n'est donc pas le lieu de résolution du problème environnemental. La surveillance des effets de la production est par contre centrale : la régulation environnementale est produite par un travail continu de police des métiers, plutôt que par la définition ponctuelle de formes techniques ou de procédés de production.

Jacques-François Demachy,
Description de l'art du distillateur d'eau-forte, *1773*[1].

Prenons le cas des ateliers d'eau-forte, bien renseigné grâce à la description très précise qu'en donne le pharmacien Demachy. Parce que la chimie est un goulet d'étranglement pour l'industrie textile en plein essor dans les années 1760 et parce que les savoir-faire sont rares, Demachy porte une attention scrupuleuse au travail de l'artisan, à ses compétences et aux

---

1. Neuchâtel, Société typographique, 1780.

sensations (goût des produits, odeurs des fumées) qui permettent d'obtenir un bon produit. Si les planches montrent l'ouvrier encalminé et solitaire, un peu perdu dans un atelier gigantesque, dans le texte, il est sans cesse agissant. Et ses gestes ne sont pas soumis à une rationalité analytique : il n'y a pas de procédure fixe, seulement de grandes plages horaires durant lesquelles l'ouvrier doit prendre des initiatives variées. La distillation des vitriols qui permet d'obtenir l'huile de vitriol (ou eau-forte) dure une douzaine d'heures. L'ouvrier doit sans cesse boucher les crevasses qui fendent les cornues de grès et humer les vapeurs pour décider de laisser échapper celles qui ne sont pas composées d'eau-forte. La perte est normale et l'étanchéité est assurée par le travail constant des ouvriers : « Rien n'est plus ordinaire dans la distillation que de voir le dôme fendu [...] ce qui donne à l'ouvrier beaucoup d'occupation pour boucher ces crevasses, à mesure qu'elles donnent issue aux vapeurs rouges[1]. » Pour Demachy, la technique est essentiellement fragile. Les matériaux utilisés (grès, argile, glaise, crottin) sont poreux et friables, les cornues se gercent, éclatent, se fendillent et ces désagréments correspondent à l'état *normal* de la technique. D'une certaine manière, la distinction entre les faires artisanaux et les outils n'est pas pertinente : la technique, presque fugace, est constamment produite et reproduite par l'ouvrier qui bouche les crevasses, colmate les fuites, lute les cornues, répare les fourneaux[2].

À Paris, dans les années 1750-1760, six ateliers d'eau-forte se répartissent autour de la porte Saint-Denis et de la place Maubert. Ils sont soumis à la surveillance journalière des

---

1. Jacques-François Demachy, *Description de l'art du distillateur d'eau-forte, op. cit.*, p. 19-21.
2. Si les historiens ont bien montré la dimension politique de l'*Encyclopédie* qui bataille contre les secrets des métiers pour exproprier les artisans de leur expertise (Georges Friedman, « L'*Encyclopédie* et le travail humain », *Annales, histoire, sciences sociales*, vol. 8, 1953, p. 53-68 ; William Sewell, *Gens de métier et révolutions*, Paris, Aubier, 1992), en ce qui concerne les arts chimiques, ce projet demeure inabouti : les savoirs artisanaux tacites échappent aux entreprises savantes qui n'avaient ni les moyens politiques ni les moyens cognitifs de leurs ambitions.

commissaires de quartier qui vérifient durant leurs tournées si les fumées ne sont pas excessives. Alors qu'aucun règlement de police ne concerne les distillateurs d'eau-forte, les commissaires les poursuivent régulièrement en invoquant les principes généraux de la salubrité[1]. La police de l'air et les périls imminents ouvrent le champ d'un gouvernement préventif : ils justifient de punir une action (ou une absence d'action) qui n'a causé aucun accident, ne procède d'aucune volonté de nuire ou ne contredit aucune norme formalisée.

Le but d'une procédure policière contre un établissement est d'en obtenir le déplacement hors les murs. Les commissaires ne demandent pas d'expertise sur les procédés et n'envisagent pas la possibilité de les améliorer. Des Essarts, auteur d'un important dictionnaire de police, considère les émanations des ateliers d'eau-forte comme inévitables et plaide logiquement pour leur interdiction en ville[2]. En 1768, le parlement de Paris ordonne au distillateur Jacquet du quartier Maubert de détruire ses fourneaux[3]. En 1786, l'intendant de Provence autorise une manufacture d'huile de vitriol à la condition qu'elle soit établie « dans les faubourgs et lieux isolés[4] ». Soit que l'amélioration des procédés ne paraisse pas être une solution aux conflits environnementaux, soit que la technique échappe à l'emprise de la police, cette dernière se rabat sur la solution traditionnelle de l'éloignement. À Paris, la même logique de transfert de la nuisance prévaut pour tous les métiers fondés sur la transformation des matières animales : boyaudiers, tripiers, mégissiers, corroyeurs, fabricants de colle, amidonniers, brasseurs, tanneurs sont exclus de la ville au fur et à mesure des plaintes et des rapports de forces entre corporations, police et citadins. Le problème environnemental trouve des solutions exclusivement spatiales : il

---

1. Delacoste en 1750 (AN Y⁹ 533), Jacquet en 1768 (AN Y⁹ 471 B) et Charlard en 1773 (AN F¹² 879).
2. Toussaint Le Moyne Des Essarts, *Dictionnaire universel de la police*, Paris, Moutard, 1786, vol. 6, p. 1-2.
3. AN F¹² 879.
4. AN F¹² 1507, lettre de l'intendant, à Aix, 1786.

s'agit de réduire autant que possible les conflits de voisinage suscités par les artisans tout en assurant l'approvisionnement de la ville[1].

En somme, la régulation policière s'effectuait par la surveillance continue de l'activité productive, par la recension des plaintes bourgeoises, par des injonctions répétées, des menaces, des amendes et des interdictions, plutôt que par l'édiction de normes techniques.

2. Les règles de l'art

La norme de sécurité relève des corporations. Si ces dernières n'ont qu'une fonction limitée dans la régulation des nuisances artisanales[2], elles jouent par contre un rôle fondamental de sécurisation en ce qu'elles incarnent les « règles de l'art ». Il s'agit là d'une notion essentielle au monde corporatif : les règles de l'art séparent les « gens de métier » des « gens de bras » ; elles tracent la limite entre ordre et désordre ; elles supposent une intelligence du geste, « une méthode pour bien exécuter une chose selon certaines règles[3] » ; enfin, parce qu'elles définissent des standards de qualité et de solidité, elles participent à la sécurisation des mondes techniques de l'Ancien Régime.

D'une manière générale, la police n'édicte pas de norme de sécurité. Non qu'elle en soit incapable (en 1672, une ordonnance codifie de manière précise et même graphique la

---

1. Thomas Le Roux, *Le Laboratoire des pollutions industrielles, op. cit.*, p. 46-68.
2. Si certains statuts intègrent les contraintes de localisation imposées par les polices et les parlements, ils ne font en général que doublonner les règlements de police. Par exemple, en 1744, pour déplacer les amidonniers de la Seine vers la Bièvre, le parlement de Paris ajoute aux statuts un article leur prescrivant de s'établir à l'extérieur de la capitale. Cf. *Encyclopédie méthodique. Arts et métiers mécaniques*, Paris, Panckoucke, 1782, vol. 1, p. 20. Sur le rôle « infrapolicier » des corporations, voir Paolo Napoli, *La Naissance de la police moderne. Pouvoir, normes, société*, Paris, La Découverte, 2003, chap. III.
3. Article « Art » in *Le Grand Vocabulaire françois*, Paris, Panckoucke, 1768, vol. 3, p. 115.

construction des cheminées), mais plutôt parce qu'elle préfère s'en remettre aux bonnes pratiques corporatives. Par exemple, lorsqu'en 1779 la police de Paris promulgue une ordonnance sur les messageries, elle n'entre dans aucun détail technique (le texte se contente d'imposer des « carrosses bien condition-nés ») et renvoie pour plus de précisions aux statuts de la communauté des carrossiers[1]. De la même manière, la sécu-rité des bâtiments parisiens dépend de la corporation des maçons et plus précisément de son instance judiciaire : la Chambre des bâtiments. Cette institution, chargée de sur-veiller les chantiers et de trancher les conflits entre comman-ditaires et maîtres d'œuvre, produisait des normes de manière jurisprudentielle : les sentences condamnant les malfaçons cir-culaient dans la communauté du bâtiment parisien (en étant par exemple placardées dans les chantiers) et définissaient en creux les bonnes pratiques constructives[2]. La sécurité des ateliers reposait également sur une norme corporative se construisant successivement par les constats de malfaçons et non sur des savoirs techniques ou architecturaux formalisés.

Le système corporatif tenait également un rôle, difficile à appréhender, de sécurisation à l'intérieur de l'atelier. Au XVIIIe siècle, les confréries d'ouvriers finançaient des caisses de secours pour les ouvriers malades ou blessés et étaient donc bien placées pour connaître les affections spécifiques à leurs métiers. Prenons le conflit qui divisa la chapellerie marseillaise sur l'usage du mercure pour feutrer les poils de lapin[3]. En 1774, les maîtres chapeliers marseillais officialisent cette tech-

---

1. Joseph-Nicolas Guyot, *Répertoire universel et raisonné de jurisprudence civile et criminelle*, Paris, Panckoucke, 1783, vol. 64, p. 187.
2. Robert Carvais, *La Chambre royale des bâtiments. Juridiction profession-nelle et droit de la construction à Paris sous l'Ancien Régime*, thèse de droit, Paris II, 2001.
3. Michael Sonenscher, *The Hatters of Eighteenth-Century France*, Berke-ley, University of California Press, 1987, p. 106-117 ; Abbé Tenon, « Mémoire sur les causes de quelques maladies qui affectent les chape-liers », *Histoires et mémoires de l'Académie des sciences*, vol. 7, 1806-1807, p. 98-116 (rédigé en 1756).

nique qui n'était jusqu'alors que tolérée. Les garçons chapeliers (les ouvriers) font appel aux échevins qui organisent une consultation médicale : quatre docteurs examinent publiquement les ouvriers et l'hôpital de l'Hôtel-Dieu délivre des certificats de maladie. Leur rapport incrimine les maîtres chapeliers marseillais qui utilisent un mélange d'eau-forte et de mercure beaucoup plus concentré que celui de leurs collègues parisiens. En 1776, le parlement d'Aix tranche le conflit : il autorise certes l'emploi du mercure mais contraint les maîtres à en réduire la proportion. Il demande également aux gardes jurés de la communauté et à la police de vérifier le mélange par des inspections fréquentes des ateliers[1]. Les garçons chapeliers marseillais, parce qu'ils sont organisés en une « généralité » puissante qui compte près de 600 membres, ont donc réussi à obtenir un compromis : les maîtres chapeliers doivent divulguer et modifier la préparation du mélange à feutrer. Le système corporatif joue ici un rôle ambivalent : si la communauté des maîtres rechigne longtemps à prendre en compte les plaintes des ouvriers, une fois la décision prise, elle devient sans doute une institution idoine pour imposer à chacun de ses membres le respect d'une réforme malcommode (la concentration de mercure accélère la production) puisqu'il s'agit dorénavant de veiller à la loyauté de la concurrence.

Dans le monde de l'artisanat chimique, peu intensif en capital et reposant sur les savoir-faire, l'ouvrier détenait un pouvoir considérable. Suivant les principes du « louage d'ouvrage » défini par le droit civil d'Ancien Régime, il s'engageait auprès de l'entrepreneur à l'obtention d'un résultat, sans implication d'obéissance. Ses obligations se limitaient à la délivrance d'un produit à une date donnée et il demeurait responsable des méthodes. Cette liberté dans le travail distinguait juridiquement l'artisan du domestique[2]. Dans le cas de

---

1. Magnan, « Mémoire sur les accidents auxquels sont exposés les garçons chapeliers de la ville de Marseille et sur les moyens de les prévenir », *Observations sur la physique*, 7, 1776, p. 148.
2. Sur cette distinction cruciale entre louage d'ouvrage et louage de service, voir Michael Sonenscher, *Work and Wages. Natural Law, Politics and*

l'artisanat chimique, les ouvriers définissaient en grande partie les modes de production et donc les dangers qu'ils acceptaient de courir. La carrière de Pierre Mathieu, un artisan d'origine arménienne détenant le « secret du vitriol bleu de Chypre » témoigne du pouvoir que confère un savoir-faire. En 1762, son employeur, Étienne de Lyon, est accusé de meurtre et envoyé aux galères[1]. Deux entrepreneurs se disputent alors ses services. Le premier règle ses dettes et tente d'obtenir une rente en sa faveur ; le second, privé de son concours, achète le secret du vitriol à l'épouse d'Étienne de Lyon, mais ne parvient pas à obtenir un vitriol de bonne qualité. Le secret, acquis sans l'ouvrier qui sait le mettre en œuvre, reste sans valeur. Pour les entrepreneurs, la défection ou la trahison de l'ouvrier détenteur de secret représente un risque économique considérable. D'où les stratagèmes visant à fidéliser cette main-d'œuvre précieuse et indocile : leur faire signer des contrats de fidélité, obtenir du gouvernement l'exemption de la milice ou même des rentes en leur faveur[2].

D'où également la préoccupation croissante que suscitent les maladies des artisans. En 1760, un médecin d'Aix-la-Chapelle se félicite d'avoir soigné un ouvrier car « son désistement eût été préjudiciable à toute notre ville ». Pour Tenon, les maladies des artisans nuisent « au commerce et à la fortune publique car [...] ils emportent quelques fois des procédés difficiles à retrouver[3] ».

---

the Eighteenth-Century French Trades, Cambridge, Cambridge University Press, 1989, p. 69-72.
1. AN F^{12} 1506 et Liliane Hilaire-Pérez, « Cultures techniques et pratiques de l'échange, entre Lyon et le Levant : inventions et réseaux au XVIIIe siècle », Revue d'histoire moderne et contemporaine, 2002, vol. 49, n° 1, p. 89-114.
2. AN F^{12} 1506, Holker à Trudaine de Montigny, 31 mars 1768.
3. Boucher, « Observation sur une maladie singulière des artisans », Journal de médecine, 1760, vol. 12, p. 21 ; abbé Tenon, « Mémoire sur les causes de quelques maladies... », art. cit., p. 90.

3. La surveillance vicinale : santé et servitudes

Avec la police et les corporations, les citadins jouent un rôle essentiel : la surveillance des artisans repose avant tout sur la vigilance du voisinage. C'est à l'échelle de l'immeuble, de la rue ou du quartier que des groupes se créent et se mobilisent contre un atelier. Le travail policier repose sur ces plaintes. En 1750, le commissaire du faubourg Saint-Martin reçoit les demoiselles Châtillon qui possèdent un immeuble dans le quartier. Elles se plaignent d'un fabricant de colles qui incommode « tous les voisins tant de la tête que de l'estomac[1] ». Les demoiselles « requièrent » la visite du commissaire, son procès-verbal est produit par les réquisitions des plaignantes qui le guident à travers le quartier pour lui faire constater les dégâts.

Après une plainte et un procès-verbal, le procureur du roi peut demander des poursuites. Le commissaire réalise alors une « information » qui relève de la procédure pénale. Contrairement aux procès civils où chacune des parties doit « faire sa preuve » devant un greffier (et paye d'ailleurs pour cela), l'information, dans une affaire de nuisance artisanale, est réalisée par le commissaire qui assigne des témoins. Pour la police, les voisins d'un atelier ne défendent pas leurs intérêts particuliers mais témoignent de faits concernant l'ordre et le bien public. La police occupe une autre place dans le social que les administrations préfectorales et les cours civiles du XIXe siècle : elle ne se conçoit pas comme l'arbitre d'intérêts particuliers contradictoires mais comme la préservatrice du bien commun dont les voisins sont aux avant-postes.

Prenons l'information sur un atelier d'eau-forte rédigée en 1750 par un commissaire de Paris[2]. Le document recense vingt-quatre dépositions provenant de témoins aux statuts très divers : maîtres rubaniers, ouvriers, bourgeois, traiteurs et un

---

1. AN Y^9 533.
2. *Ibid.*

conseiller du roi. Le lexique servant à dire la pollution est très standardisé. Quel que soit le statut du témoin, quel que soit l'atelier, ce sont toujours les mêmes motifs qui reviennent : les fumées abondantes, les odeurs fétides et les maladies qu'elles causent. Comme ces dépositions ont surtout pour but d'actionner des moyens judiciaires, on ne peut les comprendre sans faire référence à la manière dont, au XVIIIe siècle, le droit objective les phénomènes variés que nous rangerions sous la catégorie de pollution.

Le thème de la santé arrive en premier : les témoins invoquent systématiquement leurs maladies et celles de leurs voisins. Ils soulignent les corrélations temporelles ou spatiales entre l'atelier et leurs maux suivant les étiologies environnementales alors en vigueur. Le deuxième argument concerne l'intrusion de la fumée dans l'espace privé qui présente l'avantage d'entrer dans les catégories anciennes et bien constituées du droit des servitudes. Pour les juristes du XVIIIe siècle, les fumées artisanales sont des servitudes non naturelles (à l'inverse d'un cours d'eau traversant un domaine par exemple) imposées illégalement au propriétaire[1]. Si les servitudes peuvent s'acheter et se transmettre, le droit d'Ancien Régime prend soin de préciser que les nuisances artisanales dérogent à ces arrangements entre particuliers[2].

Retenons ce point : selon la procédure policière, ce sont les voisins qui démontrent l'existence de la pollution. Or, suivant les canons de la preuve judiciaire d'Ancien Régime fondée sur le nombre et la qualité des témoignages, les dépositions nombreuses et concordantes de bourgeois possèdent une grande force probatoire. Les commissaires de quartier assistent les citadins dans cette tâche. Sans préjuger de leur honnêteté, il est néanmoins probable que leurs intérêts recoupent ceux de

---

1. Article « Voisinage », in *Encyclopédie méthodique. Jurisprudence*, Paris, Panckoucke, 1789, vol. 8, p. 181 ; article « Servitude », *in* Jean-Baptiste Robinet (dir.), *Dictionnaire universel des sciences morale, économique, politique*, Paris, Libraires associés, 1783, vol. 28, p. 185.
2. Antoine Desgodets, *Les Loix des bâtimens suivant la coutume de Paris*, 1748, Paris, Libraires associés, 1787, p. 55.

la rente immobilière et non ceux des artisans. En effet, la vénalité de l'office de commissaire encourage la formation de dynasties policières bourgeoises enracinées dans les quartiers menacés par l'avancée artisanale[1].

4. L'information de commodité-incommodité et le pouvoir des notables

Pour les polices et les parlements, ce sont en principe les notables des lieux qui doivent en déterminer les usages. L'information de *commodo et incommodo* témoigne de ce pouvoir. Au XVIIIᵉ siècle, cette procédure de consultation préalable est banale. Une institution quelconque (roi, polices, parlements, échevinages, maîtrises des eaux et forêts...) peut ordonner une enquête afin « d'éclairer sa religion ». La particularité de la procédure est d'être préventive. Son but affiché : recenser les intérêts particuliers qui pourraient être froissés par une décision et les mettre dans la balance des avantages publics et privés escomptés. Les domaines où elle est habituellement mise en œuvre se situent à l'intersection de l'intérêt public et des propriétés privées : typiquement les expropriations, mais aussi l'organisation de foires, l'alignement des rues, l'aménagement des voies navigables, l'établissement de garennes, l'assèchement des marais, les propriétés hospitalières et ecclésiastiques, les biens paroissiaux[2]. Le *commodo et incommodo* est fréquent dans la gestion de l'urbain. Les communes qui commencent à prendre en charge la forme de la cité au nom de l'efficacité, de la salubrité et de l'intérêt public

---

1. Vincent Milliot, « Saisir l'espace urbain : mobilité des commissaires et contrôle des quartiers de police à Paris au XVIIIᵉ siècle », *Revue d'histoire moderne et contemporaine*, 2003, vol. 50, n° 1, p. 54-80.
2. Nicolas Delamare, *Continuation du Traité de la police, op. cit.*, vol. 4, p. 266, 329, 668, 863 ; Jean-Baptiste Denisart, *Collection de décisions nouvelles et de notions relatives à la jurisprudence*, Paris, Desaint, 1775, vol. 2, p. 337, 341, 573 ; Joseph-Nicolas Guyot, *Répertoire universel et raisonné de jurisprudence*, Paris, Visse, 1784, vol. 8, p. 129 ; M. Chailland, *Dictionnaire raisonné des eaux et forêts*, Paris, Ganeau, 1769, vol. 2, p. 309.

utilisent l'information pour « éclairer leur religion », prévenir les plaintes et contourner les oppositions éventuelles des bourgeois ou des corporations en construisant/invoquant l'intérêt général de la cité.

À Paris, tout au long du XVIIIe siècle, l'enquête de commodité est requise pour un nombre croissant d'établissements nuisibles : fonderies de suif, tanneurs, amidonniers, fabriques de colle, boyaudiers… Il ne s'agit pas d'une simple formalité : les enquêtes qui ont été conservées contiennent un plan détaillé du lieu et des lettres de soutien des voisins[1]. Pour autoriser un simple étal de boucher, le commissaire doit écouter au moins « douze notables bourgeois » et les syndics de la communauté des bouchers[2]. Les manufactures qui sollicitent des privilèges royaux sont également soumises au *commodo incommodo*. En effet, les parlements, avant d'enregistrer les privilèges, doivent réaliser une enquête pour vérifier si la dérogation au droit général peut être susceptible de nuire à des particuliers. De manière paradoxale, c'est parce que la royauté encourage et protège une manufacture que celle-ci peut se retrouver sur la sellette des parlementaires[3]. À Rouen, les informations de commodité des années 1760-1770 concernant les premières grandes manufactures chimiques comportent deux étapes. La première est très ouverte : tous les habitants de Rouen sont invités par voie d'affiches à déposer leur avis auprès du greffier du parlement. La seconde étape consiste à recueillir les dépositions de douze « témoins de commodité-incommodité », désignés par le parlement, qui jugent les informations consignées dans la première enquête. Ces deux degrés et le choix des témoins (notables, prêtres et artisans renommés) témoignent du caractère indirect et élitaire des consultations d'Ancien Régime[4].

---

1. AN Y^9 504.
2. Article « Étal », in *Encyclopédie méthodique. Jurisprudence*, Paris, Panckoucke, 1791, vol. 10, p. 157.
3. Pierre-Claude Reynard, « Public order and privilege : the eighteenth-century roots of environmental regulation », *Technology and Culture*, 2002, vol. 43, n° 1, p. 1-28.
4. AD Seine-Maritime, 1B 5527.

L'information de commodité présente la particularité de replacer la manufacture sur un territoire. Par rapport aux arguments mercantilistes des entrepreneurs ou du Conseil du roi qui invoquent l'intérêt national des manufactures privilégiées, pour les habitants, l'enjeu de la procédure est de faire reconnaître l'existence d'un intérêt local, intermédiaire entre l'intérêt national et leurs intérêts particuliers. En 1776, les notables d'Épinay-sur-Seine, près de Paris, se plaignent d'une fabrique d'acide qui s'est établie sans leur consentement. Leur légitimité à définir l'utilisation d'un territoire qu'ils estiment faire vivre par leurs richesses semble aller de soi. Cette manufacture peut « être de quelque utilité pour l'État, mais le village d'Épinay n'était certainement pas le lieu qui doit être choisi de préférence pour cet établissement […] car il est principalement rempli de maisons bourgeoises et les vignes en sont la principale production du territoire[1] ». Le spectre des questions abordées par l'enquête de commodité étant large, la procédure se transforme en exercice de prospective sur les futurs possibles du lieu. À Épinay, les bourgeois expliquent que l'usine rendra l'air malsain et les obligera à quitter le village. En outre, la main-d'œuvre occupée à la manufacture manquera aux champs, l'augmentation des salaires rendra impossible l'échalassage des vignes et les vignerons devront également quitter le village. Mais une fois les bourgeois et les vignerons partis, les journaliers se trouveront démunis car la manufacture ne pourra jamais donner du travail à tous. Dans les informations de *commodo incommodo* du XVIIIᵉ siècle, tous les arguments sont recevables : la dégradation environnementale, le manque de ressources naturelles et de main-d'œuvre mais aussi l'inutilité des produits pour les activités locales, les débouchés commerciaux insuffisants ou encore le risque de concurrence excessive encourageant des produits de mauvais aloi.

L'évolution ultérieure des enquêtes de commodité est révélatrice. Sans trop anticiper sur le chapitre suivant, on peut remarquer que si le décret de 1810 les rend obligatoires pour

---

1. AN F¹² 1506.

autoriser les établissements classés, elles concernent dorénavant la question des nuisances uniquement. La congruence entre industrie et bien public n'est plus à justifier au cas par cas. Pour le gouvernement, l'industrie est devenue sinon une fin en soi, du moins un vecteur évident du bien public. Les théories libérales, la loi des débouchés en particulier, rendent caduque la hantise de la surproduction. À partir des années 1830, l'administration craint moins de détourner les travailleurs de l'agriculture que de laisser sans occupation les classes dangereuses. L'utilité naturellement positive de l'industrie doit simplement être défalquée des incommodités, c'est-à-dire des fumées et des mauvaises odeurs qu'elle peut produire localement. Alors qu'au XVIIIe siècle l'enquête de commodité, par sa nature englobante, permet aux notables de définir l'usage des lieux qu'ils habitent, au XIXe siècle, resserrée sur les sens, elle sert surtout à cantonner la parole du voisinage dans l'ordre du subjectif.

5. L'expertise corsetée

Si l'on considère le régime policier de régulation des nuisances d'un point de vue rétrospectif, l'expertise, médicale ou technique, brille par son absence. À Paris, il faut attendre la fin du XVIIIe siècle et les ambitions de « police éclairée » du lieutenant général de police Lenoir pour voir des pharmaciens, des chimistes et des médecins régulièrement consultés par la police dans les affaires de salubrité. La charge d'expert permanent qu'il crée en 1780 pour le pharmacien Cadet de Vaux (« commissaire général des voiries et inspecteur des objets de salubrité ») est à la fois une nouveauté et une exception[1].

Au XVIIIe siècle, l'expertise est une catégorie exclusivement judiciaire : l'expert est institué par une cour de justice, pour une affaire donnée. La coutume de Paris parle indifférem-

---

1. Thomas Le Roux, *Le Laboratoire des pollutions industrielles, op. cit.*, p. 69-108.

ment de « jurés » ou de « gens à ce connaissant », soulignant ainsi le caractère local et circonstanciel du statut d'expert. L'expertise est strictement encadrée, corsetée même, par la procédure judiciaire contradictoire. Les parties choisissent les experts et peuvent les révoquer. Les experts travaillent sous leur contrôle : ils ne peuvent visiter les lieux en l'absence d'une des parties, ni réaliser une enquête ou une expérience qui n'aurait pas été prévue dans le jugement ordonnant l'expertise[1]. La figure de l'expert se rapproche davantage de celle de l'arbitre : si les parties en dispute ne peuvent s'accorder sur les faits, elles peuvent à tout le moins s'accorder sur le choix des personnes qui définiront les termes d'un accord.

Dans les affaires de nuisances artisanales, l'expertise ne semble pas avoir de légitimité évidente : parce qu'elle consiste en une visite ponctuelle, elle ne peut savoir ce que vivre près d'un atelier veut dire. Prenons un exemple. En 1782, Béville établit une manufacture de vitriol dans un faubourg de Rouen. Ses voisins recourent immédiatement au parlement de Normandie pour la faire interdire. Selon eux, l'expertise n'est pas nécessaire : « Il faut s'en rapporter aux déclarations, aux dépositions des habitants [...] les médecins et les chimistes ne peuvent sainement juger des dangers de la manufacture. » En effet, « les naturalistes les plus judicieux n'y pourraient rien reconnaître, parce que les feux de la manufacture se dirigent à volonté[2] ». Les secrets des métiers, la variation discrète des matières ou de leur force, les manières de conduire le feu permettent au manufacturier de tromper les experts les plus vigilants. L'inconstance des arts prive l'expertise de sens. Selon les habitants, la surveillance policière et leurs témoignages concordants sont bien meilleurs juges. À l'inverse, le manufacturier demande que l'innocuité de « ses opérations soit constatée par des expériences *techniques* » menées par des chimistes (le terme « technique » est alors rarissime dans le

---

1. Antoine Desgodets, *Les Loix des bâtimens, op. cit.*, p. 32.
2. AN F¹² 1507, Réfutation que fournit Béville aux observations des propriétaires et habitants du Faubourg Saint-Sever.

contexte manufacturier). Entre le tribunal du voisinage et le jugement des chimistes, l'expertise ordonnée par le parlement de Normandie est un compromis. Les experts (deux médecins, deux apothicaires, deux jardiniers) sont nommés par les parties. Ils ne rédigent pas de rapport : leurs dires sont consignés dans un procès-verbal, par un conseiller du parlement, au même titre que les autres témoins[1]. Chaque expérience doit être approuvée par les parties. Si elle paraît sortir du cadre de l'ordonnance prescrivant l'expertise, elle doit être soumise à un nouveau jugement de la cour. Menée de la sorte, l'expertise sur l'atelier de Béville prend six mois.

Les savants enrôlés dans le système judiciaire en tant qu'experts ont du mal à accepter de n'être que de simples experts des parties, surtout lorsqu'ils occupent des positions prestigieuses. Par exemple, en 1774, Lenoir demande à la faculté de médecine de désigner trois docteurs pour participer à un procès-verbal d'expertise délicat car il concerne l'atelier de distillation d'eau-forte de Charlard, un pharmacien parisien renommé. Après leur rapport, les médecins se livrent à une attaque en règle de la pratique policière de l'expertise : « Si nous avons tant différé à répondre vous ne devez l'attribuer qu'à des obstacles, des incidents, des dits et des contredits que la chicane suggère[2]. » Le plus éprouvant fut de devoir céder aux « oppositions, tracasseries et traverses du procureur des parties ». L'expertise contradictoire est ainsi minée de l'intérieur par les savants qui rechignent à jouer le rôle d'experts des parties. Le contradictoire était devenu chicane.

6. La gestion coutumière des environnements

Les polices et les parlements se situent dans un mode de véridiction qui n'a pas encore été transformé par l'épistémologie

---

1. AD Seine-Maritime, 1 B 5527.
2. AN F^{12} 879, Rapport fait à la faculté de médecine, le samedi 12 février 1774, par MM. Bellot, de La Rivière et Desessartz.

du fait et de l'expérience cruciale[1] : à leurs yeux, la décision légitime ne repose pas sur une expertise ponctuelle mais sur le droit, les précédents et sur le caractère éprouvé des pratiques corporatives ou coutumières.

L'étude des controverses suscitées par la récolte du « varech » (c'est-à-dire un ensemble de plantes marines poussant sur l'estran, et dont les cendres servaient à confectionner la soude, ingrédient indispensable à la production du verre) permet de caractériser un mode de véridiction qui nous est étranger mais qui possède une forte cohérence si l'on se place dans l'univers productif du XVIIIe siècle.

Combustion du varech[2].

Depuis les années 1720, les communes côtières de Vendée, de Bretagne et de Normandie accusaient les soudiers ou « brûleurs de varech » de priver les terres d'engrais (le varech servant à fumer les champs), de produire des fumées insalubres, de causer des épidémies, de détruire les récoltes et enfin de

---

1. Simon Schaffer et Steven Shapin, *Le Léviathan et la pompe à air*, Paris, La Découverte, 1993.
2. Denis Diderot et Jean Le Rond d'Alembert (dir.), *Encyclopédie, op. cit.*, Recueil de planches, « Chasses, pêches », pl. XVII.

vider l'océan de ses poissons[1]. Au milieu du XVIIIe siècle, les plaintes se multiplient avec la croissance de la production verrière : en 1755, l'intendant de Bretagne autorise l'établissement de verreries près de Lorient à la condition qu'elles importent leur soude ; en 1766, l'amirauté des Sables-d'Olonne défend de brûler le varech en se fondant sur les plaintes innombrables des « Curés, syndics et habitants des paroisses[2] ». En Normandie, la société royale d'agriculture de Rouen prend la tête de la contestation et demande au parlement d'interdire les fourneaux. Le 10 mars 1769, le parlement de Normandie restreint la récolte et le brûlage du varech en reprenant ces accusations : la coupe du varech menace la ressource halieutique et la fumée des fours à varech cause des épidémies et détruit les récoltes[3].

Pour un lecteur contemporain, le plus étonnant dans l'arrêt du parlement est l'absence de référence à « l'état actuel » : alors qu'il laisse transparaître une province ravagée par les épidémies, des récoltes perdues et une mer sans poissons, le parlement ne donne aucune preuve factuelle du lien entre la fabrication de la soude d'une part et les épidémies, les maladies des plantes et la disparition du poisson de l'autre. La preuve parlementaire est d'une autre nature. Après avoir longuement cité les ordonnances et règlements traitant du varech (l'ordonnance de la marine de 1681, les déclarations royales de 1726 et 1731 qui n'apportent pas non plus de « preuve »),

---

1. AN 127 AP 2, papiers Le Masson du Parc, Lettres de M. de Gasville, intendant de Rouen, au sujet de l'exécution de l'arrêt du Conseil du 26 mai 1720.
2. BM Rouen, ms. Coquebert de Montbret, Y 43. La production normande de verre double entre 1743 et 1766. Cf. Pierre Dardel, *Commerce, industrie et navigation à Rouen et au Havre, au XVIIIe siècle*, Rouen, 1966, p. 193.
3. « Arrêt du Parlement qui ordonne que l'ordonnance de 1681, titre X, concernant la coupe du varech, ensemble la déclaration du roi du 30 mai 1731, seront exécutés selon leur forme et teneur. 10 mars 1769 », *Recueil des édits registrés en la cour du parlement de Normandie*, 1774, vol. 2, p. 1123. Voir Gilles Denis, « Une controverse sur la soude », *in* Jacques Theys et Bernard Kalaora (dir.), *La Terre outragée. Les experts sont formels*, Paris, Autrement, 1992, p. 149-157.

le texte en infère les dangers de la soude. Aux yeux des conseillers du parlement, ce qu'ils font n'est pas un simple exercice juridique de justification mais bien une *démonstration* qui qualifie le réel : « *Il est donc démontré* que la fabrique de la soude… » Recourir au droit n'est pas se couper du réel. Au contraire, grâce à la jurisprudence, l'arrêt étreint le réel car les relations qu'entretiennent les différents êtres en cause (les poissons, le varech, les fumées, les épidémies, les maladies des plantes) ont déjà été reconnues au siècle précédent. D'où l'inutilité de l'expertise. Au fond, que pèserait un texte rédigé par un naturaliste solitaire contre l'assentiment, répété pendant près d'un siècle, d'assemblées judiciaires ?

Mais attention : l'invisibilité des naturalistes dans les textes juridiques d'Ancien Régime ne signifie pas absence de savoir. À travers les justifications jurisprudentielles, l'arrêt du parlement mobilise en fait les savoirs pratiques et les règles coutumières de gestion de la ressource. Depuis le XVIIe siècle au moins, les communes côtières de Normandie sont dotées d'institutions qui gèrent les conflits d'usage autour du varech. Suivant des modalités assez constantes, les habitants s'assemblent au sortir de la messe, le premier dimanche de janvier, pour fixer les dates de la coupe du varech (généralement entre mars et avril), répartir les espaces entre les familles et nommer une personne « respectée et impartiale » chargée de surveiller la récolte. La gestion communale vise à préserver le varech et le poisson : il est interdit d'arracher les plantes (qu'il faut couper soigneusement) et il ne faut récolter que dans les lieux d'abondance. Les dates de récolte sont fixées après le départ du jeune poisson des champs de varech[1].

Cette gestion est fondée sur une connaissance intime des environnements. Les habitants des communes côtières pratiquent en général la « petite pêche » : pendant les grandes marées, ils arpentent l'estran, armés de bêches, de fourches et de râteaux pour ramasser moules, coques et vers de sable. Ils

---

1. Pour la Normandie, voir Auguste Fougeroux et Mathieu Tillet, *Observations faites par ordre du roi sur les côtes normandes au sujet des effets pernicieux*

viennent aussi collecter les poissons piégés par des filets disposés aux endroits stratégiques de l'estran. Ces techniques de
capture spécifiques suivant les types de prises, les époques et
les marées, requièrent un ensemble de savoirs sur le comportement des proies, les fonds marins propices, les dates de frai
et de migration. Un mémoire des syndics de pêcheurs envoyé
au parlement explique ainsi que les poissons viennent frayer
dans le varech car les plantes marines retiennent les œufs des
poissons, les protègent des marées et des courants, augmentent
la densité de frai et les chances de fécondation. Le jeune
poisson trouve aussi dans le varech les animalcules qui le nour-
rissent et une protection contre le ressac et les prédateurs[1].
Ces savoirs sur les milieux, largement ignorés des naturalistes
du XVIII\ :sup:`e` siècle qui s'occupent de classifier des poissons morts,
sont essentiels pour les pêcheurs qui les attrapent vivants. Ce
sont finalement eux qui fondent la gestion communale, qui
sont repris par les coutumes et qui finissent par informer les
ordonnances royales et les arrêts du parlement.

7. Botanique et politique

À la fin de l'Ancien Régime, la régulation policière, corporative et coutumière des environnements est déstabilisée par le
processus de centralisation administrative et l'utilisation de
savoirs naturalistes par le gouvernement.

---

qui sont attribués dans le pays de Caux à la fumée du varech lorsqu'on brûle cette
plante pour la réduire en soude, 1772, et BM Rouen, ms. Coquebert de
Montbret, Y 43. Pour la Bretagne : Olivier Levasseur, Les Usages de la mer
dans le Trégor du XVIII\ :sup:`e` siècle, thèse Rennes II, 2000 ; Emmanuelle Charpentier, Le Littoral et les hommes. Espaces et sociétés des côtes nord de la Bretagne,
thèse Rennes II, 2009. Pour une critique des théories économiques néo-
classiques démontrant que l'appropriation privée est la seule solution pour
éviter la « tragédie des communs » (Gareth Hardin, « The Tragedy of the
Commons », Science, 162, 1968, p. 1243-1248), voir Elinor Ostrom,
Governing the Commons, op. cit.
1. AAS, pochette de séance, 4 juillet 1770.

Reprenons tout d'abord l'affaire des varechs. Jusqu'en 1772, ces herbes marines forment un ensemble indistinct qui n'a pas encore sa botanique. Leur dénomination commune est héritée de la coutume normande qui définit le varech comme l'ensemble des choses soumises « au droit de varech », c'est-à-dire à des règles spécifiant la propriété des échouages. Peu après l'arrêt du parlement, une expédition composée des meilleurs botanistes parisiens, dépêchée à grands frais par l'Académie des sciences sur les côtes normandes, propose une classification des plantes marines. Huit espèces sont minutieusement décrites dans un mémoire académique richement illustré.

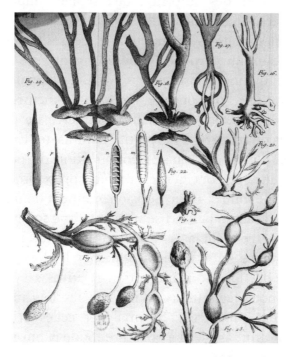

La botanique du varech en 1772[1].

Quelle est la politique de cette botanique ? Lorsqu'en 1769 le parlement de Normandie rend son arrêt restreignant le brûlage

---

1. Auguste Fougeroux et Mathieu Tillet, « Second mémoire sur le varech », *Histoire de l'Académie royale des sciences*, Paris, Imprimerie royale, 1772, p. 55-77.

du varech, il s'agit d'un acte d'opposition à la monarchie qui encourage alors la production de verre. Les maîtres verriers normands alertent immédiatement le Bureau du commerce. En février 1770, un administrateur anonyme, sur un brouillon de plus de cent pages, recherche les moyens d'éviter une nouvelle crise entre la monarchie et le Parlement. Il élabore un raisonnement justifiant pas à pas la commande d'expertise. Ce geste qui paraîtra parfaitement naturel quelques décennies plus tard est ici comme pris au ralenti.

L'auteur commence par rejeter les pratiques traditionnelles de consultation des intéressés qui expliqueraient les revirements successifs des autorités, diversement impressionnées par les intérêts particuliers des soudiers, des paysans et des pêcheurs. Les rapports des intendants, censés transcender les intérêts locaux ou corporatifs, ne changent rien à l'affaire : « Dira-t-on qu'on a consulté aussi MM. les intendants ? Mais un magistrat que l'on consulte, consulte lui-même. » L'administrateur propose au Bureau du commerce de changer de méthode et de recourir à l'expertise naturaliste. En redéfinissant le rôle du varech dans la conservation du poisson, elle seule permettra de concilier les intérêts apparemment contradictoires et de fonder « une décision vraiment définitive ». Ce pouvoir nouveau de l'expertise n'allait pas de soi et l'auteur le justifie en se référant à la doctrine physiocratique du droit naturel. Comme selon François Quesnay les lois positives ne sont que « des lois de manutention relatives à l'ordre naturel[1] », le (bon) législateur ne fait pas les lois mais doit se contenter de connaître et promulguer celles de la nature. L'idée d'un droit assujetti à la nature fonde la puissance législatrice du naturaliste.

À la demande du gouvernement, l'Académie des sciences dépêche donc sur les grèves normandes deux naturalistes, Fougeroux et Tillet, chargés d'étudier les allégations des communes côtières afin de mieux les réfuter. Leur connais-

---

1. François Quesnay, *Physiocratie, ou constitution naturelle du gouvernement*, Yverdon, vol. 2, 1768, p. 25.

sance du varech est alors nulle : un académicien demande même s'il s'agit d'une plante ou bien d'une concrétion de loges d'animalcules marins. Le point le plus délicat est le lien entre le varech et l'abondance du poisson. Les pêcheurs proposaient une description fine sur les relations entre l'herbier de l'estran et la vie des poissons mais pauvre sur les taxinomies (quel poisson ? quel varech ?) ; c'est une description inverse que vont produire les naturalistes : très riche sur l'anatomie des êtres et très pauvre sur leurs relations. Pour démontrer que la récolte du varech ne réduit pas la ressource, ils recourent à l'expérience : un champ de varech est divisé en trois cantons contigus où les plantes sont respectivement arrachées, coupées et laissées en l'état. Un an après, le premier canton présente le varech le plus abondant. Pour expliquer ce mystère, Tillet et Fougeroux étudient le mode de reproduction du varech et renvoient à la nouvelle botanique qu'ils instaurent. Les plantes utilisées pour confectionner la soude, communément appelées « varech », appartiennent en fait à huit espèces de *fucus* qui présentent deux caractéristiques communes : elles sont annuelles ou bisannuelles et ne possèdent pas de vraies racines mais « une espèce d'empattement, quelquefois formé en griffe, par lequel elles s'attachent aux rochers, aux pierres éboulées, en un mot à des corps incapables de leur fournir aucune nourriture[1] ». L'attention des botanistes sur les racines est politiquement cruciale : si les racines ne sont que des fixations pour des plantes annuelles, à quoi bon les préserver ? Au contraire, mieux vaut les arracher pour éviter que les nouvelles graines ne s'y attachent.

Le 30 octobre 1772, une déclaration royale entérine le rapport de Fougeroux et Tillet : l'arrêt du parlement de Normandie de 1769 est cassé, le varech peut être arraché et les habitants des rivages doivent laisser les habitants de l'intérieur le récolter et le brûler.

---

1. Auguste Fougeroux et Mathieu Tillet, « Sur le varech », *Histoire de l'Académie royale des sciences*, *op. cit.*, p. 40.

Le travail de sape contre la gestion communale du varech se fit ainsi de manière indirecte, non pas par le droit positif, mais par la description de la nature. Les savoirs botaniques annulèrent les usages coutumiers de la nature et les restrictions à l'accès du varech. Ils permirent d'imposer un usage intensif de la ressource régi par la consommation croissante de verre.

Cette affaire témoigne également de la fonction politique de l'expérience cruciale. Appliquée aux questions environnementales, son épistémologie a profondément modifié *l'historicité* de notre rapport à la nature : l'expérience ponctuelle sur l'arrachage du varech menée par Tillet et Fougeroux est censée prouver la résilience future de la ressource soumise à un usage nouveau. Le bon usage de la ressource n'est plus celui qui, consacré par des coutumes pluriséculaires, a prouvé sa soutenabilité, mais il peut dorénavant être redéfini à chaque instant par une expérience naturaliste. Les effets de la libre exploitation du varech se font rapidement sentir. Dès 1811, suite à de nombreuses pétitions, le gouvernement attribue aux préfets le pouvoir de limiter la récolte[1]. Notons enfin que la science contemporaine reconnaît le rôle crucial des herbiers dans les écosystèmes marins.

8. La fin de l'Ancien Régime et les choses environnantes

Il existe un lien étroit entre le processus de centralisation administrative de la fin de l'Ancien Régime et la transformation des régulations environnementales. Dans le cas du varech, la monarchie, en réduisant au silence le parlement de Normandie, prive les notables d'un relais politique décisif dans l'issue du conflit. Une seconde affaire rouennaise nous permettra d'illustrer ce point : nous allons voir comment la

---

1. En 1850, une commission ministérielle soulignait les erreurs des académiciens de 1772 et la loi de 1852 sur la pêche côtière n'autorisait qu'une récolte par an. Cf. « Étude sur la législation réglementant la coupe et la récolte des herbes marines », *Revue maritime et coloniale*, vol. 63, 1879, p. 6-14.

suppression du Parlement rendit possible l'établissement de la première grande usine chimique française.

En 1768, le manufacturier anglais John Holker établit dans le faubourg Saint-Sever à Rouen une immense usine d'acide vitriolique (*i. e.* sulfurique) destinée à fournir l'ensemble de l'industrie textile nationale. Le projet est piloté et encouragé par Trudaine de Montigny, le puissant directeur du Bureau du commerce et des manufactures. Au lieu de distiller des vitriols, cette manufacture recourt à une technique anglaise jusqu'alors inconnue en France : la combustion du soufre et du salpêtre en vase clos. La manufacture est gigantesque : 400 ballons de verre de trois pieds de diamètre sont disposés dans un hangar de 110 mètres de long pour un coût de 90 000 livres. Holker reçoit de nombreux privilèges du Bureau du commerce : l'exemption de taxes et une gratification de dix livres par quintal d'acide produit. Suivant les années, il touche entre 3 000 et 5 000 livres de subvention[1].

L'usine s'avère aussi particulièrement nuisible. Un commissaire de police note : « La manufacture est non seulement funeste aux plantes, mais encore aux tempéraments et à la santé de l'homme[2]. » Les opposants sont nombreux et influents : des nobles férus d'agronomie et de botanique, des parlementaires, des juristes, des maraîchers qui exploitent un foncier précieux car proche de Rouen et des teinturiers dont les tissus sont abîmés par les vapeurs acides. En 1770, grâce au soutien du parlement de Normandie, les opposants sont en passe de l'emporter.

Mais la suppression du Parlement par le chancelier Maupeou en 1771 et son remplacement par un Conseil supérieur contrôlé par la monarchie change complètement le rapport de force. Trudaine de Montigny, sur la demande de Holker, fait

---

1. AN F^{12} 1506 ; John Graham Smith, *The Origins and Early Development of the Heavy Chemical Industry in France*, Oxford, Clarendon Press, 1979, p. 7-11. Entre 1740 et 1789, la monarchie aurait versé 5,5 millions de livres de subventions. Cf. Philippe Minard, *La Fortune du colbertisme. État et industrie dans la France des Lumières*, Paris, Fayard, 1998, chapitre VII.
2. AN F^{12} 879.

arrêter la procédure au Conseil supérieur. Pour ne rien laisser au hasard, l'affaire est évoquée au Conseil du roi. Un arrêt de 1774 interdit aux opposants de « troubler l'activité de la fabrique » sous peine de 1 000 livres d'amende. La victoire de Holker est complète. Les lettres de noblesse qu'il reçoit un mois après l'arrêt insistent sur ses succès industriels : « La chimie lui a dévoilé le secret de la composition de l'huile de vitriol dont il est en état de fournir actuellement notre royaume[1]. »

L'affaire Holker constitue un précédent fondamental : la pérennité de la première grande manufacture chimique française est due à la suppression d'un parlement. Aux yeux du gouvernement, les manufactures ne doivent plus dépendre des aléas judiciaires. Maupeou expliquait que la suppression du parlement de Normandie avait pour but « *d'arrêter l'esprit de chicane* qui éternise souvent les procès [et de] donner au commerce toute l'activité dont il est susceptible[2] ». Le procès de Holker s'inscrit dans cette politique à la fois industrialiste et antijudiciaire. Trudaine de Montigny justifie son intervention dans le procès par l'importance des capitaux engagés : « La manufacture dont il s'agit ayant été établie à grands frais, elle mérite protection [...] on ne peut se dispenser d'avoir des égards pour ceux qui en sont les entrepreneurs[3]. »

C'est aussi lors de l'affaire Holker qu'apparaît l'écart entre incommodité et insalubrité, entre sens et santé, écart dans lequel l'expertise et le pouvoir des hygiénistes prospéreront au début du XIXe siècle. En 1773, alors que l'affaire Holker est en instance au Conseil du roi, le chimiste Louis Bernard Guyton de Morveau révolutionne les procédés de « purification de l'air » : les vapeurs dégagées par un mélange de sel et

---

1. AD Seine-Maritime, C2312 fol. 174-5.
2. Cité par Jules Flammermont, *Le Chancelier Maupeou et les parlements*, Paris, Picard, 1883, p. 460.
3. AN F[12] 879, Trudaine à M. de Perchel, procureur général du Conseil supérieur à Rouen, 23 mars 1773.

d'acide sulfurique font instantanément disparaître de la cathédrale de Dijon l'odeur putride des caves sépulcrales[1]. La technique est approuvée par l'académie. Holker envoie au Conseil du roi un article rapportant cette expérience. Pour l'industrie chimique, il s'agit d'une aubaine extraordinaire : dorénavant, au lieu d'être insalubre, elle corrige l'infection de l'air !

Le changement de doctrine sur les fumées acides est très rapide. En 1768 encore, la faculté de médecine, dans un avis sur un atelier parisien de distillation d'eau-forte, les jugeait « dangereuses et très ennemies de la poitrine[2] ». La distance n'affaiblit pas le danger car il s'agit de *particules* qui voyagent sans s'altérer. Le parlement de Paris ordonne logiquement la suppression de l'atelier. En 1774, la même faculté, consultée par Lenoir à propos de l'atelier d'eau-forte du pharmacien Charlard, casse son décret de 1768. Les fumées manufacturières ne sont plus des particules intangibles mais des *effluves* qui se dissolvent, se mélangent et s'annulent : « Ces vapeurs [...] pouvaient être *incommodes*, mais nullement *nuisibles[3]*. » Le programme de correction chimique de l'atmosphère permettait de déqualifier l'olfaction comme juge de la salubrité.

En passant de la distillation des vitriols à la combustion du soufre en vase clos, la production d'acide croise l'histoire de la « révolution chimique ». Lisons le fameux pli cacheté qu'Antoine Lavoisier dépose à l'Académie des Sciences le 1er novembre 1772, inaugurant ainsi sa théorie de la combustion :

« Il y a environ huit jours, j'ai découvert que le soufre en brûlant, loin de perdre son poids en acquérait au contraire ; c'est-à-dire que d'une livre de soufre on pouvait retirer beaucoup plus

---

1. Louis Bernard Guyton de Morveau, *Traité des moyens de désinfecter l'air, de prévenir la contagion et d'en arrêter le progrès*, Paris, Bernard, 1801.
2. AN F¹²879, Rapport fait à la faculté de médecine par MM. Bellot, de La Rivière et Desessartz pour examiner le laboratoire du sieur Charlard, 1774, p. 16. Il s'agissait de l'atelier de Jacquet.
3. *Ibid.*, p. 13.

d'une livre d'acide vitriolique [...] Cette augmentation de poids vient d'une quantité prodigieuse d'air qui se fixe pendant la combustion[1]. »

En un sens, Lavoisier ne faisait que redécouvrir la pratique des fabricants d'acide vitriolique. À la fin des années 1760, ce sont eux les experts de la combustion du soufre. Ils en ont une connaissance quantitative puisque le rapport entre soufre consumé et acide produit détermine leurs profits. Demachy avait d'ailleurs mené des expériences afin de préciser le poids de soufre et de salpêtre en fonction de la quantité d'acide désirée. Or Lavoisier est étroitement lié aux acteurs principaux de l'industrie naissante de l'acide vitriolique. Il connaît les travaux de Demachy sur lesquels il rapportera à l'Académie[2]. Il a également suivi, avec le fils de John Holker, les cours de chimie que Guillaume-François Rouelle donnait au Jardin Royal des plantes. Enfin et surtout, Lavoisier et Holker partagent le même protecteur : Trudaine de Montigny, le directeur du Bureau du commerce qui possède un important laboratoire de chimie où Lavoisier réalise ses expériences. En 1774, c'est à Trudaine de Montigny que Lavoisier dédicace son premier livre : « Vous m'avez plus d'une fois guidé dans le choix des expériences, [vous] m'avez souvent éclairé sur leurs conséquences [...] que de motifs pour vous offrir cet essai[3] ! » Il est possible qu'en 1772 le travail de Lavoisier s'inscrive autant dans une recherche théorique sur la combustion et la décomposition de l'air que dans le programme manufacturier de production d'acide vitriolique que son protecteur Trudaine de Montigny encourageait ardemment depuis 1768[4].

---

1. Henri Guerlac, *The Crucial Year. The Background and Origin of His First Experiments in Combustion in 1772*, Ithaca, Cornell University Press, 1961.
2. BNF ms. fr. 12306, correspondance Macquer, fol. 123-124.
3. Antoine Lavoisier, *Opuscules physiques et chymiques*, Paris, Durand, 1774, dédicace.
4. Comparer avec Bernadette Bensaude-Vincent, *Lavoisier*, Paris, Flammarion, 1993, p. 56-57 et Frederic Lawrence Holmes, *Antoine Lavoisier. The Next Crucial Year*, Princeton, Princeton University Press, 1998, p. 39.

La chimie des proportions joua un rôle fondamental dans la transformation de la régulation environnementale : une fabrique pouvait dorénavant être conçue comme une vaste expérience de Lavoisier. La connaissance des masses de matière qui entrent en réaction permettait d'envisager un procédé parfait où tous les réactifs seraient transformés sans reste et donc sans pollution. Tout se transforme, rien ne se crée, rien ne se perd, en particulier dans l'atmosphère. Phénomène inévitable dans la production chimique artisanale, la fuite est maintenant conçue comme une perte de produit et une perte financière.

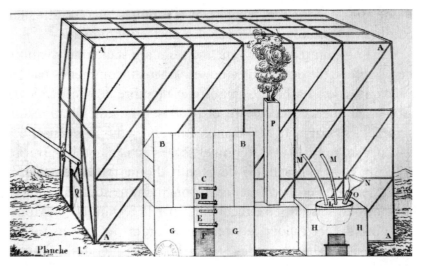

Chambre de plomb[1].

Une innovation cruciale accompagne cet imaginaire de la maîtrise et de l'étanchéité : la chambre de plomb. À Rouen dès 1772, puis à Paris, Lille et Montpellier, les manufactures d'acide s'équipent de vastes vaisseaux métalliques permettant de brûler le soufre et le salpêtre en grande quantité. Par rapport à la production artisanale d'eau-forte telle que Demachy

---

1. B. Rougier, « Mémoire sur la fabrication de la soude artificielle », *Mémoires de l'Académie de Marseille*, vol. 10, 1812, p. 117.

la décrit, ce dispositif recentre le processus de production en un objet technique unique et relègue au second plan le travail des ouvriers, l'infinie variabilité des faires et des matières. Confinant la matière, la chambre de plomb est aussi une technique de confinement social : la production est coupée de ses attaches historiques, des savoir-faire, des règles de l'art et des communautés de métiers. Une nouvelle classe d'experts peut dorénavant prétendre la perfectionner. La chambre de plomb rend en effet pensable une solution technique au problème environnemental. Il n'est plus nécessaire de contrôler mille gestes artisanaux ou d'assurer l'étanchéité de centaines de récipients en grès lutés au crottin. Il suffit de parvenir à rendre hermétique un objet métallique unique. Ce nouveau mode de production entretient l'espoir de résoudre les conflits environnementaux par des perfectionnements.

En 1774, un teinturier rouennais qui a installé une chambre de plomb reçoit des plaintes de ses voisins incommodés par les vapeurs acides. La Follie, chimiste et membre de l'académie de Rouen, se met à son service et propose une amélioration qui sera reprise par tous les manufacturiers : pour condenser les vapeurs sulfureuses et éviter qu'elles ne s'échappent, il pulvérise de l'eau dans la chambre de plomb. Point fondamental : La Follie explique que profit et environnement ne sont pas contradictoires et peuvent être réconciliés par la technique : « Moins il y aura de perte pour le fabricant et moins les voisins seront exposés à être incommodés[1]. » En 1781, à Lille, des médecins dépêchés par les échevins pour faire un rapport sur la chambre de plomb du pharmacien Valentino proposent également d'amender la technique. Puisque les vapeurs acides ne s'échappent de la chambre que par une seule ouverture, il suffit d'installer à sa sortie des cuves pleines d'eau qui les absorberont[2]. La chambre de plomb et d'autres dispositifs industriels semblables

---

1. La Follie, « Réflexions sur une nouvelle méthode pour extraire en grand l'acide du soufre sans incommoder ses voisins », *Observations sur la physique, sur l'histoire naturelle et sur les arts*, 1774, vol. 4, p. 336.
2. Edmond Leclair, *La Fabrication des acides forts à Lille avant 1790*, Lille, 1901.

transform ent les types de régulations envisageables. Ils sont essentiels pour comprendre la naturalité soudaine de la technique dans le gouvernement du monde productif au début du XIXe siècle.

Les notions de *technique* et de *perfectionnement* déstabilisèrent l'Ancien Régime de régulation des environnements. Les textes normatifs policiers ou parlementaires considéraient les métiers et les activités productives comme des ensembles relativement stables dont la qualification juridique ne nécessitait pas de révision régulière. Par exemple, les innombrables ordonnances sur les tanneurs, qui se succèdent depuis le Moyen Âge pour les reléguer en aval des rivières, considèrent la tannerie comme une activité sans histoire. Ses procédés, les substances qu'elle utilise et qu'elle rejette (les éternelles « bourres et échancrures » des ordonnances de police) ne sont pas interrogés dans leur historicité[1]. De même, dans l'arrêt du parlement de Normandie de 1769, « la fabrique de soude » est une entité que l'on suppose immuable, ce qui justifie la validité sans fin des textes anciens. Pour les institutions policières et judiciaires d'Ancien Régime, le précédent était porteur d'une expérience et d'une exemplarité devant fonder l'édiction des normes contemporaines. La « bonne police » est la police éprouvée. D'où l'attention extraordinaire des magistrats aux textes anciens. La plus grande partie du *Traité de la police* de Delamare est une compilation d'ordonnances remontant au Moyen Âge. Pour justifier la nécessité d'éloigner des villes « les bestiaux qui causent l'infection », Delamare exhume des ordonnances de Saint-Louis vieilles d'un demi-millénaire (plutôt que de citer la littérature médicale contemporaine sur le sujet[2]). Les polices et les parlements de l'Ancien Régime pensaient la nature et les mondes productifs selon une historicité différente de celle à laquelle nous ont habitués l'expertise scientifique et la pratique administrative.

1. Nicolas Delamare, *Traité de la police, op. cit*, vol. 1, p. 553-557.
2. *Ibid.*, p. 539.

Les jurisprudences corporatives, les coutumes, les précédents judiciaires et l'exemplarité du passé donnaient une consistance historique aux décisions concernant les mondes productifs, les usages de la nature et leur soutenabilité[1].

Un nouveau régime s'impose à la fin du XVIIIe siècle et au début du siècle suivant : les innovations techniques et les savoirs naturalistes prennent le pas sur les savoirs incorporés dans les coutumes et les communautés de métiers. En 1810, les rédacteurs du décret fondamental sur les établissements classés prétendirent devoir formuler un code des nuisances précisément pour prendre en compte les nombreuses innovations techniques de la fin du XVIIIe siècle. Le décret de 1810 opère une rupture avec l'empilement textuel de l'Ancien Régime (qui au regard des juristes du XVIIIe siècle était un consolidement), il est une *tabula rasa* inaugurant une pratique normative fondée sur l'expertise savante contemporaine plus que sur l'expérience juridique passée. L'émergence de l'expertise pour définir les bonnes pratiques productives, les bons usages de la nature ainsi que le dangereux et l'insalubre s'inscrit dans un changement d'historicité plus large des pratiques de gouvernement : dorénavant, le vrai procède de l'actuel[2].

---

1. Alice Ingold, « To historicize or naturalize nature : hydraulic communities and administrative states in nineteenth-century Europe », *French Historical Studies*, 2009, vol. 32, n° 3, p. 385-417.
2. Reinhart Koselleck, *Le Futur passé, contribution à la sémantique des temps historiques*, Paris, EHESS, 1995.

CHAPITRE IV

La libéralisation de l'environnement

À partir des années 1800, les bilans des entreprises polluantes comportent une nouvelle ligne comptable, « dommages », « indemnités » ou « frais judiciaires », résumant ce que devient l'environnement de l'activité industrielle au tournant des XVIIIe et XIXe siècles. De biens communs déterminant la santé et soumis à la police d'Ancien Régime, les choses environnantes deviennent objets de transactions financières compensant des dommages réclamés par les voisins des industriels.

Prenons par exemple une grande usine chimique établie à Salindres, près de Nîmes. Dès sa fondation en 1855, la compagnie verse chaque année des indemnités aux agriculteurs dans un rayon de trois kilomètres. C'est en 1871 seulement, lorsque les entrepreneurs refusent de régler les indemnités, que le gouvernement est contraint de dépêcher ses experts. Si l'administration intervenait de manière timide et ponctuelle en tentant de limiter les dommages, ce furent les indemnités (versées régulièrement de gré à gré ou bien arbitrées par les cours civiles) qui permirent d'éviter que les conflits environnementaux de la révolution industrielle ne dégénèrent.

Administration et justice civile constituaient les deux faces d'un même régime *libéral* de régulation environnementale : l'administration, en autorisant les établissements classés suivant la procédure définie par le décret de 1810 (enquête de *commodo incommodo* et rapport d'expert), garantissait leur pérennité en dépit des contestations des voisins. Ces derniers ne pouvant espérer la suppression de l'usine, ils n'avaient plus qu'à se tourner vers les cours civiles pour obtenir des indemnités. La justice civile, en faisant payer le prix de la pollution, était censée produire les incitations financières conduisant l'entrepreneur à réduire ses émissions.

Comment les choses environnantes sont-elles devenues objets d'une ligne comptable ? Par quel processus historique l'environnement, objet central de la police d'Ancien Régime, objet essentiel du gouvernement des hommes et des populations à la fin du XVIIIe siècle a-t-il pu être soumis à une simple métrique financière ?

1. L'économie politique du décret de 1810[1]

Les historiens ont déjà étudié la régulation postrévolutionnaire des établissements classés[2]. Que l'analyse soit centrée sur l'histoire de l'olfaction qui structure la perception des risques, ou bien sur la « chimie juge et partie » qui souligne que les plus grands pollueurs, Chaptal au premier chef, furent les inspirateurs du décret, elle laisse dans l'ombre un aspect essentiel : la nouvelle régulation est avant tout une libéralisation/marchandisation de l'environnement adaptée à l'émergence du capitalisme industriel. Elle participe de la *grande transformation* décrite par Karl Polanyi : « La production mécanique dans une société commerciale suppose tout bonnement la transformation de la substance naturelle et humaine de la société en marchandise[3]. »

La régulation environnementale postrévolutionnaire part d'une critique de la police. Dans le rapport fondateur de 1804 sur les manufactures insalubres, Chaptal et Guyton de Morveau sont parfaitement explicites : « Tant que le sort des fabriques ne sera pas assuré [...] tant *qu'un simple magistrat de*

---

1. Pour une présentation du décret de 1810, voir la section 4 de ce chapitre : « Une régulation en trompe l'œil ».
2. Voir la bibliographie en fin de volume.
3. Karl Polanyi, *La Grande Transformation* (1944), Paris, Gallimard, 1983, p. 70.

police tiendra dans ses mains la fortune ou la ruine du manu-facturier, comment concevoir qu'il puisse porter l'imprudence jusqu'à se livrer à des entreprises de cette nature[1]. » Les exigences du capital ne tolèrent plus les incertitudes de la police.

Chaptal est un grand avocat du capitalisme industriel. Dès 1798, dans un livre au titre pourtant modeste, il propose un nouvel ordre politique centré autour de l'entrepreneur : la société tout entière doit être réformée pour que ce dernier puisse effectuer des calculs de risque. Les politiques versatiles de l'Ancien Régime ont découragé l'investissement, il faut au contraire garantir le capitaliste « contre les événements[2] », garantir sa propriété et ses approvisionnements, garantir aussi une politique douanière stable[3]. La société dont rêve Chaptal est une société du fait accompli industriel. L'industrie est située en dehors du politique. Sa protection est impérative : « Quelle que soit l'industrie manufacturière établie, le gouvernement lui doit protection : *du moment qu'elle existe, il ne s'agit plus d'examiner s'il a été avantageux de l'introduire.* » Si un gouvernement doit choisir entre protéger les manufactures ou l'agriculture, il faut qu'il choisisse les premières car « les agriculteurs peuvent être contrariés dans leurs opérations, mais leurs capitaux restent, tandis que tout est perdu pour le manu-facturier[4] ».

Le rapport de 1804 s'inscrit précisément dans ce programme. La régulation environnementale de l'Ancien Régime est accusée de produire un « état d'incertitude », une « indécision éternelle » décourageant les entrepreneurs. Il faut au contraire les soustraire à l'emprise policière et donc que l'administration « pose des limites qui ne laissent plus rien à

---

1. Jean-Antoine Chaptal et Louis-Bernard Guyton de Morveau, « Rapport sur les fabriques dont le voisinage peut être nuisible à la santé », *Procès-verbaux des séances de l'académie*, Hendaye, Imprimerie de l'observatoire d'Abbadia, vol. 4, 17 décembre 1804.
2. Jean-Antoine Chaptal, *Essai sur le perfectionnement des arts chimiques*, Paris, Crapelet, 1798, p. 51.
3. *Id.*, *De l'industrie française*, Paris, Renouard, vol. 2, 1819, p. 443.
4. *Ibid.*, p. 418.

l'arbitraire du magistrat, qui tracent au manufacturier le cercle dans lequel il peut exercer son industrie librement et sûrement ». Le décret de 1810 donne corps à ce projet : l'administration (le ministre de l'Intérieur, le Conseil d'État et les préfectures) soumettent les usines à des procédures d'autorisation rigoureuses et garantissent en échange leur pérennité. En 1819, Chaptal considère avec satisfaction la législation qu'il a contribué à mettre en œuvre : « Depuis que les arts chimiques ont fait des progrès étonnants [...] des plaintes s'élevaient de toutes parts et les tribunaux prononçaient d'une manière arbitraire [...]. Le sort des fabriques était pour ainsi dire à la merci d'un voisin inquiet [...] Il fallait établir des règles fixes à cet égard : le décret du 15 octobre 1810 contient une assez bonne législation sur cette matière[1]. »

La nouvelle régulation environnementale est donc une adaptation aux nécessités de l'industrie chimique. Entre 1790 et 1810, du fait des guerres révolutionnaires et du blocus continental, l'industrie chimique française a radicalement changé d'échelle. Alors qu'on ne comptait qu'une douzaine de manufactures d'acide sulfurique en 1789, plus de quarante usines s'établissent pendant la Révolution et l'Empire dans toutes les grandes villes de France (Paris, Lyon, Rouen, Marseille, Montpellier, Nantes, Mulhouse, Nancy, Strasbourg, Amiens...) sans se soucier de leur localisation à l'intérieur de la cité[2]. La pollution aussi change d'échelle : les nouvelles usines de soude artificielle (une cinquantaine sont créées à la fin des années 1800 à Paris, Rouen et à Marseille surtout) produisent des nuisances sans précédent. La production de deux tonnes de soude selon le procédé Leblanc (à partir de sel et d'acide sulfurique) dégageait une tonne de vapeur d'acide chlorhydrique qui corrodait tout aux alentours. En 1818, on produisait dans l'arrière-pays marseillais 15 000 tonnes de

1. *Ibid.*, p. 369.
2. John Graham Smith, *The Origins...*, *op. cit.* ; Xavier Daumalin, *Du sel au pétrole*, Marseille, Tacussel, 2003.

soude par an et 30 000 dix ans plus tard[1]. La suspension révolutionnaire des formes traditionnelles de régulation (suppression des corporations et des parlements) et le développement massif de la chimie industrielle furent les deux moteurs principaux du nouveau régime de régulation environnementale.

2. La construction étatique du marché chimique

Pendant la Révolution et l'Empire, les chimistes sont à l'affût des disettes et des chertés qui traversent l'Europe, au gré des batailles et des blocus. En 1794, Chaptal est ruiné par l'arrêt de sa manufacture montpelliéraine et la dévaluation des assignats. Il se reconstitue une fortune en vendant de l'acide aux fabriques catalanes, privées des produits anglais à cause de la guerre : « N'ayant pas de concurrents, je mis un prix très élevé à mes produits. En un an je fis un bénéfice de 350 000 francs[2]. » La guerre de 1808 contre l'Espagne qui bloque les importations de soude naturelle permet aux chimistes d'engranger des profits prodigieux. À Paris, le quintal de soude végétale passe en quelques semaines de 60 à 280 francs. En 1809, à Marseille, les savonniers achètent le quintal à plus de 300 francs[3]. Des fortunes se bâtissent en quelques mois : « MM. Gautier et Barrera qui fabriquent [de la soude] depuis plus d'un an ont gagné plusieurs millions. La soude naturelle se vend 160 et la soude artificielle 80. Dieu veuille que les prix ne changent pas[4]. »

---

1. Le procédé Leblanc produit énormément de déchets : dans les années 1820, pour produire une unité de soude, il faut : 1,5 de charbon, 1 de craie, 0,7 d'acide sulfurique et 0,7 de sel marin. Cf. Christophe de Villeneuve, *Statistique des Bouches-du-Rhône*, Marseille, Ricard, 1824, p. 787-795. En 1862, un rapport de la Chambre des lords estime que pour produire les 280 000 tonnes de soude britannique, il a fallu rejeter 3 873 000 tonnes de déchets (acide chlorhydrique et marcs de soude).
2. Jean-Antoine Chaptal, *Mes souvenirs sur Napoléon*, Paris, Plon, 1893, p. 52.
3. J. G. Smith, *The Origins...*, op. cit., p. 245 et 273.
4. Lettre de Philippe Girard de 1809, citée par Xavier Daumalin, *Du sel au pétrole*, op. cit., p. 31.

Mais en temps de paix, la soude factice ne dispose pas de marché. Ses débouchés dépendent des lois douanières et de la politique fiscale : avec le rétablissement en 1806 d'une taxe sur le sel (20 francs par quintal), le prix du sel utilisé dans la production de soude artificielle est *supérieur* au prix des soudes naturelles espagnoles. À partir de 1806, les chimistes exercent donc un lobbying constant pour obtenir la franchise. Chaptal, au Conseil d'État, et Claude-Anthelme Costaz, au Bureau des manufactures, plaident en faveur des soudiers[1]. Le 13 août 1809, Napoléon accède à leur demande. Immédiatement, à Paris, Rouen et Marseille, des ateliers de soude commencent à produire en masse pour profiter des cours favorables[2]. Las ! En 1810, la reprise du commerce avec l'Espagne et le retour des soudes naturelles menacent la nouvelle industrie. Les soudiers invoquent alors la protection de 1809 et les investissements qu'elle a suscités pour demander la prohibition des importations de soudes naturelles. Le gouvernement, toujours bienveillant, cède à leur demande en juillet 1810[3].

Au-delà de la politique douanière, l'administration et ses experts fabriquent un marché national de la soude. À la fin du dix-huitième siècle, il y avait autant de types de soude que de provenances et d'usages : le varech normand était utilisé par les verriers car il contenait des matières terreuses utiles à la vitrification, les barilles espagnoles étaient réservées à la savonnerie et la soude d'Alicante aux teinturiers. On distinguait encore les natrons, les bourdes, les doucettes, les blanquettes, etc.[4]. La

---

1. AN F¹² 2245, Extrait du registre des délibérations du Conseil d'État, 13 juin 1806.
2. Pour empêcher que le sel livré en franchise puisse être revendu, un employé du fisc réside dans chaque usine. Il est tenu d'assister aux opérations et de vérifier que tout le sel a bien été imprégné d'acide. Le problème du contrôle de la pollution ne relève donc pas du manque de surveillance administrative. Cf. C. F. de Saint-Genis, *Essai sur l'établissement et la surveillance des fabriques de soude factice*, Marseille, Allègre, 1829.
3. AD Seine-Maritime, 5M 316, Lettre des fabricants de soude de la ville de Rouen à M. le préfet.
4. 5 M 766, Pelletan, Rapport sur la soude envoyé à l'Académie de Rouen, 12 juin 1805.

soude artificielle perturbe cette économie : les savonniers se plaignent des sulfures qui donnent à leurs produits une odeur nauséabonde, les teinturiers constatent les dégâts sur les pièces de tissus et les verriers ne parviennent pas à obtenir un verre blanc. Pour les artisans, la soude factice n'était qu'un produit de substitution qui devait disparaître une fois le commerce européen rétabli. En 1810, ils réclament auprès des chambres de commerce la fin de la prohibition des soudes naturelles.

La technique du dosage alcalimétrique inventée par le chimiste rouennais Descroizilles en 1806 joue un rôle fondamental dans l'acculturation des artisans aux produits chimiques. L'alcalimétrie mesure (et invente) une notion qui n'existait pas dans le monde artisanal, celle de « force de la soude ». Elle réduit l'ensemble des soudes naturelles aux qualités variées à une seule métrique. Elle renorme le marché qui n'est plus fondé sur les origines et les compétences, mais sur les concentrations et les forces. Elle fournit enfin un argument commercial essentiel car il apparaît que la soude factice marque toujours un degré alcalimétrique plus fort que les soudes naturelles.

Pour convaincre les artisans à renoncer aux soudes naturelles, des chimistes diligentés par le pouvoir démontrent l'équivalence de la soude factice avec les produits naturels. Il suffit d'ajouter diverses substances pour retrouver les propriétés des soudes naturelles que recherchaient les artisans. À Rouen, le préfet Jacques-Claude Beugnot, proche de Chaptal, veille au développement de l'industrie chimique. En 1803, il crée un cours de chimie appliquée aux arts où l'on apprend aux teinturiers rouennais à employer la soude factice. Le gouvernement publie également une instruction officielle pour convaincre les verriers de recourir aux soudes chimiques qu'il faut adoucir en ajoutant de la silice. Pour les savonniers, le processus est inverse : il faut retirer les sulfures présents dans la soude factice[1].

---

1. C. Pajot-Decharmes, *Instruction sur l'emploi des soudes factices indigènes à l'usage des verriers*, 1810. À Marseille, le chimiste Laurens invente un procédé de désulfurisation pour encourager les savonniers à abandonner les

Selon les soudiers, ces petits désagréments sont largement compensés par l'homogénéité du produit chimique. Le choix des soudes naturelles aux qualités occultes était délicat. Une erreur pouvait par exemple gâcher un bain de teinture. À l'inverse, la soude factice est « constante dans le succès » et elle permet une « régularité des procédés et des doses[1] ». Les dosages et les produits purs dévaluaient soudainement les savoirs sur la qualité des matières (le goût, l'odeur ou la consistance) qui assuraient à l'artisan en chimie sa place éminente. En Angleterre, le grand spécialiste des dosages n'est autre qu'Andrew Ure, bien connu pour avoir formulé, dans la *Philosophie des manufactures* (1835), la première grande théorie du *factory system* et de la désincorporation des savoirs artisanaux par les machines[2].

3. La pollution capitale

Comment l'administration napoléonienne gère-t-elle les conséquences environnementales de sa politique industrielle ? Il faut distinguer deux cas : les manufactures d'acide sulfurique d'une part et les soudières de l'autre, qui appellent des stratégies différentes. Les premières immobilisent un capital considérable : une chambre de plomb nécessite 5 tonnes de métal et revient à 30 000 francs environ[3]. En 1840, une manufacture de produits chimiques en faillite est évaluée à 400 000 francs, dont 200 000 pour les chambres de

soudes espagnoles. Cf. archives de l'Académie des sciences de Marseille, « Recherches sur les savons du commerce, suivies de quelques observations relatives aux moyens de détruire les sulfures contenues dans les lessives des soudes artificielles », 1811.
1. Pelletan, Rapport sur la soude..., *op. cit.*
2. Andrew Ure, *Dictionnaire de chimie*, Paris, Leblanc, 1822, vol. 1, p. XX-XXV, qui invente non seulement un « alcalimètre » mais aussi un « acidimètre », un « indigomètre » et un « blanchimètre ».
3. *Mémoire d'Estienne et Jallabert, fabricants de produits chimiques à la Guillotière*, 1840. Rappelons que le salaire d'un ouvrier varie entre 1 et 3 francs par jour.

plomb[1]. L'usine chimique de Chaptal fils et Berthollet fils au plan d'Aren près de Marseille, constituée en société anonyme, dispose quant à elle d'un capital de 1 200 000 francs. Pour le gouvernement, il est impensable d'ordonner le déplacement de tels dispositifs.

Deux solutions complémentaires sont alors poursuivies. La première consiste à infléchir la perception des risques, à faire accepter comme signe de salubrité l'expérience olfactive nouvelle que représente l'acidité. Le contexte est favorable : nous avons vu comment la technique de purification de l'atmosphère promue par Guyton de Morveau justifiait la salubrité des usines chimiques[2]. Dans leur rapport de 1804, Chaptal et Guyton distinguent deux classes de fabriques : d'une part les ateliers qui recourent à la putréfaction de matières végétales ou animales (rouissage du chanvre, poudrette, boyauderie, boucheries, fonderies de suif, etc.) ; de l'autre, les nouvelles manufactures chimiques. Les premières exhalent « des miasmes douceâtres et nauséabonds dont la respiration est très dangereuse » et doivent donc être éloignées des habitations. Les secondes sont au contraire parfaitement inoffensives et pourraient même assainir les atmosphères. Ce rapport est immédiatement invoqué par le ministre de l'Intérieur pour ordonner le maintien des usines d'acide sulfurique du quartier de Saint-Sever en dépit des plaintes unanimes des habitants : « c'est faute d'être éclairés [qu'ils] prétendent que les émanations des fabriques d'acide nuisent à la santé des hommes et à la végétation des plantes. Cet avis est celui de l'Institut[3]. »

La deuxième solution est d'ordre technique. Au début du siècle, la progression rapide du rendement des chambres de plomb (on retire de plus en plus d'acide avec les mêmes

---

1. AD Bouches-du-Rhône 410 U 50, Rapport d'experts sur la faillite de Grimes et Cie, mai 1840.
2. Le *Traité des moyens de désinfecter l'air… (op. cit.)* de Guyton est réédité à trois reprises entre 1801 et 1805. En 1803, Chaptal envoie une circulaire aux préfets pour recommander cette technique.
3. AD Seine-Maritime, 5 M 763, lettre du ministre de l'Intérieur au préfet de la Seine-Inférieure, 11 octobre 1805.

quantités de soufre et de nitre) fait espérer l'avènement d'une industrie *parfaite* qui ne perdrait dans l'atmosphère aucun gaz nitreux ou sulfureux. Selon Chaptal, l'industrie des acides « est arrivée à sa perfection, puisque d'après l'analyse connue de l'acide qui est obtenu, il est prouvé qu'il n'y a pas un atome de soufre perdu dans l'opération[1] ». Cette conception de l'usine comme un système entrée/sortie, dont le manufacturier maximiserait le rendement, fonde en logique un système de régulation libéral : la perte de matière étant dorénavant une perte financière, l'entrepreneur réduirait de lui-même la pollution.

Le Conseil de salubrité de Paris, fondé en 1802 pour aider le préfet de police à autoriser les ateliers, promeut cette idéologie techno-libérale. Son fondateur, Charles-Louis Cadet de Gassicourt, conclut ainsi un rapport sur l'usine que Chaptal a établie près de Neuilly : « *L'intérêt particulier* devant porter à ne pas perdre des vapeurs, la fabrique [...] ne peut donner lieu à aucune plainte raisonnable. Si par la suite les propriétaires voisins en étaient incommodés, ce serait entièrement la faute des ouvriers[2]. » La fuite, phénomène normal de l'artisanat chimique au XVIIIe, est dorénavant pensée comme un incident dû aux erreurs des ouvriers qu'il convient donc de discipliner.

Ce discours techno-libéral rencontra maints démentis. Premièrement, la transformation du soufre en acide sulfurique demeurait un processus mal connu : les manufacturiers des années 1810-1830 parlent ainsi de chambres de plomb « douces » ou « dures » suivant leur efficacité ou même d'une mystérieuse « maladie des chambres » empêchant la formation d'acide sulfurique[3]. Deuxièmement, la condensation des vapeurs posait des problèmes techniques considérables et,

---

1. Jean-Antoine Chaptal, *De l'industrie française*, op. cit., vol. 2, p. 65.
2. APP, RCS, 16 septembre 1811. Voir aussi Arvers, *Mémoire sur les fabriques d'acides dans le département de la Seine-Inférieure, lu à la société d'émulation de Rouen*, 9 juin 1817.
3. AD Seine-Maritime, 5 M 316, Rapport de Vitalis au préfet, 12 janvier 1810 et Baudrimont, *Dictionnaire de l'industrie manufacturière, commerciale et agricole*, Paris, Baillière, vol. 1, 1833, p. 125.

surtout, ralentissait la production. Les coûts fixes (capital immobilisé et salaire des ouvriers) conduisaient les entrepreneurs à produire vite et en masse, quitte à perdre en rendement.

Enfin, la volonté de l'administration de perfectionner les procédés se heurte aux secrets de fabrication : les manufacturiers qui obtiennent les meilleurs rendements, et qui donc ont les usines les moins polluantes, n'ont aucun intérêt à divulguer leurs méthodes[1]. L'avantage commercial produit par une chambre de plomb performante est immense. En 1820, Chaptal, dont l'usine des Ternes présente les meilleurs rendements, passe un traité avec la compagnie du plan d'Aren : elle transmet le secret de sa chambre de plomb en échange d'un tiers des bénéfices. L'économie réalisée sur le soufre et le salpêtre doit s'élever à 30 000 francs par an[2]. La compagnie du plan d'Aren met ensuite tout en œuvre pour protéger cet avantage : les chambres de plomb sont enfermées dans un hangar appelé « le secret » par les ouvriers. Il est fermé à clef, l'entrée en est défendue sauf aux ouvriers de confiance[3].

Pour les opposants aux manufactures d'acide, la pollution est intrinsèque au capitalisme chimique : « l'insalubrité n'est pas un inconvénient accidentel [...] Les progrès de la science, le perfectionnement des procédés, l'infaillibilité des préservatifs, sont un langage de parade qui n'en impose plus à personne[4]. »

Ces parades industrialistes perdent toute pertinence avec les manufactures de soude. Partout où elles s'installent, les plaintes affluent immédiatement. Les lourds nuages d'acide chlorhydrique s'élevant des fourneaux produisent une nuisance

---

1. AD Seine-Maritime, 5 M 763, Rapport sur l'établissement des fabriques d'acide sulfurique dans le voisinage des habitations, 1806.
2. AN F^{12} 6728, Traité du 5 juillet 1820.
3. ASM, *Mémoire pour la compagnie anonyme du plan d'Aren contre le sieur Castellan*, 1829.
4. *Mémoire au Conseil d'État pour les habitants des Ternes contre M. le sénateur Chaptal*, 1811, p. 39-57.

si massive et si dommageable que les stratégies d'exonération décrites ci-dessus paraissent dérisoires. Comment convaincre les voisins des soudières qui voient les récoltes dévastées, les arbres dépérir ou les métaux rouiller, que les vapeurs suffocantes d'acide chlorhydrique augmentent en fait la salubrité de l'air ?

Durant l'automne 1809, les soudiers produisent beaucoup de soude très vite pour profiter des cours élevés. Ils ont bien conscience des dégâts qu'ils génèrent, mais ils passent outre : il faut rentabiliser les coûteuses chambres de plomb. L'acide ne vaut pas grand-chose, la soude vaut une fortune. Un manufacturier qui attend l'autorisation du préfet pour démarrer sa production demande une « prompte réponse : vous sentez mieux que personne le prix du temps en fait de manufacture[1] ». Ces premiers ateliers bâtis à la hâte déménagent au gré des plaintes et des décisions préfectorales. À Bergheim, près de Colmar, le maire demande aux gendarmes de faire fermer un atelier de soude consistant en deux « baraques de vieilles planches[2] ». À Paris, Charles Marc et Costel, contraints de quitter Gentilly après quelques semaines de fabrication seulement, proposent d'établir leurs ateliers près de la voirie de Montfaucon. Nicolas Deyeux, membre du Conseil de salubrité de Paris, approuve le projet : « Marc et Costel feraient très en grand une espèce de fumigation guytonienne. » Après quelques mois d'opération, les plaintes sont si véhémentes que le Conseil de salubrité est contraint de faire marche arrière. Lors d'une visite, ses membres sont pris dans un nuage d'acide chlorhydrique : « Toutes les personnes qui étaient plongées dans cette atmosphère acide étaient saisies d'une toux opiniâtre et pouvaient à peine respirer[3]. » Le préfet ferme l'usine. Gauthier, Barrera et Darcet, plus prudents, installent leur atelier à La Folie, un quartier désert à l'ouest de Nanterre. Aucune habitation à deux kilomètres à la ronde.

---

1. AD Seine-Maritime, 6 M 766, Lefrançois au préfet, 9 octobre 1809.
2. AD Haut-Rhin, 5 M 97.
3. APP, RCS, 3 septembre 1809 et 4 décembre 1810.

Rien n'y fait. Le vent porte les vapeurs acides au loin et le maire de Nanterre demande la suspension des travaux[1].

À Marseille, la situation est plus grave encore : quatre petits ateliers prospèrent en plein cœur de la ville et cinq autres sont en projet[2]. La société de médecine de la ville décrète le voisinage des soudières « nuisible à la santé » et conseille de les reléguer à une mille de distance des lieux habités et cultivés[3]. Le rapport est publié dans le *Journal de Marseille* ; le maire fait fermer deux ateliers[4]. Au même moment, à Béziers, Audouard est contraint de cesser la production[5]. À Rouen, le préfet reçoit des pétitions comptant jusqu'à 300 signatures. Le commissaire de police dresse un portrait catastrophique du quartier Saint-Sever où sont installées les usines : la végétation est grillée, les habitants doivent quitter leurs maisons et les ouvriers en textile fuient leurs manufactures noyées dans les brouillards acides[6].

Les soudiers doivent quitter les faubourgs. Ils s'établissent dans l'arrière-pays marseillais, dans le village de Septèmes en particulier. À Rouen, le préfet Savoye-Rollin les installe aux Bruyères-Saint-Julien (les chambres de plomb restant à Saint-Sever)[7]. Au conservateur des Eaux et Forêts qui s'inquiète pour les bois, le préfet propose une solution financière : les soudiers indemniseront l'administration pour chaque hectare « reconnu frappé de stérilité ». Les paysans sont soumis au même régime. Et pour éviter toute dispute, les entrepreneurs paieront ces indemnités solidairement, en proportion du sel livré en franchise.

La mise en place, dès 1809, d'une régulation fondée sur la compensation des dommages est liée à l'importance des

---

1. APP, RCS, 26 décembre 1808, 30 septembre 1809 et 4 mai 1810.
2. AN F^{12} 2245, « Ateliers de soude dans Marseille », juin 1810.
3. Séance publique de la société de médecine de Marseille, tenue dans la grande salle du musée, 25 novembre 1810.
4. François-Emmanuel Fodéré, *Traité de médecine légale et d'hygiène publique ou de police de santé*, vol. 6, Paris, Mame, 1813, p. 323.
5. AD Hérault, 5 M 1014, Lettre du préfet Nogaret, 29 décembre 1809.
6. AD Seine-Maritime, 5 M 763, Rapport relatif aux fabriques de produits chimiques, 11 janvier 1810.
7. *Ibid.*, 5 M 316.

capitaux mobilisés pour la production chimique. Condenser les vapeurs par barbotage aurait été possible mais nécessitait de travailler en vase clos, en petite quantité et lentement. Or, pour rentabiliser les capitaux, il fallait produire vite et en grande quantité. Selon Savoye-Rollin, la compensation est la seule solution pour que les soudiers « puissent opérer librement et économiquement ». De même, malgré les demandes pressantes des agriculteurs, les soudiers refusent systématiquement d'arrêter la production pendant les périodes de fructification ou de récoltes car leurs usines, pour être rentables, doivent tourner à plein régime. L'importance des coûts fixes liés aux chambres de plomb rend tout compromis productif difficile. Quelle que soit la quantité d'acide sulfurique et de soude produite, les chambres de plomb se détériorent : « Le repos est synonyme de destruction : tout s'y rouille, tout s'oxyde[1]. » Alors qu'au XVIIIe siècle, les ordonnances interdisaient de brûler le varech pendant la fructification ou les récoltes ou bien quand le vent soufflait de la mer, la logique du capital est dorénavant antithétique à cette gestion fine des temporalités.

4. Une régulation en trompe l'œil

C'est dans le contexte de troubles suscités par l'industrie de la soude que le décret fondamental du 15 octobre 1810 est élaboré. Le ministre de l'Intérieur Montalivet commande tout d'abord un rapport à l'Institut. L'urgence est manifeste : le rapport est demandé le 2 octobre 1809, le 23 le ministre s'impatiente déjà et le 30 le rapport est rendu. S'il a une portée générale, l'affaire de la soude est dans tous les esprits. Deyeux, qui en est le principal rédacteur (avec Chaptal, Vauquelin et Fourcroy, tous industriels), explique : « De toutes

---

1. AN F¹² 2243, *Mémoire des fabricants de soude de Marseille en réfutation d'une pétition de quelques habitants du département de l'Aude*, 1824, p. 27.

les fabriques [...] celles de soude ont excité de vives réclamations qui malheureusement ne sont que trop fondées[1]. »

Montalivet charge ensuite Costaz, le directeur du Bureau des manufactures qui avait plaidé pour la franchise du sel, de rédiger un projet de décret. Le ministre a déjà une idée précise de la régulation qu'il veut établir, une régulation à la fois administrative et libérale fondée sur l'autorisation préfectorale et le recours à la justice civile. En avril 1810 il recommande au préfet de l'Hérault d'autoriser une manufacture de soude et de renvoyer « devant les tribunaux les plaintes auxquelles l'établissement donnerait lieu[2] ». C'est, explique-t-il, la substance du projet de décret en cours d'examen au Conseil d'État. Le préfet des Bouches-du-Rhône reçoit les mêmes instructions[3].

Le décret, publié le 15 octobre 1810, confirme ces dispositions. L'administration est chargée d'autoriser les usines, et les tribunaux d'arbitrer les dommages. Le préfet concentre l'essentiel du pouvoir. Si le décret maintient l'enquête de commodité comme préalable à l'autorisation, celle-ci n'est plus un exercice de représentation des notables du lieu mais une simple procédure administrative de consultation. En comparaison des enquêtes d'Ancien Régime, celles du XIXe siècle présentent un registre d'arguments beaucoup plus pauvre. Il ne s'agit plus de réfléchir sur les usages d'un lieu, mais de recenser les récriminations de propriétaires défendant la valeur de leurs biens. Enfin, le résultat de l'enquête est jugé par le conseil de préfecture, c'est-à-dire par quatre ou cinq personnes nommées par le ministre de l'Intérieur (et de fait par le préfet), et non par le conseil général qui représente les notables locaux.

Les procédures d'autorisation constituent l'essentiel du décret car ce sont elles qui garantissent l'existence des établissements industriels, quelles que soient les plaintes ultérieures des voisins. Les établissements de première classe (les plus

---

1. *Procès-verbaux de l'Académie*, vol. 4, 30 octobre 1809.
2. AD Hérault, 5 M 1014, Montalivet à Nogaret, avril 1810.
3. *Ibid.*, 3 mai 1810.

nocifs comme les soudières) doivent être éloignés des habitations. Ils sont autorisés par le ministre par un décret rendu en Conseil d'État, après une enquête de *commodo incommodo* dans toutes les communes situées à moins de 5 kilomètres. Les établissements de seconde classe peuvent se tenir près des habitations et sont autorisés par le préfet après enquête de *commodo*. Ceux de troisième classe doivent être autorisés par les sous-préfets qui prennent simplement l'avis des maires.

Le classement semble ne pas avoir posé problème, hormis pour les manufactures d'acide sulfurique. La minute du rapport du 30 octobre 1809 montre que Deyeux avait commencé par les ranger dans la première classe (il avait même commencé cette colonne par elles) avant de les rayer et de les ranger dans la seconde[1]. En contrepartie, il ajoute cette note après la définition de la seconde classe – c'est-à-dire des manufactures qui peuvent rester près des habitations : « Seulement il serait à désirer que les grandes fabriques d'acides minéraux fussent toujours placées à l'extrémité des villes dans des quartiers peu peuplés[2]. » Le Conseil d'État tranche finalement contre l'Académie et range les manufactures d'acide sulfurique dans la première classe. Mais l'article 11 *prend soin de préciser que le décret n'est pas rétroactif* : « tous les établissements en activité continueront à être exploités », et l'article 12, contradictoire avec le précédent ajoute encore : « Toutefois en cas de graves inconvénients pour la salubrité publique, la culture ou l'intérêt général, les fabriques de première classe pourront être supprimées en vertu d'un décret rendu en notre Conseil d'État[3]. » Tous ces revirements sont dus au cas délicat de l'usine de Chaptal aux Ternes. Lorsque le décret fut discuté au Conseil d'État, il devait être difficile d'oublier que Chaptal, membre du Conseil, possédait dans les faubourgs la plus grande manufacture d'acide sulfurique de Paris et qu'il était associé à Holker possédant lui-même la plus grande manufacture de Rouen.

---

1. AAS, pochettes de séance, 30 octobre 1809.
2. *Procès-verbaux de l'Académie*, vol. 4, 30 octobre 1809, p. 272.
3. Décret du 15 octobre 1810.

Ces tractations autour d'une ou deux usines produisent une situation étrange : les manufactures d'acide qui s'étaient implantées dans les villes pendant la Révolution et qui étaient à l'origine des protestations et du décret se trouvaient finalement légitimées ! Mieux, étant donné la non-rétroactivité du décret, les premiers entrepreneurs profitaient de leurs situations avantageuses aux lisières des villes industrielles, près de leurs marchés et de leur main-d'œuvre. Ils économisaient aussi les frais nécessaires au transport délicat des lourdes bouteilles d'acide sulfurique. Ces avantages commerciaux expliquent la rémanence des localisations industrielles chimiques enkystées au cœur des villes jusqu'à la fin du XIXᵉ siècle. Contrairement à la justification classique du décret de 1810 expliquant que la variété des polices locales faussait la concurrence, les nouvelles règles entretenaient au contraire des distorsions du marché.

5. La réorganisation des illégalismes environnementaux

La fin de la police des choses environnantes et le partage des affaires d'insalubrité entre administration et justice civile entraînent une vaste réorganisation de l'économie des illégalismes. Alors que, sous l'Ancien Régime, la régulation environnementale est fondée sur la distribution d'amendes par la police, que la pollution, parce qu'elle porte atteinte au bien commun que représente la salubrité du lieu, appartient au domaine du punissable, grâce au décret du 15 octobre 1810, la grande industrie polluante s'extrait du pénal.

Prenons de nouveau le cas du varech. Au XVIIIᵉ siècle, les communes étaient dotées d'un arsenal répressif conséquent : quiconque récoltait le varech sans en avoir le droit, ou bien en dehors de la période prévue, de nuit, ou l'arrachait au lieu de le couper, était passible de 300 livres d'amendes et de punition corporelle en cas de récidive. Les mêmes peines s'appliquaient à qui brûlait du varech pendant l'été ou par vent de mer. Les syndics de pêcheurs étaient chargés de veiller aux contraventions. Un employé de l'amirauté insiste sur leur rigueur : « Ils dressent des procès-verbaux, font des reprochements et font éteindre les fourneaux allumés de vents contraires. Les condamnations et amendes sont prononcées sur-le-champ[1]. » À l'inverse, le propriétaire d'une soudière dûment autorisée qui, en quelques années, anéantit la ressource halieutique d'une rivière en rejetant ses résidus de fabrication, n'encourt aucun risque pénal[2].

La dépénalisation des choses environnantes consacrée par le décret de 1810 choque les voisins des usines chimiques qui voient leurs récoltes détruites par les vapeurs acides : « On punit comme dévastateur de biens ruraux, un malheureux dont la dévastation consiste en quelques raisins et [l'industriel] parce qu'il dévaste, étouffe et suffoque en grand le ferait impunément[3] ? » Soumettre la pollution industrielle aux tribunaux civils et non à la justice pénale soulève des problèmes fondamentaux : « Lorsqu'il s'agit d'un dommage involontaire, la raison et les lois ne défèrent qu'un dédommagement pécuniaire à celui qui l'a éprouvé ; mais lorsque ce dommage est renouvelé à chaque instant, du jour et de la nuit, lorsque celui qui le cause est dans l'intention de continuer, je dis que la chose dégénère en délit[4]. »

Le décret d'octobre 1810 prend tout son sens historique quand on considère un texte qui lui est immédiatement antérieur : le code pénal qui entre en vigueur en février. Or l'article 471 de ce code reprend la pénalité environnementale de la police d'Ancien Régime. Il concerne des délits très variés : manque d'entretien des bâtiments ou des fours, embarras de la voie publique, divagation des bestiaux, grappillage. Dans une formulation typique de la police d'Ancien Régime, l'article inclut dans les contraventions à la police « ceux qui auront jeté ou exposé au-devant de leurs édifices

---

1. AD Seine-Maritime, 1 B 5504.
2. Geneviève Massard-Guilbaud, *Histoire de la pollution industrielle en France, 1789-1914, op. cit.*, chap. IV, cas n° 4.
3. AM Marseille, 23 F 1, *Mémoire pour Pierre-Joachim Duroure*, 1816, p. 8.
4. *Ibid.*, p. 15.

des choses de nature à nuire par leur chute ou par des exhalaisons insalubres[1] ». Cette disposition du code aurait tout à fait pu s'appliquer à l'industrie chimique en plein essor et en pleine contestation au moment précis de la publication du code pénal. Mais elle est justement contournée par l'article 11 du décret de 1810 qui spécifie que les dommages causés par les manufactures seront arbitrés par les tribunaux civils. Le décret de 1810 s'inscrit dans la restructuration de l'économie des illégalismes liée au développement de la société capitaliste bien décrit par Michel Foucault : les illégalismes de droit d'Ancien Régime (grappillage) deviennent des illégalismes de biens (vols), en même temps que dans le recodage postrévolutionnaire du licite et de l'illicite, les industriels se sont créés un droit dérogatoire[2].

6. L'hygiénisme est un industrialisme

Le premier hygiénisme (avant 1850 environ) tint le rôle historique fondamental d'imposer l'industrialisation malgré son cortège de pollutions[3]. La chimie constitue sa matrice sociale et théorique. Sur les quatre membres fondateurs du Conseil de salubrité de Paris, trois sont chimistes : Antoine Parmentier,

---

1. Article 471 du code pénal. La formulation reprend celle de l'article 605 de la loi du 3 brumaire an IV, « Des peines de simple police ».
2. Michel Foucault, *Surveiller et punir. Naissance de la prison*, Paris, Gallimard, 1975, p. 98-106. Notons qu'une jurisprudence de 1859 pénalise de nouveau les industriels pour les atteintes aux cours d'eau. Cf. Laurence Lestel, « Le regard de la population sur l'industrie chimique, XVIIIe-XXe siècles », *L'Actualité chimique*, 2011, n° 355, p. 4.
3. Alain Corbin parle d'une « habile propédeutique du progrès » pour caractériser l'hygiénisme à cette époque. Cf. « L'opinion et la politique face aux nuisances industrielles dans la ville préhaussmannienne », in *Le Temps, le désir et l'horreur. Essais sur le XIXe siècle*, Paris, Flammarion, 1991, p. 194. Thomas Le Roux confirme entièrement cette analyse dans son étude minutieuse du Conseil de salubrité de Paris. Geneviève Massard-Guilbaud dresse un bilan plus positif du travail des conseils d'hygiène provinciaux, mais qui vaut surtout pour le second XIXe siècle : *Histoire de la pollution industrielle en France, 1789-1914, op. cit.*

Deyeux et Cadet de Gassicourt. Tous ont participé à des projets industriels. En 1794, Deyeux et Parmentier s'associent pour produire de la soude dans la Somme[1]. Cadet de Gassicourt possède une grande pharmacie dans Paris et ambitionne de se lancer dans la chimie lourde[2]. Par la suite entrent au Conseil Jean-Pierre Darcet et Charles Marc. On a vu comment en 1809 Marc avait tenté sans succès de profiter du boom de la soude. Quant à Darcet, il s'agit d'un personnage central des réseaux industriels et chimistes. Après avoir travaillé à la Monnaie de Paris auprès de Leblanc sur le procédé de fabrication de la soude factice, il monte en 1804 une entreprise d'acide sulfurique et de soude. Il rejoint ensuite Holker et Chaptal à l'usine des Ternes. On le retrouve aussi en compagnie du chimiste Jacmart à la tête d'une usine de soude, couperose et savon. Par l'intermédiaire de son neveu, il possède un atelier d'affinage à l'acide sulfurique qui suscite de nombreuses plaintes rue Chapon, au cœur de la rive droite. En 1819, il investit 20 000 francs dans la compagnie des produits chimiques de Chaptal du plan d'Aren[3].

Pour ces chimistes, l'hygiénisme est avant tout une entreprise de perfectionnement industriel. Selon Marc, « c'est la lance d'Achille qui guérit les blessures qu'elle fait[4] ». Le but est de rendre l'assainissement financièrement profitable. Les fabriques de colle ou d'ammoniac qui utilisent les résidus animaux symbolisent la congruence possible entre salubrité urbaine et profit. Le bon entrepreneur, en optimisant les flux de matières/valeurs réduit les pertes/pollutions. Les techniques de comptabilité reflètent ce programme. En 1817, Jean-Baptiste Payen, un manufacturier parisien qui transforme les os en ammoniac, démontre l'importance de tenir, à

1. AN F¹² 2244, Rapport de la commission sur la soudière artificielle proposé par les citoyens Parmentier et Deyeux, 1794.
2. « Sur quelques nouveaux procédés anglais », *BSEIN*, vol. 1, 1802, p. 74-76.
3. APP, RCS, 1ᵉʳ novembre 1813 et 18 juillet 1820. AN F¹² 6728, Société anonyme du plan d'Aren.
4. Charles Marc, « Introduction », *AHPML*, vol. 1, 1829, p. XVI.

côté d'une comptabilité en argent, une comptabilité des flux de matière à l'intérieur de l'entreprise afin de surveiller l'augmentation de leur valeur au cours du processus de production[1]. Il découvre également l'intérêt de vendre un de ses résidus huileux aux entrepreneurs de gaz d'éclairage qui peuvent en tirer profit en le distillant.

Les hygiénistes étudient donc le monde productif urbain dans sa globalité, comme un système d'échanges de matière produisant de la valeur à chaque étape de la transformation industrielle. Leur but est d'établir de nouvelles connexions entre les différentes branches manufacturières et d'enseigner à l'industriel comment intégrer son activité au métabolisme urbain. L'économie du recyclage caractéristique de l'industrie parisienne du premier XIXe siècle correspond parfaitement au projet libéral des hygiénistes cherchant à rendre compatibles profit industriel et salubrité urbaine[2].

De manière plus prosaïque, l'assainissement leur était aussi directement profitable car il reposait sur les produits chimiques qu'ils manufacturaient : acides, eau de Javel et chlorure de chaux. Par exemple, les ateliers de fonte de suif (qui produisent des chandelles à partir de graisse animale) appartiennent à la première classe. Le Conseil autorise néanmoins leur établissement près des habitations à condition qu'ils utilisent la fonte à l'acide sulfurique, une technique brevetée par Darcet. Tous les métiers qui traitent de grandes masses de matières organiques (fabricants de colle, boyaudiers,

---

1. Jean-Baptiste Payen, *Essai sur la tenue des livres d'un manufacturier*, Paris, Johanneau, 1817. Marc Nitkin, « Jean-Baptiste Payen et l'ombre de E. T. Jones », *Histoire et mesure*, vol. 11, 1996, p. 119-137.
2. Notons que ce recyclage pouvait être particulièrement nuisible. Si les ateliers d'ammoniac font disparaître les carcasses, ils produisent par contre une huile nauséabonde. Pour s'en débarrasser, Payen essaie successivement de la jeter dans la Seine (l'huile se répand 30 kilomètres en aval et incommode Napoléon à Saint-Cloud) ; de la brûler (une « sorte de neige noire » tombe sur Paris), et lorsqu'il la jette dans un puisard, les puits des voisins s'infectent. Cf. Alexandre Parent-Duchâtelet, « Des inconvénients que peuvent avoir dans quelques circonstances les huiles pyrogénées et le goudron provenant de la distillation de la houille », *AHPML*, vol. 2, 1830, p. 16-41.

équarrisseurs, raffineurs de sucre de betterave, amidonniers, féculiers, etc.) sont ainsi amenés à utiliser les acides pour accélérer leurs opérations, les désodoriser, les assainir. Cette politique crée des débouchés considérables à la chimie minérale[1].

Si l'on considère sa pratique, le Conseil de salubrité paraît davantage être une extension du milieu industriel dans l'administration préfectorale qu'un organe de contrôle. Il est assez semblable en cela au Conseil général des manufactures ou au Bureau consultatif des arts et manufactures composés d'entrepreneurs chargés de conseiller le ministre de l'Intérieur sur leurs propres affaires. La régulation postrévolutionnaire de l'industrie qui remplace les anciennes corporations est une réforme en trompe l'œil : l'administration met en place un nouveau système d'autorégulation, à l'échelle nationale, dirigé par les entrepreneurs les plus fortunés. Dans la première moitié du XIXᵉ siècle, le biais industrialiste des hygiénistes se traduit par des taux d'autorisation très importants. Entre 1811 et 1835, le Conseil de salubrité de la Seine autorise les 4/5ᵉ des établissements de première classe. Sur 22 demandes concernant les usines chimiques, une seule est refusée[2]. Entre 1816 et 1850, la préfecture des Bouches-du-Rhône autorise l'établissement de 17 usines d'acide et de 9 manufactures de soude et refuse l'autorisation à 3 projets seulement (tous dans Marseille). Dans le département de la Seine-Inférieure (Rouen), entre 1818 et 1850, sur 850 demandes, 777 sont acceptées (91 %)[3].

Pour les opposants, ce pseudo-hygiénisme légitimant les manufactures au nom de la science et grâce au pouvoir nouveau de l'administration représentait un déni de justice. Les citadins étaient révoltés par la collusion des industriels et des experts censés les réguler. Ainsi, à Rouen, ils dénoncent Vita-

---

1. Thomas Le Roux, *Le Laboratoire des pollutions industrielles*, op. cit., p. 337-357.
2. *Archives statistiques du ministère des Travaux publics, de l'Agriculture et du Commerce*, vol. 1, 1837, p. 240-243.
3. AD Seine-Maritime, 5 M 318.

lis et Descroizilles comme « personnellement intéressés au maintien des manufactures d'acide[1] ». Les habitants des Ternes exposent avec humour les conflits d'intérêts flagrants de Chaptal :

« Leurs réclamations sont portées devant le ministre de l'Intérieur, quel est ce ministre ? M. Chaptal. Les plaintes se renouvellent [...] le nouveau ministre consulte l'Institut, et l'Institut adopte un rapport qui déclare qu'une manufacture d'acide n'est pas insalubre. Quel a été l'auteur de ce rapport ? M. le comte Chaptal. La police locale est consultée. Quel est le magistrat de la police locale, encore M. le comte Chaptal ou, ce qui revient au même, M. le baron, son fils. Ainsi le délinquant, l'expert, le juge supérieur et le surveillant ne sont dans cette affaire qu'une seule et même personne[2]. »

Selon un autre opposant à une usine chimique, les procès-verbaux du Conseil de salubrité « sont infectés de dol, de fraude, de faux, d'absurdité, de mensonge et de charlatanisme[3] ».

7. De l'environnement au social : la reconfiguration hygiénique des étiologies

Les hygiénistes ne se contentèrent pas de proposer des solutions techniques aux controverses environnementales. Ils contribuèrent aussi à redéfinir ce qu'est, ou, plus exactement, ce que *peut* l'environnement. Car pour pouvoir établir un régime financier de compensation des dommages environnementaux, encore fallait-il contourner la médecine des choses environnantes.

---

1. *Ibid.*, 5 M 763, *Mémoire des habitants du faubourg Saint-Sever*, 30 juillet 1806.
2. *Mémoire au Conseil d'État pour les habitants des Ternes contre M. le sénateur Chaptal*, 1811, p. 62.
3. *Conclusions de M. Bourgain, substitut du procureur du roi dans l'affaire de M. Lebel contre MM. Paris et Graindorge*, audience du 18 août 1827, p. 18.

Le décret de 1810 distingue trois catégories d'ateliers : dangereux lorsqu'il y a un risque d'incendie ou d'explosion, insalubres quand la santé est en jeu, et incommodes lorsque l'affaire ne relève que du confort olfactif ou auditif des voisins. Dans le vocabulaire administratif du début du XIXᵉ, la notion d'incommodité ne désigne pas le contraire de la commodité, mais qualifie la situation qui précède (et nie) l'insalubrité. La définition de la zone liminaire entre incommodité et insalubrité est capitale car elle permet de rendre inoffensives les plaintes des voisins : si n'importe qui peut dire ce qui l'incommode, seule l'administration et ses experts hygiénistes ont la capacité de définir l'insalubre. L'incommodité se rapporte au plaignant, l'insalubrité est une propriété objective des espaces étudiée par la science hygiénique.

Au début du XIXᵉ siècle, les choses environnantes demeurent le cadre étiologique le plus largement partagé. En 1805, le grand médecin Cabanis explique que le but de la « climatologie médicale » est d'étudier « l'analogie physique de l'homme avec les objets qui l'entourent[1] ». À Rouen, les médecins sont aux avant-postes de la lutte contre les usines chimiques. Une pétition, signée par quarante-deux médecins, est envoyée au préfet pour l'avertir des dangers de leurs vapeurs[2]. À Marseille, le médecin Fodéré critique ouvertement les soudiers et récuse le décret de 1810 : « Dans quel code de la nation la plus barbare est-il écrit que le droit le plus naturel, la jouissance d'un air pur, peut être enlevé[3] ? » À Paris, en 1834, l'élite médicale, des professeurs de la faculté et de grands cliniciens s'opposent à un projet « d'équarrissage salubre » (c'est-à-dire utilisant des procédés chimiques) défendu par le Conseil de salubrité[4].

---

1. Pierre Jean Georges Cabanis, *Rapport du physique et du moral de l'homme*, Paris, Crapart, Caille et Ravier, 1805, p. 135.
2. Henri Pillore, *Quelques mots sur les dangers des fabriques nouvelles d'acide sulfurique et de soudes factices*, Rouen, 1805 et AD Seine-Maritime, 5 M 763.
3. François-Emmanuel Fodéré, *Traité de médecine légale, op. cit.*, vol. 6, p. 302.
4. Alexandre Parent-Duchâtelet, « Des obstacles que les préjugés médicaux apportent dans quelques circonstances à l'assainissement des villes et à l'établissement de certaines manufactures », *AHPML*, vol. 13, 1835, p. 286.

La fondation en 1829 des *Annales d'hygiène publique et de médecine légale* par les membres du Conseil de salubrité de Paris s'inscrit dans ce contexte. Le but explicite est de fonder une nouvelle spécialité médicale, de revendiquer le monopole de la définition des risques environnementaux et de reconfigurer leur perception sociale. Selon Alexandre Parent-Duchâtelet, membre du Conseil, il convient d'envisager l'hygiénisme « surtout sous le rapport de son action morale sur l'esprit des particuliers et de son influence sur l'opinion » ; il doit « prouver que dans bien des circonstances, des établissements pour être incommodes ne sont pas pour cela nuisibles[1] ».

Afin de réfuter les étiologies environnementales, les hygiénistes prennent pour cible les études du XVIIIe siècle sur les maladies des artisans. Selon le paradigme de la médecine néo-hippocratique, les artisans constituaient des objets d'étude fascinants : les substances qu'ils travaillent et les vapeurs qui les entourent créent une multitude de petits climats artificiels très différents, dont l'étude comparative devait permettre d'élucider les causes des maladies. En 1776, la Société Royale de médecine demande ainsi à ses correspondants d'étudier « les instruments dont les ouvriers se servent ; les matières qu'ils emploient... quelles vapeurs s'en élèvent [...] enfin si ces procédés ont influé sur les épidémies régnantes[2] ». Une longue tradition, héritée du *Morbus artificium* du médecin italien Ramazzini (1699), tenait pour acquis le façonnement du corps de l'artisan par l'environnement de son atelier. Aussi tard qu'en 1822, le médecin Pâtissier actualisait le traité de Ramazzini pour intégrer dans son

---

1. *Id.*, « Quelques considérations sur le Conseil de salubrité », *AHPML*, vol. 9, 1833, p. 250. À propos de cette stratégie qui s'inscrit dans le mouvement de spécialisation de la médecine des années 1820, cf. George Weisz, *Divide and Conquer. A Comparative History of Medical Specialization*. Oxford University Press, 2005.
2. Séance du 17 décembre 1776, cité dans *Le Journal de Paris* n° 295, 22 octobre 1778.

approche néo-hippocratique les nouveaux métiers de la révolution industrielle[1].

Les premiers articles des *Annales* portant sur l'hygiène professionnelle peuvent surprendre : plutôt que de s'intéresser aux manufactures insalubres, ils étudient la bonne santé des ouvriers ! Le but : démontrer aux citadins l'innocuité des fabriques. Parent-Duchâtelet et Darcet expliquent ainsi qu'il faut étudier « avec le même soin les professions dont l'influence est nulle et même donner à ces dernières une attention toute particulière [car] nous sommes obligés d'accumuler plus de faits pour démontrer l'innocuité d'une fabrique que pour prouver ses inconvénients [...] c'est par ce moyen que nous rendrons les plus grands services à beaucoup de fabricants qui exercent leur industrie dans l'intérieur de Paris[2] ».

Afin de déconnecter les lieux et les santés, les hygiénistes comparent les risques entre différents quartiers ou entre différentes professions. Par exemple, en étudiant les taux de mortalité, Parent-Duchâtelet démontre que les environnements puants de Montfaucon ou de la Bièvre ne sont pas particulièrement insalubres[3]. Ou encore : les poussières des ateliers n'augmentent pas le risque de phtisie pulmonaire car

---

1. Bernard-Pierre Lécuyer, « Les maladies professionnelles dans les *Annales d'hygiène publique et de médecine légale,* ou une première approche de l'usure au travail », *Le Mouvement social*, 1983, n° 124, p. 46-69 ; Ann La Berge, *Mission and Method. The Early Nineteenth-Century French Public Health Movement*, Cambridge, Cambridge University Press, 1992, p. 148-183 ; Julien Vincent, « Bernardino Ramazzini, historien des maladies humaines et médecin de la société civile ? », *in* Julien Vincent et Christophe Charle (dir.), *Contours de la société civile. La concurrence des savoirs en France et en Grande-Bretagne, 1780-1914*, Presses Universitaires de Rennes, 2011 ; Thomas Le Roux, « L'effacement du corps de l'ouvrier. La santé au travail lors de la première industrialisation de Paris (1770-1840) », *Le Mouvement social*, 2011, n° 234, p. 103-119.
2. Alexandre Parent-Duchâtelet et Jean-Pierre Darcet, « Mémoire sur les véritables influences que le tabac peut avoir sur la santé des ouvriers », *AHPML*, vol. 1, 1829, p. 171-173.
3. Alexandre Parent-Duchâtelet, « Recherches et considérations sur la rivière de la Bièvre », *Hygiène publique*, Paris, Baillière, 1836, p. 129.

parmi les plâtriers entrés dans les hôpitaux parisiens, 2,5 % seulement meurent de la phtisie (6,5 % pour les bijoutiers et 4,7 % pour les écrivains). De la même manière, contrairement aux préjugés des médecins du XVIIIᵉ, les atmosphères acides *réduisent* le risque de phtisie : alors que pour toutes professions confondues le risque est de 114 pour 1000, pour les professions utilisant des acides (chapeliers ou doreurs) il est de 76 pour 1000[1]. La description des lieux (topographie médicale) cède la place à la description statistique de la santé des populations qui les habitent. Grâce à la surveillance médicale des ouvriers dans certaines grandes manufactures (celle des tabacs fut un cas d'école), les hygiénistes disposent de sources statistiques (les relevés des journées de maladie des ouvriers par exemple) leur permettant de rejeter les causes environnementales.

Les premiers articles des *Annales d'hygiène* transforment ainsi les maladies des artisans en maladies de la misère morale ou matérielle. Les maladies des débardeurs parisiens n'étaient pas dues à l'insalubrité des rives de la Seine mais à « leurs habitudes et à leur manière de vivre[2] ». Benoiston souligne que les femmes courent un risque plus important de phtisie à cause de la faiblesse de leurs revenus, « d'où un état de gêne qui produit la misère et les maladies ».

L'Hygiène sociale de Louis-René Villermé qui fait des conditions de vie et de richesse une cause (non pas la seule, mais la plus importante) des différences de mortalité naît dans ce milieu hygiéniste et industrialiste. Lorsque Villermé entre au Conseil de salubrité en 1831, celui-ci s'occupe activement de réfuter les plaintes citadines et les étiologies environnementales qui les fondaient. Son article fondateur de 1830 qui corrèle la mortalité des quartiers de Paris non pas à l'environnement (étroitesse

---

1. Louis-François Benoiston de Chateauneuf, « Influence des professions sur le développement de la phtisie », *AHPML*, vol. 6, 1831, p. 5-60.
2. Alexandre Parent-Duchâtelet, « Mémoire sur les débardeurs de la ville de Paris », *AHPML*, vol. 2, 1830, p. 265.

des rues, proximité de la Seine, présence d'ateliers, etc.), mais aux revenus des habitants, s'inscrit directement dans le programme de la génération fondatrice du Conseil de salubrité : la désimputation, par la statistique, de l'environnement comme cause pathologique[1].

Plus généralement, les maladies ouvrières posaient problème pour l'économie politique libérale du premier XIXe car elles incriminaient de manière directe l'activité économique. Il fallait donc réduire la variété des climats artisanaux qui avait passionné les médecins du XVIIIe siècle à la seule métrique pensable par les économistes, à savoir le salaire. Adam Smith avait ouvert la voie. Dans la *Richesse des nations*, après avoir cité Ramazzini, il travestit complètement l'argument de l'auteur italien : les maladies des artisans ne sont pas dues à l'environnement du travail, mais à *l'excès* de travail. Les ouvriers se tuent à la tâche parce que alléchés par des salaires importants, ils travaillent trop. Et il convient donc selon Smith de limiter les salaires[2] !

L'hygiène sociale de Villermé jouait un rôle théorique similaire quoique inversé : ce n'était plus du travail que souffrait l'ouvrier mais de la faiblesse de ses revenus. En 1840, dans son *Tableau de l'état physique et moral des ouvriers*, Villermé ne se préoccupe plus des environnements industriels : « Les ateliers ne sont point exposés à ces prétendues causes d'insalubrité. On s'est singulièrement mépris en leur attribuant des maladies que produisent principalement le travail forcé, le manque de repos, le défaut de soins, l'insuffisance de la nourriture, les habitudes d'imprévoyance, d'ivrognerie, de débauches et pour tout dire en un mot, des salaires au-dessous des besoins réels[3]. »

---

1. Louis-René Villermé, « De la mortalité dans les divers quartiers de la ville de Paris », *AHPML*, vol. 3, 1830, p. 294-339. Sur Villermé et la création de l'hygiène sociale : William Coleman, *Death is a Social Disease. Public Health and Political Economy in Early Industrial France*, Madison, University of Wisconsin Press, 1982.
2. Adam Smith, *La Richesse des nations*, vol. 1, chap. VIII.
3. Louis-René Villermé, *Tableau de l'état physique et moral des ouvriers employés dans les manufactures de coton, de laine et de soie*, Paris, Renouard, vol. 2, 1840, p. 209.

La réduction des maladies des artisans à une question morale et économique justifiait un libéralisme tempéré. L'industrialisation, qui était alors contestée dans ses principes mêmes à travers les plaintes environnementales bourgeoises, devenait une transformation historique acceptable au prix de quelques amendements : moralisation des ouvriers, augmentation des salaires au niveau des « besoins réels », abolition du travail des enfants et caisses de prévoyance. L'hygiénisme définissait la biopolitique du capitalisme libéral, c'est-à-dire les conditions sociales minimales permettant de maintenir la force humaine de travail nécessaire à l'industrie[1]. Villermé, après avoir démontré la corrélation entre la stature humaine et la richesse, expliquait que les gouvernements pouvaient « améliorer l'espèce à leur gré [...] en travaillant au bonheur général[2] ». Il leur revenait d'enclencher un cercle vertueux, la prospérité économique créant un peuple plus fort et plus productif. L'économie politique avait remplacé les choses environnantes comme moyen de la biopolitique.

Le passage de la topographie médicale à l'enquête hygiénique, c'est-à-dire le basculement des étiologies de l'environnement vers le social, permettait de lier industrie et progrès sanitaire. Contre les bourgeoisies urbaines offusquées par les nuisances de l'industrialisation, les hygiénistes avaient administré les preuves répétées que l'usine, malgré ses incommodités, non seulement n'était pas insalubre, mais qu'elle ferait advenir une société prospère et donc une population en meilleure santé. Bien sûr, la reconfiguration des étiologies ne fut ni immédiate ni monolithique. Les voisins continuèrent d'invoquer les maladies produites par les usines durant tout le

---

1. D'où l'ambivalence de Villermé : d'un côté il joue un rôle décisif dans l'élaboration de la loi de 1841 limitant le travail infantile, de l'autre il rédige, après la répression sanglante de 1848, *Des associations ouvrières*, un des « petits traités » commandés par Cavaignac et destinés à justifier auprès des classes populaires le libéralisme économique vainqueur par les armes.
2. Louis-René Villermé, « Sur la taille de l'homme », *AHPML*, vol. 1, 1829, p. 388-391.

XIXe siècle. Dans les conseils de salubrité de province, des médecins s'élevaient parfois contre les théories de leurs collègues parisiens[1]. Mais l'essentiel est ailleurs : l'administration, qui avait le dernier mot en matière d'autorisation des établissements classés, disposait dorénavant de théories médicales et de preuves multiples permettant de passer outre l'invocation des choses environnantes. Lorsque au milieu du XIXe siècle, un dictionnaire définit « fabrique » par « voisinage dangereux », il s'agit du *Dictionnaire des idées reçues* de Flaubert. Grâce à l'hygiénisme, le libéralisme avait conquis les choses environnantes[2].

8. Combien vaut l'environnement ?

La compensation financière des dommages environnementaux est un phénomène absolument général. La jurisprudence montre qu'elle concerne tous les types d'activités à travers toute la France et pendant tout le siècle[3]. En outre, les procès civils n'en représentent qu'une part minoritaire car la plupart des transactions financières se faisaient de gré à gré. Les

---

1. Fodéré, en particulier, critiquait les méthodes hygiénistes mais soulignait aussi son isolement. Cf. François Emmanuel Fodéré, *Traité de médecine légale...*, *op. cit.*, vol. 1, p. ix et vol. 6, p. 303.
2. On peut contraster l'hygiénisme français avec le *public health* anglais. L'insistance de Villermé sur les conditions sociales comme principal facteur étiologique contraste avec les théories miasmatiques contemporaines d'Edwin Chadwick. C'est que les contextes politiques présidant à la redéfinition des étiologies divergeaient. Le travail de Chadwick vise à justifier la réforme des *poor laws* de 1834 : il faut montrer que la mortalité n'est pas essentiellement liée à la misère ou à la famine, mais à la saleté, de manière à ce que les techniques sanitaires priment sur les politiques sociales. En France, les hygiénistes ont un rôle administratif d'autorisation des usines que les médecins anglais n'ont pas. Leur volonté d'imposer les usines aux citadins nécessite de construire un cadre étiologique antihippocratique qui rencontre la question sociale des années 1840. Cf. Christopher Hamlin, *Public Health and Social Justice in the Age of Chadwick. Britain, 1800-1854*, Cambridge, Cambridge University Press, 1998.
3. Cf. *Répertoire général alphabétique du droit français*, Paris, Sirey, 1900, vol. 20, p. 801-807.

usines chimiques sont particulièrement concernées. Les entrepreneurs préfèrent généralement compenser que dépolluer. Au cours du XIXᵉ siècle, une jurisprudence complexe et changeante s'élabore sur le sujet : doit-on compenser la dépréciation des propriétés, le dommage moral ou seulement les pertes matérielles ? Doit-on compenser le risque, les dommages futurs ou éventuels (en prenant en compte l'augmentation des primes d'assurance liée à un voisinage dangereux) ou bien seulement les dommages passés ? Ces décisions juridiques ont une importance cruciale puisqu'elles définissent la valeur financière de l'environnement.

Cette forme de régulation par des arrangements ou des jugements civils constituait l'objectif fondamental du décret de 1810. La crise de la soude constitue le tournant décisif. Dès 1809, le Conseil de salubrité félicite Barrera et Darcet car ils se sont « toujours prêtés à indemniser les cultivateurs dont les récoltes sont endommagées[1] ». La même année, Chaptal, qui vient d'installer une usine de soude au plan d'Aren près de Marseille, s'engage par contrats notariés à verser pendant dix ans des rentes aux cultivateurs voisins. À Montpellier, le préfet constate avec satisfaction que l'exploitation d'une manufacture chimique « continue paisiblement » grâce aux indemnités que verse l'entrepreneur.

La compensation des dommages, instituée dans l'urgence, est ensuite rationalisée dans un cadre techno-libéral : en faisant payer le prix de la pollution, elle est censée produire les incitations financières conduisant l'entrepreneur à innover et réduire ses émissions. Par exemple, en 1823, les soudiers de Septèmes, près de Marseille, se plaignent auprès du gouvernement : les tribunaux civils, par les indemnités qu'ils adjugent, menacent la viabilité de leurs usines. La réponse du Bureau consultatif des arts et manufactures est cruciale : il faut laisser la justice suivre son cours car « le fabricant condamné à des indemnités très fortes sera bientôt en perte et sera forcé de chercher des moyens pour condenser les vapeurs [...] Tout de

---

1. APP, RCS, 4 mai 1810.

cette manière se trouve respecté et d'accord avec les lois existantes[1] ».

Le cas de la soude marseillaise est fondamental pour l'étude des compensations car, contrairement à la majorité des conflits environnementaux de la première révolution industrielle, il provoqua une contestation de grande ampleur structurée par le système judiciaire[2].

Les usines sont dispersées dans un espace rural lié à la bourgeoisie marseillaise : les oliveraies fournissent l'huile pour les savonniers, les vignerons vendent leur vin à Marseille et les riches citadins y possèdent des bastides. La condition de pollué est donc socialement diverse : on trouve parmi les opposants des petits cultivateurs, des pairs de France (d'Albertas, Simiane, Bourguignon de Fabregoules), des négociants, des médecins et des juristes prestigieux (Louis Cappeau, le président de la Cour Royale d'Aix, les avocats Romieu et Seytres et les juges Duroure et Dageville). Ce groupe constitue l'élite sociale et politique de la Provence. On les retrouve à la Chambre de commerce, aux conseils municipaux de Marseille et d'Aix et au conseil général des Bouches-du-Rhône. Ces institutions délibèrent systématiquement contre les manufactures de soude. Contrairement aux villes industrielles socialement ségréguées où la pollution concernait principalement les ouvriers intégrés dans des systèmes paternalistes qui ne contestaient pas l'ordre environnemental, l'hétérogénéité du social autour de Marseille explique la puissance de la mobilisation.

D'autant plus que les soudiers sont souvent étrangers au commerce marseillais : Mallez vient de Valenciennes, Kestner de Strasbourg, Dubuc de Rouen, Bonardel de Lyon, Pluvinet et Chaptal de Paris. Au début de la Restauration, les soudiers

---

1. AN F^{12} 4783, 18 janvier 1823.
2. Xavier Daumalin, « Industrie et environnement en Provence sous l'Empire et la Restauration », *Rives nord-méditerranéennes*, 2006, n° 28, p. 27-46.

paraissent affaiblis : la franchise du port accordée par Louis XVIII rétablira le commerce des soudes naturelles et il paraît évident que ces manufactures nocives soutenues par le pouvoir déchu vont être interdites. En 1815, un agriculteur se moque d'un fabricant de soude qu'il croise à Marseille : dès que le roi sera bien établi il ordonnera la destruction des fabriques et jettera les manufacturiers en prison. Deux affaires précipitent la désillusion : en 1815, une ordonnance autorise l'importation de soude naturelle, mais en l'accompagnant d'un droit prohibitif de 15 francs le quintal, et en mai 1816 le préfet annonce une enquête de *commodo incommodo* pour autoriser une nouvelle manufacture à Septèmes. Furieux, les habitants se rendent en masse à la préfecture. L'avocat Romieux les harangue : « C'est égal ! si le préfet ne vous donne pas de bonnes raisons vous vous ferez justice vous-mêmes ! » Le 4 août 1816, une lettre du ministre de l'Intérieur est affichée à Marseille et Septèmes : le préfet est garant de l'existence des manufactures et il doit utiliser la force si nécessaire[1]. Le gouvernement de la Restauration rendait publique la continuation de la politique impériale. Il garantissait la pérennité des manufactures malgré l'opposition générale des populations rurales et des notables marseillais et aixois.

L'administration rejetant les plaintes des habitants, du conseil municipal de Marseille et du conseil général, la lutte contre les fabriques se déplace dans l'arène judiciaire. À partir de 1816, les actions en indemnité se multiplient auprès des juges de paix[2]. Au départ, les manufacturiers les prennent à la légère. Mallez nomme un fondé de pouvoir pour s'occuper de « cette petite guerre juridique[3] ». Mais à partir de 1817, ils contestent au juge de paix sa compétence et décident de faire systématiquement appel. Leur but : décourager les petits cultivateurs qui ne

---

1. AD Aix-en-Provence, 208 U 19, 1818 et CCI Marseille, *Mémoire pour les sieurs Mallez Frères, fabricants de produits chimiques à Septèmes, contre les opposants*, 1818.
2. AD Bouches-du-Rhône, 4U 12 6 à 4U 12 9 (justice de paix du canton de Gardanne).
3. *Ibid.*, 4U 12 9.

peuvent faire les avances nécessaires à un procès au tribunal civil. Cette stratégie semble initialement porter ses fruits : en 1817 et 1818, des dizaines d'arrangements à l'amiable sont signés. Mais *a posteriori*, ce fut une grossière erreur.

Une soixantaine de cultivateurs continuèrent en effet la lutte judiciaire. Cette persévérance surprenante fut possible grâce aux avocats qui décidèrent d'investir la lutte contre les fabriques de soude. Seytres et Romieux sont particulièrement actifs. Selon un rapport du procureur général, ils envoient des émissaires dans les campagnes afin de persuader les paysans de poursuivre les manufacturiers et feraient les avances des frais judiciaires en se rémunérant sur les indemnités. En 1823 ils auraient gagné la somme considérable de 50 000 francs grâce aux procès de pollution industrielle[1].

Pour les juristes, l'affaire des soudières est avant tout un conflit de compétence entre les cours provençales et le système du contentieux administratif établi par Napoléon. Dans les années 1815, les magistrats de la Cour Royale d'Aix, qui sont nombreux à avoir connu le parlement de Provence, essaient de défendre leur autonomie contre la Cour de cassation et le Conseil d'État. À leurs yeux, il semblait pour le moins étrange qu'une décision judiciaire ne puisse casser une autorisation préfectorale. Après tout, cette dernière avait remplacé les « mesures de police » de l'Ancien Régime, c'est-à-dire les textes les plus bas dans la hiérarchie des normes. Vu depuis le XVIIIe siècle, cela revenait à dire qu'une ordonnance de police primait sur un arrêt du Parlement. La décision préfectorale ne respectait aucune forme judiciaire, elle était fondée sur des enquêtes et des rapports qui n'étaient ni contradictoires ni publics. Enfin, l'autorisation préfectorale donnée à une manufacture « ne forme tout au plus qu'une *présomption* que le voisinage n'aura pas à souffrir de l'établissement[2] ».

---

1. CCI Marseille, D 1520, « Rapport du procureur général au garde des Sceaux, 28 juin 1824 ».
2. Louis Cappeau, *Traité de législation rurale et forestière*, Marseille, Ricard, 1823, vol. 1, p. 396.

Elle n'était qu'une anticipation qui pouvait se révéler fausse. L'existence de dommages dûment constatée par des rapports d'experts et confirmée par une cour judiciaire devait naturellement annuler une mesure administrative erronée. L'interdiction faite aux cours de justice de remettre en cause un acte administratif était tout simplement absurde. Dans la première moitié du XIXᵉ siècle, la séparation des pouvoirs signifiait surtout l'abaissement du pouvoir judiciaire local et des notables qui le contrôlaient. La constatation du présent par une cour judiciaire ne pouvait pas réfuter les prévisions d'un administrateur. Ce paradoxe, constitutif de la révolution administrative, permettait de protéger les investissements des aléas judiciaires et d'imposer des manufactures contre la volonté des notables locaux.

Le législateur avait tellement restreint le pouvoir judiciaire qui ne pouvait ni interdire une usine, ni la juger insalubre, que le tribunal civil de Marseille et la Cour Royale d'Aix durent innover. Privés du pouvoir de police sur les manufactures, ils utilisèrent à plein leur compétence à arbitrer les conflits et accorder des indemnités. Afin de faire payer aux manufacturiers le prix de la pollution et peut-être même davantage, les cours provençales utilisèrent la notion de « dommage moral ». Cette catégorie élastique permit de donner une existence juridique à l'environnement comme qualité de vie : la beauté d'un paysage, la pureté de l'air et des eaux, la commodité d'une vie champêtre devenaient monnayables.

Quelques procès coûtèrent très cher aux soudiers. Septèmes comptait quatre grands domaines. En 1822, Fabregoule réclame 100 000 francs de dommages. Il obtient 24 000 francs pour la moins-value foncière et une rente annuelle de 4 000 francs pour la diminution des récoltes. Quelques autres grands propriétaires touchent également des indemnités supérieures à 10 000 francs. Mais pour les petites propriétés, les dommages matériels étaient nécessairement limités : quelques dizaines, parfois centaines de francs tout au plus. Ces affaires furent tout de même ruineuses pour les fabricants par les frais d'expertise qu'elles engendraient.

Évaluer le dommage des vapeurs acides sur les cultures est délicat. Il fallait tout d'abord déterminer le lien de causalité. Or les manufacturiers demandaient aux experts d'explorer différentes hypothèses : le mauvais entretien des cultures, un sol épuisé, des maladies des plantes, l'influence d'un vent salé (le *pouvarel*) ou bien même une dégradation du climat provençal[1]. Ensuite, pour fixer le dommage, il fallait estimer la part due aux vapeurs acides à l'intérieur de cet ensemble de causes. Les experts devaient spécifier et affiner les théories générales pour les appliquer au cas concret, à cette propriété bien précise, située sur un certain type de sol, soumise à l'influence de tel ou tel vent. Par exemple, en 1828, un cultivateur de Septèmes se plaint de ne plus pouvoir utiliser son lavoir car l'eau contaminée ne dissout plus le savon[2]. Le problème est difficile : on trouve certes de la chaux dans l'eau du lavoir, mais on en trouve dans toutes les eaux des régions calcaires. Le problème est donc quantitatif, or « aucun savant n'a déterminé jusqu'à ce jour le maximum de ces corps ». Les experts se livrent donc à une analyse des eaux dans la région marseillaise pour établir les concentrations *normales* de ces sels.

Cette production judiciaire de savoirs sur les dommages environnementaux – infiniment plus riche et circonstanciée que les rapports administratifs – coûta très cher : entre 200 000 et 300 000 francs pour la centaine de rapports produits entre 1819 et 1835[3]. Quelle que soit l'indemnité adju-

---

1. ASM, « À monsieur le maire de Saint-Mitre », 1824. L'été 1817 fut exceptionnellement sec et lors de l'hiver 1821, les oliviers gelèrent. Ségaud, le directeur de l'usine du plan d'Aren, fit remarquer que les indemnités réclamées par ses voisins variaient en fonction de ces accidents climatiques. Il invoqua également le *pouvarel*, un vent de mer qui dépose du sel sur les cultures. Voir aussi 410 U 32, Foucard contre Bertrand, 1822.
2. AD Bouches-du-Rhône, 410 U 40, Antoine Poutet contre Quinon, Cusin, Rougier, Grimes, 1828.
3. L'Académie de médecine, lors de sa création en 1823, fut dotée d'un budget de 40 000 francs par an.

gée, ces frais d'expertise retombaient sur les soudiers condamnés aux dépens. Par exemple, l'expertise du lavoir avait coûté 2 993 francs pour adjuger un dommage annuel de 40 francs, à savoir le coût pour l'agriculteur de l'utilisation d'un lavoir voisin. L'expertise fut adroitement instrumentalisée par un petit groupe de cultivateurs soutenus par les juges qui acceptaient les demandes d'expériences extraordinairement rigoureuses et coûteuses. Du côté des experts, on ne rechignait pas à rédiger de véritables mémoires de chimie et de botanique (les rapports comptent souvent plus de 100 pages) pour adjuger des dommages portés à quelques pieds de vigne. À 20 francs par jour, le travail d'expertise était une aubaine.

Le troisième facteur qui rendit la pollution coûteuse fut une application rigoureuse (extensive selon les manufacturiers) de l'article 1382 du code civil : « Tout fait quelconque de l'homme qui cause à autrui un dommage oblige celui par la faute duquel il est arrivé à le réparer. » Le problème était le sens à donner au mot « dommage ». Pour le tribunal civil de Marseille et la Cour Royale d'Aix, il fallait que les soudiers indemnisent leurs voisins trois fois : pour les dommages matériels (diminution des récoltes), pour les dommages immatériels (baisse de la valeur vénale de la propriété) et pour « l'altération de jouissance » (ou dommage moral).

Les dommages moraux étaient fondés sur la perte d'un mode de vie lié à la possession d'une *bastide*. Pour les négociants marseillais, ces demeures signalaient leur appartenance à l'élite sociale et démontraient leur capacité à bien gérer un domaine. En 1816, un propriétaire demande ainsi des dommages parce qu'il doit quitter *son* domaine et parce que l'abandon de cet héritage est une *humiliation*. Il faut également ment l'indemniser pour les nombreux désagréments d'habiter en ville (voisins, bruit, mauvais air[1]). La jouissance d'un beau paysage rural entre également en ligne de compte : les vues dégagées sur la mer, sur Marseille ou les vallons boisés sont valorisées. À l'inverse, les époux Roux, qui possèdent une

---

1. AM Marseille, 23 F1, *Mémoire pour Pierre-Joachim Duroure*, 1816.

calanque, ne sont pas fondés dans leur demande car « quel agrément offre une propriété aride remplie de précipices et d'affreux rochers[1] ».

La lutte contre les fabriques croise un mouvement qui après et contre la centralisation révolutionnaire et impériale « invente » la tradition provençale. On compte ainsi parmi les opposants Laurent Lautard et Pierre Jauffret qui fondent en 1819 la *Ruche provençale*, une revue littéraire et érudite où l'on retrouve la plupart des thèmes du romantisme provençal (les troubadours, les bergers, le bon roi René) ainsi que des attaques contre les soudiers[2]. Les années 1820 sont aussi marquées par l'élaboration culturelle du « beau paysage » provençal. Septèmes, sur la route d'Aix à Marseille, figurait dans les guides de voyage pour ses vallons pittoresques et ses vues sur la rade. Bourguignon de Fabregoules était lié aux peintres Jean-Antoine Constantin et François-Marius Granet qui promouvaient des vues intimes et domestiques, sans ruines antiques ni anecdotes historiques. Les environs de Marseille et les bastides constituaient leurs sujets de prédilection[3].

En obligeant les soudiers à réparer des dommages subjectifs, les cours civiles ouvraient la boîte de Pandore. Car ce n'était plus seulement la perte de récoltes mais bien l'ensemble des dégradations environnementales qui pouvaient alors entrer en ligne de compte. La réparation sortait du cadre de la propriété et pouvait réintégrer le problème sanitaire : quoi qu'en disent les experts hygiénistes, on ne peut contenir la crainte pour soi et pour sa famille de vivre au milieu des vapeurs acides. Les opposants demandent donc des dommages pour compenser non pas la maladie, mais *la peur de la maladie*[4]. Les indemnités changent d'ordre de grandeur : au-delà des récoltes, les soudiers doivent indemniser la

---

1. AD Bouches-du-Rhône, 410 U 46, Roux contre Daniel et Cie.
2. Laurent Lautard, « Sixième lettre sur Marseille », *La Ruche provençale*, vol. 2, 1820.
3. Guy Cogeval et Marie-Paule Vial, *Sous le soleil, exactement. Le paysage en Provence du classicisme à la modernité (1750-1920)*, Gand, Snoeck, 2005.
4. *Mémoire pour Pierre-Joachim Duroure, op. cit.*

moins-value foncière (jusqu'à 30 % de la valeur du fonds) et verser des rentes considérables pour défaut de jouissance (5 à 10 % de la valeur d'un fonds par an).

Cette jurisprudence qui replaçait les cours civiles au cœur de la régulation ne dura qu'un temps, entre 1822 et 1827. En cette dernière année, l'avocat Louis-Antoine Macarel défend les soudiers en cassation. Il part du droit romain pour distinguer le dommage matériel (le *damnum illatum*) du dommage immatériel (le *damnum infectum*, c'est-à-dire celui qui ne s'est pas encore réalisé) : « l'appréciation de ce dommage ne peut pas être dans le cercle des attributions des tribunaux, car elle donne lieu à *l'action préventive* de la police générale de l'État[1]. » En durcissant la distinction entre prévention et réparation, la doctrine de Macarel rendait impuissantes les cours civiles. La moins-value d'une propriété étant un *damnum infectum* (puisqu'elle se réalisera peut-être lors de la vente) elle sort de la compétence des tribunaux civils. Dans plusieurs affaires parisiennes et marseillaises, la Cour de cassation suit ce principe[2]. Cette jurisprudence est immédiatement reprise par de Gérando dans ses *Institutes du droit administratif*, le premier manuel de droit administratif postrévolutionnaire – alors même que des civilistes prestigieux défendent la position de la cour royale d'Aix[3] – ainsi que dans les premiers traités juridiques sur les établissements dangereux. En 1830, Macarel devient conseiller d'État. Il est l'un des grands théoriciens du droit administratif français et son *Cours d'administration*, sans cesse réédité et remis à jour, sert de base à la jurisprudence administrative du XIXᵉ siècle. La victoire du droit administratif

---

1. Louis-Antoine Macarel, *Requête, les sieurs Armand et Cⁱᵉ fabricants de soude artificielle au lieu de Couran, commune d'Auriol, département des Bouches-du-Rhône*, 1826.
2. Alphonse-Honoré Taillandier, *Traité de la législation concernant les manufactures et les ateliers dangereux, insalubres et incommodes*, Paris, Nève, 1827, p. 46-56 et 153.
3. Joseph-Marie de Gérando, *Institutes du droit administratif ou éléments du code administratif*, Paris, Nève, 1829, vol. 3, p. 308, à comparer avec Jean-François Fournel, *Traité du voisinage considéré dans l'ordre judiciaire*, Paris, B. Warée, 1827, vol. 2, p. 50.

sur la doctrine civiliste du dommage est fondamentale car elle empêchait la compensation des moins-values foncières. Elle dévaluait soudainement l'environnement et parachevait le projet du décret de 1810 : la gestion conjointe de l'industrie et des environnements relevait (presque exclusivement) de l'administration[1].

9. Façonner la technique ou se laisser façonner par elle

Quels furent les effets techniques et sociaux de la libéralisation des environnements ?

Techniquement, ils furent presque inexistants et il fallut que l'État intervienne pour forcer les industriels à dépolluer. En 1823, le ministre de l'Intérieur ordonne aux soudiers de condenser leurs vapeurs. Ils ont un an. En cas d'échec, ils devront fermer leurs usines. La situation est réellement critique puisque tous les essais de condensation avaient jusqu'alors échoué[2]. Rougier, un soudier de Septèmes, expérimente un système rustique, monumental et relativement efficace : il creuse dans les collines calcaires surplombant son usine des tranchées longues de 600 mètres, profondes de 1 mètre, couvertes par une voûte de moellons calcaires. À l'intérieur circule un courant d'eau et de vapeur. Des bassins recueillent l'acide chlorhydrique condensé.

En fait, le problème est autant technique que politique. La condensation coûte très cher : les conduits calcaires s'érodent et doivent être reconstruits tous les ans ; ils réduisent le tirage et diminuent les rendements d'un tiers[3]. L'appareil Rougier

---

1. Notons qu'en 1850, la Cour de cassation trancha de nouveau en faveur de la compensation des moins-values foncières. Cf. *Répertoire général alphabétique du droit français*, *op. cit.*, vol. 20, p. 802.
2. Clément-Desormes, professeur aux Arts et Métiers, et Péclet, un chimiste parisien, avaient été appelés en vain par les soudiers marseillais ; cf. H. de Villeneuve, « Les condensateurs des fabriques de soude », *Annales de l'industrie du Sud*, 1832, vol. 2, p. 129-144.
3. Un condensateur coûte 15 000 francs à l'installation. Les réparations coûtent 6 000 francs par an.

ne peut donc être efficace que là où, et tant que, des propriétaires sont prêts à poursuivre au civil. Contrairement aux narrations technophiles de cette affaire, il ne fit pas cesser les procès[1] mais les rendit simplement plus rares. Si certains manufacturiers condensent effectivement (à Septèmes), d'autres, situés dans un habitat moins dense ou dans un environnement moins hostile, continuent à verser des indemnités[2]. La technique permettait d'arbitrer de manière fine entre coût de production et dommages ; elle fut le lieu du compromis entre les manufacturiers et les propriétaires fonciers. Il faut penser la dépollution comme un processus dynamique : il s'agit autant d'inventer la bonne technique que les formes politiques permettant d'assurer son maintien.

Si, à Septèmes, la mobilisation fut suffisamment puissante pour façonner la technique, ailleurs, dans les étangs près d'Istres, à Salindres, à Dieuze, à Thann ou en Grande-Bretagne, à Widnes et Saint Helens, ce furent les soudières qui façonnèrent environnements et sociétés : les entrepreneurs se protégeaient en créant de petites colonies industrielles et en prenant le contrôle de bourgs dépendant d'eux.

Prenons le cas de la Compagnie du plan d'Aren. Sa situation, au milieu des étangs entre Fos et Saint-Mitre, ne rend pas obligatoire une condensation stricte et la Compagnie choisit d'indemniser plutôt qu'entretenir son condensateur. Dans une note confidentielle, le directeur explique : « S'il était nécessaire de parler d'un condensateur *pour paralyser toute récrimination* on pourrait faire un simulacre d'appareil qui vaudrait ce qu'il pourrait[3]. » La solution passera plutôt par la maîtrise du social autour de la fabrique. La Compagnie acquiert ainsi des prés éloignés de plusieurs kilomètres, *a priori* sans intérêt pour elle, afin de créer un réseau d'obligés. En 1821,

---

1. Louis Figuier, *Les Merveilles de l'industrie*, vol. 1, Paris, Jouvet et Cie, 1873, p. 492.
2. AD Bouches-du-Rhône, 410 U 43, Daniel et Cie contre Vagalier, 1828 et 410 U 46, Daniel et Cie contre Roux, 1830.
3. ASM, Note sur l'enquête pour servir de renseignement, 7 mars 1824.

un cultivateur important d'Istres passe un traité : il retire sa plainte et en échange la Compagnie lui accorde un droit d'usage sur les pâturages considérables qu'elle possède[1]. D'autres transactions sont possibles : céder un droit de passage, autoriser un cultivateur à utiliser un puits ou un four, réduire le loyer de la terre en cas de mauvaise récolte, ou encore embaucher les enfants des cultivateurs[2]. La Compagnie devient le principal employeur de la contrée. En 1824, elle déclare employer 400 personnes et dépenser 300 000 francs par an en salaires. À cette époque, Istres compte moins de 3 000 habitants et le commerce d'huile d'olive du canton est estimé à 100 000 francs. De nombreux petits cultivateurs, qui voient leurs rendements décroître du fait de la pollution, sont embauchés à la journée dans les marais salants tandis que leurs enfants travaillent à la manufacture. Dans les années 1850, la Compagnie générale des produits chimiques du Midi, qui a repris l'usine, ouvre une école et une église pour ses ouvriers. Un magasin général vend à prix coûtant aux ouvriers. Il est également ouvert aux villageois[3].

L'industrie chimique transforme profondément les sociétés rurales. À Istres, deux factions s'opposent : le *Fumado* (fumée en provençal) qui représente les intérêts industriels et le *Plouvino* (gelée blanche), qui représente les intérêts agricoles. Chaque clan possède son église, son école, ses bals et ses magasins. La vie politique locale est structurée par les manufactures. En 1830, Jean Cappeau, un propriétaire foncier *plouvino* perd la mairie au profit d'Auguste Prat. Le fils de ce dernier, Jean-Jacques Prat, est nommé directeur de la Compagnie générale des produits chimiques, puis devient à son

---

1. *Ibid.*, Transaction entre Imbert et la Cie, 1821.
2. *Ibid.*, Réponse de la Cie au maire de Saint-Mitre, 1824.
3. L'exil forcé des manufactures conduit à un développement précoce des pratiques paternalistes. Les soudiers qui partent s'installer sur les îles de Porquerolles et Port-Cros doivent, par la force des choses, loger et nourrir leurs ouvriers. Cf. Xavier Daumalin, « Patronage et paternalisme industriels en Provence au XIXe siècle : nouvelles perspectives », *Provence historique*, vol. 55, 2005, p. 123-144.

tour maire d'Istres en 1854. Lorsqu'une plainte est envoyée au Sénat demandant la suppression de la manufacture, le gouvernement refuse d'intervenir car il s'agirait d'une guerre picrocholine entre notables locaux[1]. L'environnement a informé la lutte politique locale, ce qui, en retour, rendait irrecevables les plaintes environnementales.

Les dégradations environnementales et les processus sociaux qui les rendent possibles sont similaires dans toutes les communes où s'installent des soudières. À partir des années 1850, les chemins de fer permettant l'établissement d'usines éloignées des villes, le secteur se concentre : Salindres, Dieuze, Thann et les soudières marseillaises produisent la quasi-totalité de la soude nationale. En Angleterre, Saint Helens et Widnes, près de Liverpool, concentrent la production. Les usines de soude nécessitent les mêmes ingrédients (une desserte ferroviaire, la proximité de charbon ou de sel) et produisent les mêmes effets : la création de colonies industrielles *ex nihilo*, au milieu de la campagne, l'établissement de structures paternalistes, la prise du pouvoir local par les manufacturiers et la dégradation massive de l'environnement.

Lorsqu'en 1807 Charles Kestner établit son usine à Vieux-Thann, le village compte 500 habitants. L'usine stagne jusqu'à l'ouverture du chemin de fer Thann-Mulhouse en 1846. En 1860, sur 1 120 habitants, Kestner fils en emploie 330. Des caisses de secours sont établies pour les ouvriers et leurs familles. La commune puis le département passent sous le contrôle politique de cette puissante famille industrielle[2]. Dans les années 1820, à Dieuze en Moselle, le directeur de la soudière préfère payer des dommages (5 000 francs par an) plutôt que condenser les vapeurs. Le baron de Prel, maire de Dieuze et conseiller général de Moselle, est l'un des principaux actionnaires[3]. En 1845, un article dans les *Annales*

---

1. AN F^{12} 4983, Pétition au Sénat, 25 mars 1868.
2. AD Haut-Rhin, 5 M 99.
3. *Mémoire contre l'établissement d'une fabrique de produits chimiques à Épinal*, 1830, p. 17.

d'hygiène décrit une situation sans commune mesure avec celle qui prévaut autour de Marseille : « des torrents de vapeurs enveloppent la ville », « la terre est nue, stérile, l'herbe est brûlée », les ferrures sont corrodées, les papiers tournesols rougissent à 1 km de distance[1]. Face aux plaintes qui affluent, le préfet explique « qu'il faut ménager un établissement qui donne pour ainsi dire la vie à la ville de Dieuze[2] ». De la même manière, dans les années 1870, l'usine de soude de Péchiney emploie près de la moitié de la population de Salindres. Henri Merle, son directeur, est naturellement le maire de la commune. Malgré les plaintes des agriculteurs, l'usine est considérée par les hygiénistes comme un établissement modèle grâce au service médical et aux magasins qu'elle offre aux villageois[3].

En Angleterre, le procédé Leblanc de production de soude fait son apparition en 1823 lorsque Muspratt et Gamble établissent une usine au nord de Liverpool. Les plaintes affluent immédiatement et forcent les manufacturiers à quitter la ville pour s'installer à Saint Helens. Ce petit bourg, situé sur la ligne de chemin de fer entre Manchester et Liverpool, était « suffisamment grand pour loger ses ouvriers et suffisamment petit pour ne pas posséder une forme de gouvernement local qui pourrait restreindre la croissance de l'usine[4] ». L'industrie de la soude gagne également Widnes, un hameau proche de Saint Helens, exclusivement agricole en 1830. Vingt ans plus tard, ces villages sont devenus le centre mondial de la soude : les quinze usines qui s'y concentrent produisent 120 000 tonnes par an. D'après de nombreux témoignages concor-

---

1. Henri Braconnot et François Simonin, « Note sur les émanations des fabriques de produits chimiques », *AHPML*, vol. 40, 1848, p. 128-137.
2. AN F[12] 4937, le préfet au ministre de l'Agriculture, du Commerce et des Travaux publics, 17 octobre 1867.
3. Laurent Roch, *Rapport au conseil d'hygiène de l'arrondissement d'Alais*, Alès, 1880.
4. Theodore Barker et John Harris, *A Merseyside Town in the Industrial Revolution St Helens, 1750-1900*, Liverpool, Liverpool University Press, 1954, p. 223.

dants, les dommages dépassent l'entendement. Le *Times* décrit un paysage d'apocalypse, pas un arbre vivant à des kilomètres à la ronde. En 1862, la Chambre des lords organise une enquête. Les habitants témoignent du bouleversement environnemental : les vergers et les haies de ce pays bocager ont disparu, rendant impossible la pratique de l'élevage ; des montagnes de résidus empuantissent l'atmosphère ; des charrées de soude, parfois utilisées comme remblais pour les canaux, suinte un liquide jaunâtre qui tue les poissons. L'acidité des cours d'eau est telle que les compagnies de bateaux à vapeur se plaignent de la corrosion rapide des coques[1].

En 1862, la Chambre des lords, qui s'est saisie de l'affaire, souligne l'inefficacité des lois sur la pollution : les « Public Health Act », « Local Improvement Act », « Smoke Prevention Act » sont des *lois locales,* elles donnent des pouvoirs aux municipalités mais ces dernières ne sont pas obligées de les utiliser[2]. Dans le cas de petites villes industrielles comme Widnes et Saint Helens, contrôlées par les soudiers, ces derniers sont donc à l'abri. L'autre difficulté tient aux caractéristiques des cours anglaises. En France, le droit accordait la possibilité à un particulier de poursuivre tous les soudiers d'une contrée[3], le paiement des dommages se faisant au *prorata* de la consommation de sel. À l'inverse, en Angleterre, les propriétaires doivent prouver le lien de causalité entre le dommage et *une* manufacture bien précise. Lorsque les manufactures sont regroupées comme à Saint Helens et à Widnes et que d'immenses cheminées (certaines atteignant 100 mètres)

---

1. « Report from the select committee of the House of Lords on injury from noxious vapours », *House of Commons Papers, Reports of Committees,* vol. 14, 1862, question 164.
2. Eric Ashby et Mary Anderson, *The politics of Clean Air,* Clarendon Oxford Press, 1981 ; Peter Thorsheim, *Inventing Pollution. Coal, Smoke, and Culture in Britain since 1800,* Athens, Ohio University Press, 2006, chap. VIII.
3. C'est la jurisprudence adoptée par les cours provençales et confirmée par la Cour de cassation. Cf. Alphonse Taillandier, *Traité de la législation concernant les manufactures et les ateliers dangereux, insalubres et incommodes, op. cit.,* p. 167-169.

mélangent leurs vapeurs, la preuve du lien de causalité est impossible[1].

William Gossage, un manufacturier de Widnes avait bien mis au point une technique de condensation mais, en Angleterre comme en France, son efficacité est fonction des conditions sociales de son usage. Or les petits entrepreneurs refusent la condensation qu'ils estiment être un subterfuge permettant aux industriels de verrouiller le marché. En outre, les ouvriers étant rémunérés à la tonne de soude manufacturée et les tours de condensation réduisant le tirage et la rapidité de leur travail, ils n'ont aucun intérêt à les utiliser. La nuit surtout ils envoient les vapeurs directement dans la cheminée[2].

10. Les ouvriers fantômes

Le 28 juillet 1893, dans une chambre d'hôtel de Liverpool, une commission du *Home Office* britannique auditionne sept ouvriers des usines de soude de Widnes et Saint Helens. La plupart des ouvriers, par peur de s'attirer des ennuis, avaient décliné l'invitation à témoigner. Le président de la commission les rassure : « Les maîtres ne sauront rien de votre témoignage, vous pouvez parler librement[3]. » Tous décrivent les stigmates de leur travail : difficultés respiratoires, cloisons nasales perforées, pertes de l'odorat et du goût. La plupart des ouvriers de Widnes n'ont plus de dents à cause des vapeurs acides. Les manufacturiers ne fournissent aucun appareil de protection. Avant d'entrer dans les chambres de plomb, les ouvriers placent dans leurs bouches un cylindre de flanelle, ils

---

1. « Report from the select committee... », art. cit., questions 164, 220 et 887.
2. *Ibid.*, questions 1656-1659. Les vapeurs d'acide chlorhydrique circulent dans une tour remplie de charbon et d'eau pulvérisée.
3. « Report to Her Majesty's principal secretary of state for the Home Department on the conditions of the labour in chemical works », *British Parliamentary Papers*, 1893, question 468.

recouvrent leurs habits avec des journaux et enduisent leurs visages de graisse afin de se protéger des vapeurs[1]. La plupart portent des lunettes de protection qu'ils confectionnent eux-mêmes, ce qui ne les empêche pas de recevoir régulièrement des projections acides dans les yeux.

Ouvriers soudiers[2].

Voici la déposition de Robert Hankison, ouvrier de Saint Helens, qui a passé quinze ans au milieu de citernes d'acide sulfurique. On l'interroge sur ce que font les ouvriers quand l'un d'eux reçoit de l'acide dans l'œil.

– La méthode est qu'un ouvrier remplisse sa bouche d'eau et fasse gicler de l'eau dans l'œil, n'est-ce pas ?

– Oui, bien sûr, mais quand il n'y a que peu d'acide, il suffit de mettre sa langue sur l'œil et de lécher […].

---

1. *Ibid.*, question 492.
2. Robert H. Sherard, *The White Slaves of England*, Londres, Bowden, 1898.

– Vous avez perdu un œil dans l'usine ?

– Oui.

– Est-ce que les projections sont fréquentes ?

– Non, la mienne a été un accident qui doit arriver une fois par siècle.

– Quand avez-vous vu la dernière fois un ouvrier recevoir une projection acide ?

– Il y a deux jours.

– À quelle fréquence cela a lieu ?

– Cela dépend si les ouvriers sont négligents.

– Une ou deux fois par semaine ?

– Oh non. C'est par négligence que l'ouvrier a reçu une projection l'autre jour. Après, il a dit qu'il ne recommencerait plus, mais c'était trop tard, il avait reçu l'acide […].

– En ce qui concerne les citernes, je crois que votre père est mort en tombant dedans non ? Pouvez-vous nous dire comment cela s'est passé ?

(Hankinson décrit une imprudence commise par son père.)

– Bien sûr, il n'y aurait pas eu d'accident s'il n'avait pas autant rempli sa citerne[1].

Deux remarques : premièrement, la minoration constante des risques par les ouvriers eux-mêmes. L'accident qui semble ne devoir arriver qu'une fois par siècle a eu lieu il y a deux jours. Deuxièmement, les ouvriers s'estiment responsables des accidents. Leurs blessures sont dues à leur négligence, à une inattention, à une fanfaronnade, à la volonté d'aller trop vite surtout. Un ouvrier blessé par une projection d'acide explique qu'il a été « puni » par le réservoir de soude caustique[2]. En 1881, l'*Alkali Act* qui imposait des mesures de sécurité avait conduit les entrepreneurs à promulguer des règlements d'usine assortis d'amendes. En 1893, les ouvriers s'en plaignent car c'est sur eux que retombent les surcoûts de la sécurité : le règlement, en les obligeant à travailler plus lentement, a

---

1. « Report to Her Majesty's principal secretary… », art. cit., questions 155 à 181.
2. *Ibid.*, question 428.

réduit leurs revenus. Grâce au salaire à la pièce, les entrepreneurs soumettent les ouvriers à la logique capitaliste de maximisation des rendements.

L'invisibilité presque totale de ces souffrances extraordinaires jusqu'à la fin du XIXᵉ siècle fut produite par une gestion spécifique de la main-d'œuvre : importation de travailleurs étrangers, sélection médicale des ouvriers et rotation rapide des effectifs.

Par exemple, dans les soudières provençales, les tâches dangereuses étaient confiées à des ouvriers italiens, généralement célibataires, dont les maladies et les morts n'avaient que peu de conséquences sur les communautés locales[1]. Dans l'industrie des allumettes, particulièrement dangereuse par les nécroses de la mâchoire que produit le phosphore, des dentistes inspectaient régulièrement les ouvriers. Au moindre doute, ils étaient renvoyés. Jusqu'à la fin du XIXᵉ siècle, le but de l'hygiène industrielle consistait moins à assainir les métiers qu'à choisir des ouvriers qui leur étaient adaptés[2]. Dans les usines anglaises, il est admis que les statistiques de mortalité ne veulent rien dire car les ouvriers en mauvaise santé sont renvoyés avant de décéder. Un médecin confirme : « J'ai dit en privé aux entrepreneurs qu'un ouvrier ne tiendrait pas deux ans. Il fut immédiatement renvoyé et mourut comme maçon[3]. »

Dans les manufactures de céruse (ou blanc de plomb), les ouvriers souffraient tous de coliques saturnines très douloureuses. Les entrepreneurs n'avaient d'autre solution que d'embaucher d'anciens bagnards ou d'organiser une rotation

---

1. En 1820, dans la fabrique de soude de Bérard, sur 72 ouvriers, 34 sont génois ou piémontais. Les ouvriers ont entre 18 et 55 ans, seuls quatre sont mariés. AD Bouches-du-Rhône, 116 E D4, État nominatif des ouvriers employés à la fabrique de soude indiquant leur lieu de naissance et leurs départements, 1820.
2. Caroline Moriceau, *Les Douleurs de l'industrie. L'hygiénisme industriel en France, 1860-1914*, Paris, EHESS, 2009, chap. II.
3. « Report from the select committee... », art. cit., question 598.

rapide de leur main-d'œuvre. Dans l'usine de Clichy, près de Paris, « chaque quinzaine on changeait d'ouvriers. Ils quittaient la fabrique, se livraient au-dehors à d'autres occupations et ainsi s'éloignait la maladie qu'infailliblement ils auraient gagnée par un séjour plus prolongé[1] ». Le poète Charles Gille (1820-1856), qui a été cérusier avant de devenir lieutenant dans la garde républicaine en 1848, exprime la résignation de ce *Lumpenprolétariat* :

Par des destins contraires
Poussés vers le malheur
Au cabaret mes frères
Noyons notre douleur...
Enivrons-nous amis sans souci ni remords
Demain dans le travail nous puiserons la mort[2]

L'industrie chimique avait besoin de cette misère : trouver une main-d'œuvre disposée à courir de tels risques n'était pas aisé. Dès 1798, Chaptal expliquait que la libéralisation du marché du travail par la suppression des corporations nécessitait des rééquilibrages et que l'industrie chimique en particulier requérait une forme de contrainte sur l'ouvrier car ce dernier n'était que « trop souvent disposé à se refuser aux opérations *difficiles ou dégoûtantes*, il faut une force coactive pour l'y *contraindre* : or cette force n'existe que dans les liens qui le retiennent dans l'atelier et le *mettent à la disposition du chef*[3] ».

Jusque dans les années 1880 et les grandes controverses publiques suscitées par le sort des allumettiers et des cérusiers, les hygiénistes français ne se préoccupèrent guère de santé au travail. Par exemple, au XIXe siècle, les *Annales d'hygiène* ne publièrent qu'un seul article consacré aux usines

---

1. Brechot, « Mémoire sur les accidents résultant de la fabrication de céruse », *AHPML*, vol. 12, 1834, p. 72-75.
2. Edmond Thomas et Jean-Marie Petit, *Voix d'en bas : la poésie ouvrière du XIXe siècle*, Paris, Maspero, 1979.
3. Jean-Antoine Chaptal, *Essai sur le perfectionnement des arts chimiques*, *op. cit.*, p. 9-10.

d'acide et de soude. La santé dégradée des ouvriers y est mentionnée comme rumeur : « On nous a signalé la perte des dents chez les ouvriers, des ophtalmies purulentes et des affections des poumons[1]. » La première étude d'hygiène professionnelle sur les soudières date de 1881 et on la doit à un étudiant en médecine de Nancy[2].

Même parmi les médecins qui continuent d'adhérer au paradigme de la médecine environnementale, des efforts sont faits pour minimiser les risques. Les notions d'habitude et d'acclimatement jouent un rôle essentiel : l'atelier est conçu comme un microclimat auquel l'ouvrier doit s'habituer. Le docteur François Mêlier propose une analogie frappante entre l'ouvrier et le voyageur : « La position d'un ouvrier, abordant pour la première fois certains ateliers, a quelque chose de comparable à celle du voyageur qui se trouve transporté sous un ciel nouveau et différent du sien ; comme lui [...] il a à se façonner sous l'action d'autres éléments ; en un mot, à subir les épreuves et les modifications d'une espèce d'acclimatement[3]. » À propos d'une usine de phosphore, l'hygiéniste Alphonse Dupasquier explique qu'en dépit d'une première impression très pénible, « les ouvriers s'y habituent promptement, s'y *acclimatent*, et vivent ensuite au milieu de ces émanations sans en être impressionnés, comme au milieu de l'atmosphère la plus pure[4] ». Les maladies professionnelles peuvent ainsi être conçues et euphémisées comme de simples pathologies passagères liées à l'acclimatement.

Dans cette perspective climatique, les hygiénistes s'intéressent aux « modifications corporelles » produites par le climat artificiel de l'usine. Par exemple, au bout de quelques

---

1. Henri Braconnot et François Simonin, « Note sur les émanations... », art. cit.
2. Olivier, *Des dangers ou inconvénients professionnels et publics de la fabrication de la soude*, thèse, Nancy, 1881.
3. François Mêlier, « De la santé des ouvriers employés dans les manufactures de tabac », *AHPML*, vol. 34, 1845, p. 241-300.
4. Alphonse Dupasquier, « Mémoire relatif aux effets des émanations phosphorées sur les ouvriers employés dans les fabriques de phosphore », *AHPML*, vol. 36, 1846, p. 342-356.

années, l'épiderme et les os des ouvriers travaillant le cuivre devenaient « verdâtres ou bleuâtres[1] ». Un médecin note à propos des ouvriers cérusiers qu'ils ont « la peau teinte en rouge assez profondément pour qu'un an après il fût possible de les reconnaître[2] ». Logiquement, les médecins légistes des années 1860 étudient ces transformations corporelles (les métamorphoses de la main en particulier), pour identifier des corps modifiés par les professions.

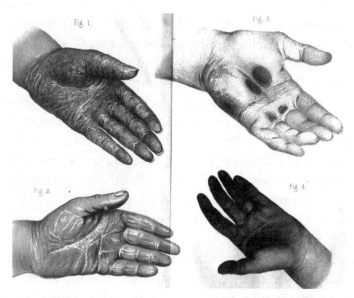

Maxime Vernois, « De la main des ouvriers et des artisans »[3].

Le décret de 1810 avait pour but exclusif la gestion du conflit entre propriété immobilière et industrie ; le problème de la santé des ouvriers fut soigneusement écarté. Ou plutôt, la logique libérale qui présidait à la compensation financière des dommages environnementaux régissait également les corps

---

1. Ambroise Tardieu, « Mémoire sur les modifications physiques et chimiques que détermine dans certaines parties du corps l'exercice des diverses professions pour servir à la recherche médico-légale de l'identité », *AHPML*, 1849, vol. 42, p. 388-423.
2. Brechot, « Mémoire sur les accidents… », art. cit., p. 77.
3. *AHPML*, 2ᵉ série, vol. 17, 1862.

ouvriers. La jurisprudence du premier XIXe siècle se fonde sur la vieille théorie smithienne du salaire compensateur (l'augmentation des risques est compensée par l'élévation du salaire) pour refuser d'indemniser les ouvriers malades ou blessés. Ainsi, selon un arrêt de la cour d'appel de Lyon de 1836, les ouvriers ne sont pas fondés à réclamer une indemnité car « les risques que peut présenter leur travail sont compensés [...] par le salaire spécial de leur genre d'occupation[1] ». À travers le contrat de travail, l'ouvrier était censé avoir reconnu et accepté les risques du métier. Et dans la logique techno-libérale de l'époque, la compensation salariale des risques devait inciter l'entrepreneur à améliorer la sécurité : selon l'ingénieur Freycinet, la salubrité était rentable car les ouvriers courant des risques importants réclamaient des salaires plus élevés[2]. Jusqu'à la fin du XIXe siècle, nulle loi ne vient entraver cette logique.

On ne peut penser la destruction moderne des environnements sans penser les mutations du pouvoir. L'industrialisation chimique des années 1800-1820 a été rendue possible grâce à la transformation politique postrévolutionnaire. Ces usines extraordinairement polluantes et la nouvelle régulation environnementale qu'elles nécessitaient furent imposées par le gouvernement, au nom de la prospérité nationale, contre l'intérêt des citadins et au profit d'une petite clique de manufacturiers très proches du pouvoir. C'est de l'exception qu'est née la norme, dans un moment de suspension des formes traditionnelles de régulation, alors que le capital investi paraissait rendre impossible tout « retour en arrière ».

Après le coup de force initial de 1810, deux logiques s'affrontèrent : celle de l'administration qui autorisait les manufactures selon un programme industrialiste mené à l'échelle nationale et celle des tribunaux civils qui arbitraient

---

1. *Journal du Palais*, Paris, 1836, arrêt du 29 décembre 1836.
2. Charles Freycinet, *Traité d'assainissement industriel*, Paris, Dunod, 1870, p. 6.

la valeur des dommages locaux causés par ce programme. D'un côté l'administration prenait des décisions qui engageaient le futur en décrétant une usine salubre ; de l'autre les cours civiles produisaient une régulation *a posteriori* des conséquences des décisions administratives. La technique était prise dans ce champ de forces et les formes qu'elle prenait dépendaient étroitement de la capacité du social à se mobiliser pour faire payer le prix de la pollution.

Bien entendu, le fait que s'établisse dès le début du XIXe siècle une forme financière de régulation de la pollution questionne la pertinence du mode dominant actuel d'appréhension des problèmes environnementaux. L'idée formalisée par l'économie néoclassique que la nature a un prix, ou qu'il faut lui donner un prix afin d'aboutir à un point économiquement optimal de pollution, c'est-à-dire à une juste allocation des ressources entre la recherche de l'efficacité économique et la protection de l'environnement, correspondait en fait à la pratique ancienne et générale de la compensation des dommages environnementaux.

Or il est manifeste que ce mode de régulation des environnements n'a pas empêché les pollutions et qu'il a, au contraire, historiquement accompagné et justifié la dégradation des environnements. En fait, cette régulation possède une logique intrinsèque dont les conséquences étaient repérables dès les années 1820. Le principe de compensation des dommages combiné à l'impératif de rentabilité économique produisait trois résultats : l'emploi pour les tâches les plus dangereuses des populations les plus faibles dont les maux pouvaient rester socialement invisibles ; la concentration de la production et de la pollution dans quelques localités ; le choix, pour ces localités, de territoires pauvres, dépourvus des ressources sociales et politiques augmentant la valeur de la compensation environnementale. On ne peut que constater la permanence contemporaine de cette logique et même, sans doute, son accentuation rendue possible par la globalisation économique.

CHAPITRE V

Éclairer la France, après Waterloo

L'idée d'une norme technique de sécurité, c'est-à-dire le projet de sécuriser le monde en imposant une certaine forme aux techniques, suppose de pouvoir discipliner et contrôler le monde disparate des objets. Cette pratique, aujourd'hui banale, s'est inventée à l'intersection des mondes administratifs et académiques français des années 1820 en réponse à l'irruption des technologies anglaises de la révolution industrielle. En 1823, le gouvernement français impose aux machines à vapeur et aux gazomètres (qui n'ont encore causé aucun accident en France) une forme particulière définie par l'Académie des sciences. Il s'agit là d'un geste politique neuf et radical : l'administration estime que la science est capable de sécuriser les mondes productifs par la définition rationnelle et *a priori* des formes techniques.

Au XVIIIe siècle, la norme de sécurité, promulguée par la police ou les corporations, était fondée sur l'expérience des communautés de métier ; elle demeurait locale, car liée aux institutions urbaines et aux coutumes ; elle s'élaborait enfin de manière jurisprudentielle, après les accidents ou en sanctionnant les malfaçons. Les règlements formulaient ce qu'il ne fallait pas faire, ils se fondaient sur le constat des mauvaises pratiques plutôt que sur une théorie du devoir être[1]. Le changement des années 1820 est considérable : le risque, autrefois objectivé et géré par les pratiques urbaines de la

---

1. Robert Carvais, *La Chambre royale des bâtiments, op. cit.*

police, relève dorénavant de l'ordre savant. Comparée à la police qui proposait une régulation sécuritaire en continu, l'administration postrévolutionnaire entend garantir la stabilité future de chaînes phénoménales (nouvelles de surcroît) en amont, une bonne fois pour toutes.

La normalisation savante fut possible car elle prit place dans le vide créé par la suppression des corporations et l'apparition de technologies nouvelles échappant aux savoir-faire de métiers déjà constitués. Cette discontinuité permit au gouvernement d'imposer des pratiques héritées d'autres univers : le contrôle administratif des produits (pensons aux inspecteurs des manufactures français ou à l'*excise* britannique spécifiant la qualité des marchandises[1]), ou bien encore celui des ingénieurs qui entendaient définir, grâce aux mathématiques, la meilleure solution technique possible[2]. L'idée qu'il existe un optimum technique fut essentielle car elle fonda la prétention des gouvernements d'imposer une seule norme sur l'ensemble du territoire national.

La normalisation des années 1820 s'accorde également avec la notion de *technologie*, c'est-à-dire l'idée, neuve à l'époque, qu'il est possible d'écrire (à travers le dessin et le texte) les dispositifs techniques et d'en donner une représentation suffisamment exhaustive pour être fonctionnelle. Elle présente en cela des similitudes avec les brevets d'invention. Alors que le privilège d'Ancien Régime requérait une *présentation* de l'objet (devant le prince ou une institution savante)

---

1. Philippe Minard, *La Fortune du colbertisme*, op. cit. ; William J. Ashworth, « Quality and roots of manufacturing expertise in eighteenth-century Britain », *Osiris*, 2010, vol. 25, n° 1, p. 231-254.
2. Ken Alder, « Making things the same : representation, tolerance and the end of the ancient regime in France », *Social Studies of Science*, 1998, vol. 28, n° 4, p. 499-545 ; Eda Kranakis, *Constructing a Bridge : An Exploration of Engineering Culture in Nineteenth-Century France and America*, Cambridge, MIT Press, 1997. Pour une vision différente de ce qu'optimiser veut dire, voir Frédéric Graber, *Paris a besoin d'eau*, Paris, CNRS éditions, 2010, p. 362 : « Le meilleur, tel que le pratiquent les ingénieurs, consiste à ne considérer qu'un seul projet : le projet final sera le meilleur, parce qu'il sera *le seul*. »

et qu'il devait impérativement être mis en œuvre, la loi de 1791 sur les brevets n'exige qu'une *représentation écrite* de l'invention. Normes et brevets appartiennent au même projet politique qui prétend extraire « l'idée » de la technique et la faire circuler pour le bien public[1]. Grâce aux normes savantes de sécurité, le gouvernement entendait aussi perfectionner le monde industriel à travers la France.

La norme de sécurité émergea enfin en réponse à un grand conflit opposant le capitalisme industriel à la rente immobilière. À Paris, le gaz d'éclairage fut un de ses principaux champs de bataille. Parce que les gazomètres plaçaient certains quartiers huppés sous la menace de l'explosion, leurs habitants menèrent une lutte acharnée contre les entrepreneurs. Le but des premières normes de sécurité était de construire un compromis passant par l'amendement de la technique. Grâce à elles, le risque était à la fois contrôlé et légalisé.

Soulignons enfin que la norme fut une manière typiquement française de coloniser le futur. La Grande-Bretagne, qui connaissait pourtant les dangers du gaz ou des explosions de chaudières, n'opta pas pour la voie de la normalisation. Entrepreneurs, ingénieurs et législateurs trouvaient la solution normative bien présomptueuse. La sécurité des dispositifs techniques reposait en fin de compte sur les innovations et mieux valait laisser libre cours à l'inventivité des ingénieurs aiguillonnés par le profit que recourir à des normes désuètes aussitôt que promulguées[2].

---

1. Jacques Guillerme et Jan Sebestik, « Les commencements de la technologie », *Thalès*, 12, 1966, p. 1-72 ; Liliane Hilaire Perez, *l'Invention au siècle des Lumières*, Paris, Albin Michel, 2000 ; Mario Biagioli, « Patents republic : representing inventions, constructing rights and authors », *Social Research*, 2006, vol. 73, n° 4, p. 1129-1172.
2. En 1817, le gouvernement britannique rejette une proposition de loi visant à normaliser les chaudières des bateaux à vapeur. Malgré la répétition des désastres, il faut attendre 1852 pour que les chaudières maritimes soient régulées. Ni les chaudières terrestres, ni les gazomètres ne furent normalisés au XIXe siècle. À l'inverse, en France, dès 1823, les chaudières maritimes et terrestres ainsi que les gazomètres furent soumis à des normes de sécurité précises.

1. La technique dans l'espace public

Le gaz d'éclairage fut l'une des innovations les plus controversées de la révolution industrielle. Remplacer le foyer, symbole de la sphère privée, par des becs de gaz reliés au monde industriel par un vaste réseau technique et bâtir, dans Paris, d'immenses gazomètres contenant des millions de litres de gaz inflammable, n'allait pas sans discussions. Pourtant l'histoire de cette controverse questionnant les choix du charbon, du réseau technique et de la concentration des risques n'a guère été racontée que dans la perspective de l'histoire industrielle, c'est-à-dire en dédaignant les débats et les opposants. Les récits successifs de la controverse ont construit l'image d'opposants réactionnaires et irrationnels. Dès 1843, Adolphe Trébuchet, membre du Conseil de salubrité de Paris, explique que cette institution a défendu le gaz avec succès contre la peur panique des Parisiens[1]. En 1872, Louis Figuier s'attarde longuement sur les « étranges aberrations » des opposants au gaz qui « offusquent la raison[2] » et, un siècle plus tard, l'histoire économique n'est guère plus charitable[3]. Curieusement tous ces récits font l'impasse sur ce qui était débattu : les adversaires du gaz s'opposaient principalement à l'implantation de gazomètres au milieu des habitations en insistant, malgré les dénégations des entrepreneurs et des experts, sur la possibilité d'une explosion. Or, puisqu'il ne fallut guère attendre pour voir des gazomètres exploser, force est de constater que les opposants avaient finalement raison.

Ce qui distingue la controverse du gaz d'éclairage, c'est l'extension qu'elle a prise dans l'espace public. Aussi loin que la vaccine, jamais une innovation n'avait suscité de telles passions : des articles de journaux, des pamphlets, des ouvrages

---

1. Adolphe Trébuchet, *Recherches sur l'éclairage public de Paris*, Paris, Baillière, 1843, p. 49.
2. Louis Figuier, *Les Merveilles de la science*, Paris, Jouvet et Cie, 1872, vol. 4, p. 130.
3. Voir la bibliographie en fin d'ouvrage.

de vulgarisation, des publicités, une pièce de théâtre et même un opéra sont écrits pour la défendre ou la condamner[1]. C'est qu'à l'inverse des machines à vapeur ou des usines chimiques reléguées dans les faubourgs industriels, le gaz d'éclairage conquiert les lieux à la mode, les théâtres, l'Opéra, les restaurants, les cafés et les salons de lecture. Frederick Winsor, alias Winzer, un négociant allemand qui en 1809 avait monté à Londres la première compagnie d'éclairage (et qui avait fait faillite) choisit ainsi de faire connaître le gaz en éclairant gratuitement le passage des Panoramas. Situé entre le Palais-Royal et les grands boulevards, ce passage couvert symbolisait alors une modernité urbaine commerciale, confortable et élégante. Winsor y installe un petit salon où le public peut se procurer les dernières brochures et comparer le pouvoir éclairant du gaz avec celui des lampes à huile[2].

Au début des années 1820, l'innovation s'inscrit encore dans la culture de la sphère publique. Les expositions industrielles qui se tiennent régulièrement à Paris depuis 1798 sont pensées sur le modèle des salons de peinture : elles doivent permettre au public d'exercer sa capacité critique. À propos de l'exposition de 1819, un de ses organisateurs explique que le but est de rassembler en un même lieu les dernières inventions afin que le public puisse les comparer et les juger[3]. C'est dans cette tradition valorisant le jugement du public que s'inscrivent les nombreux pamphlets sur le gaz. Selon Nicolas Clément-Desormes, un des rares chimistes à se prononcer contre le gaz, les conséquences des innovations affectant la société tout entière, l'appréciation de leur utilité doit être portée par un public aussi large et varié que possible : « À moins d'un débat public qui attire l'attention et le concours

---

1. Ferdinand Léon, *Le Magasin de lumière, scènes à propos de l'éclairage par le gaz*, 1823 ; *Aladin ou la lampe merveilleuse*, Paris, Roullet, 1822.
2. Frederick Winsor, *Résumé historique et démonstratif sur l'éclairage par le gaz hydrogène*, Paris, Didot, 1824, p. 10.
3. Victor de Moléon, « Discours préliminaire », *Annales de l'industrie nationale et étrangère*, Paris, Bachelier, 1820, p. 43.

d'un grand nombre de personnes, on ne peut porter un jugement assuré[1]. »

2. La controverse comme évaluation technologique

Durant la controverse, cinq aspects du gaz sont débattus : ses
conséquences économiques, la laideur de sa lumière, son insalubrité, la mise en dépendance de l'individu, et enfin, le danger d'explosion.

Le débat est au départ purement économique. Comme
toute innovation, le gaz semble menacer des secteurs entiers
de l'économie. À Londres, les opposants arguent qu'il préci-
pitera la banqueroute des marchands d'huile d'éclairage et par
ricochet, celle des pêcheurs de baleine. Or ces derniers ayant
la réputation d'être les meilleurs marins du royaume, l'innovation semblait menacer la domination maritime britannique
et la sécurité nationale[2].

En 1816, à Paris, un pamphlet accuse le gaz d'être une
technologie « antinationale[3] ». L'auteur prédit la ruine des
cultivateurs de colza, des épurateurs d'huile et des fabricants
de lampes, ruine qui risque d'accentuer le mécontentement
populaire et de conduire à une nouvelle révolution. Plus
sérieusement, Nicolas Clément-Desormes examine le contexte
économique de l'innovation : rentable à Londres ou Manchester, le gaz n'est pas adapté à l'économie française car le
charbon et son transport coûtent trois fois plus cher[4].

Le gaz d'éclairage pose la question du modèle de développement souhaitable. La France peut-elle ou doit-elle suivre la

---

1. Nicolas Clément-Desormes, *Appréciation du procédé d'éclairage par le gaz
hydrogène du charbon de terre*, op. cit., p. 2.
2. Frederick Winsor, *Plain Questions and Answers Refuting Every Possible
Objection against the Beneficial Introduction of Coke and Gas Lights*, Londres,
G. Sidney, 1807.
3. *Réclamation de l'huile à brûler contre l'application du gaz hydrogène à l'éclairage des rues et des maisons*, Paris, Locard, 1817.
4. Nicolas Clément-Desormes, *Appréciation du procédé d'éclairage par le gaz
hydrogène du charbon de terre*, op. cit., p. 8.

même voie que l'Angleterre ? Selon les académiciens, l'intérêt principal du gaz est d'encourager l'industrie charbonnière : la demande créera l'offre, les prix du charbon baisseront, on creusera des canaux et la France suivra l'Angleterre dans la voie d'une industrialisation fondée sur le charbon[1]. Ce débat se double d'une réflexion sur la gestion des ressources naturelles : est-il bien raisonnable de brûler du charbon pour s'éclairer ? Celui-ci servant à produire de l'acier, autrement plus utile pour la défense nationale, l'éclairage au gaz ne revient-il pas à sacrifier au confort des contemporains la sécurité des générations futures ? Clément-Desormes distingue ressources renouvelables et non renouvelables : afin de développer l'industrie française sur le long terme, il convient d'économiser le charbon qui, à l'inverse de l'huile de colza, « ne se reproduit pas indéfiniment[2] ». Chaptal confirme : mieux vaut utiliser le stock de charbon national pour produire de l'acier[3]. Les défenseurs du gaz intègrent également le long terme : le coke produit par la distillation de la houille servira au chauffage domestique et contribuera à la conservation des forêts. Hasard du calendrier, c'est lors de la séance qui suit la discussion sur le gaz d'éclairage que les académiciens étudient la question du lien entre déforestation et changement climatique[4].

En 1823, l'écrivain romantique Charles Nodier et le médecin Amédée Pichot publient un important *Essai critique contre le gaz hydrogène*. L'innovation est accusée d'enlaidir le monde en annulant les ombres et leur mystère et d'infecter Paris en introduisant l'air des marais. Le gaz qui sort des becs n'est-il pas semblable à celui produisant les feux follets et les fièvres

---

1. *Procès-verbaux des séances de l'Académie (des sciences)*, *op. cit.*, vol. 8, 2 février 1824.
2. Nicolas Clément-Desormes, *Appréciation du procédé d'éclairage par le gaz hydrogène du charbon de terre*, *op. cit.*, p. 38-40.
3. Jean-Antoine Chaptal, *Quelques réflexions sur l'industrie en général, à l'occasion de l'exposition des produits de l'industrie française en 1819*, Paris, Corréard, 1819, p. 16.
4. *Procès-verbaux des séances de l'Académie des sciences*, vol. 8, 2 février 1824.

épidémiques ? Distiller le charbon, c'est-à-dire des résidus organiques accumulés durant des siècles, réintroduirait au milieu de la capitale la putridité ancestrale enterrée sous un sol protecteur[1]. Le dépérissement des arbres le long des conduites de gaz, les poissons retrouvés morts dans la Seine et la disparition des hirondelles à Londres depuis l'établissement des usines à gaz témoignent de la réalité du danger[2]. Le gaz contient aussi des sulfures attaquant les poumons. Pichot étudie en détail le procédé pour montrer que l'épuration du gaz ne peut être parfaite : si le gaz reste trop longtemps au contact des eaux de lavage, il sort purifié mais n'éclaire plus, une bonne partie du gaz oléfiant s'étant dissous dans l'eau. La distillation est tout aussi délicate : des charbons de qualités inégales, plus ou moins riches en soufre, rendent la présence de gaz sulfureux inévitable.

Un danger d'un tout autre ordre provient de la perte de contrôle de l'éclairage qui dépend dorénavant d'un vaste réseau technique. La réticence contre cette dépendance est très forte[3]. Une publicité de 1823 entend au contraire montrer que le gaz maintient l'homme en tant que maître du foyer : dans le même instant, grâce au gaz, l'époux courageux saute hors de son lit, allume sa lampe, met en joue les brigands, protégeant ainsi le lit conjugal.

---

1. Charles Nodier et Amédée Pichot, *Essai critique sur le gaz hydrogène*, Paris, Gosselin, 1823, p. 31.
2. APP, RCS, 26 mai 1823 ; *Des dangers de l'existence des gazomètres en ville*, 1823, p. 3-6 ; *The Gentleman's Magazine*, vol. 93, 1823, p. 224.
3. *Réclamation de l'huile à brûler...*, op. cit.

« Ne me confondez pas à tout ce qui a paru jusqu'à ce jour[1]. »

Dans les lieux publics, l'obscurité soudaine est encore plus menaçante. Nodier et Pichot imaginent la panique dans un théâtre privé soudainement d'éclairage : « Tout à coup, l'appareil lumineux [...] s'éteint et laisse l'assemblée épouvantée dans une obscurité profonde. Une main sur ma montre et l'autre sur ma bourse, je m'évade au milieu des cris de terreur, en admirant l'instinct ingénieux de la police, qui a confié toutes les chances de la sécurité publique au caprice de je ne sais quelle lumière simultanée[2]. » Le meurtre du duc de Berry par Louvel à la sortie de l'Opéra, en février 1820, est dans toutes les mémoires. Des opposants au gaz insinuent que l'innovation pourrait être le point de départ d'un complot du parti libéral : « Supposons toute la famille royale à l'Opéra, admettons l'inadvertance d'un ouvrier du gazomètre, et supposons un Louvel dans la foule au milieu de l'obscurité !!!!

1. Musée Carnavalet, estampes, © PMVP/Cliché : Joffre.
2. Charles Nodier et Amédée Pichot, *Essai critique sur le gaz hydrogène*, *op. cit.*, p. IX-X.

[...] Et que de moyens un *parti* aurait pour obtenir cette inadvertance[1]. »

L'utilisation du gaz à des fins insurrectionnelles est prise très au sérieux : à Londres, le comité de la Chambre des communes avait longuement débattu pour savoir si des insurgés pourraient faire exploser un gazomètre[2]. Dans le Paris des années 1820, théâtre d'attentats et de complots contre le roi (pas moins de dix sont déjoués entre 1820 et 1823[3]), le nouveau mode d'éclairage, avec ses tuyaux souterrains conduisant une matière invisible et explosive, semblait rendre caduques les techniques policières de surveillance. Même si ces craintes sont instrumentalisées contre le parti libéral – déjà accusé de laxisme après l'assassinat du duc de Berry –, il n'en demeure pas moins que le gaz d'éclairage semblait faire peser, dans un Paris mal pacifié, un risque politico-technique considérable.

3. Un monument honorable de l'industrie française

Jusqu'en 1823, la question de l'explosion reste circonscrite à des cercles administratifs : le Conseil de salubrité et les bureaux du ministère de l'Intérieur. Soudainement, la controverse déborde. En jeu, l'existence d'un énorme gazomètre de 200 000 pieds cubes qu'Antoine Pauwels et sa Compagnie française du gaz d'éclairage ont installé rue du Faubourg-Poissonnière, un quartier de la rive droite très en vogue à cette époque, proche des boulevards et des passages[4].

---

1. *De l'éclairage par le gaz hydrogène*, Paris, Dondey-Dupré, 1823.
2. « Report of the select committee on gas-light establishments », *House of Commons Papers, Reports of the Committees*, vol. 5, 1823, p. 7, 13 et 32.
3. Berthier de Sauvigny, *La Restauration* (1955), Paris, Flammarion, 1999, p. 180-183.
4. Pascal Etienne, *Le Faubourg Poissonnière*, Paris, DAAVP, 1986.

Le gazomètre de la Compagnie française du gaz d'éclairage[1].

En 1823, ce gazomètre est un objet technique et politique absolument extraordinaire. Techniquement, il est tout à fait monstrueux. À Paris, le gaz d'éclairage en est encore à ses balbutiements : la petite usine établie par Winsor pour éclairer le Sénat connaît des déboires et l'appareil de l'hôpital Saint-Louis installé par les académiciens Gay-Lussac, Girard et Darcet n'est qu'un prototype. Or le gazomètre de Pauwels est dix fois plus volumineux que les plus grands gazomètres anglais construits par des ingénieurs pourtant bien plus expérimentés. Lors des auditions de la Chambre des communes sur la sécurité du gaz, un ingénieur explique que cet appareil « doit être à peu près ingouvernable[2] ».

Politiquement, le gazomètre est aussi un objet explosif. En 1821, le gouvernement libéral du duc Decazes a cédé le pouvoir aux ultraroyalistes. Or le gazomètre autorisé par le gouvernement précédent a été financé par des caciques du parti libéral, des nobles d'empire et des francs-maçons, bref, tout ce que déteste le nouveau pouvoir ultra. En 1823, Pauwels est

---

1. Cabinet des estampes, BNF.
2. « Report of the select committee on gas-light establishments », art. cit., p. 26.

un jeune ingénieur autodidacte de 27 ans qui a servi comme pharmacien dans les rangs des armées impériales. Après la Restauration, il fabrique divers produits chimiques à Paris avant de lever trois millions de francs pour construire le plus grand gazomètre du monde. On compte parmi ses actionnaires : Laffitte, grand banquier proche du parti libéral, le duc d'Orléans, alternative dynastique à l'ultraroyaliste duc d'Artois, le duc Decazes, chef du gouvernement déchu, d'Anglès, un ancien protégé de Fouché, devenu préfet de police de Paris et qui a autorisé la construction du gazomètre, Boulay de la Meurthe, ministre pendant les Cent Jours et proscrit fameux, Saint-Aulaire, député du parti libéral, ou encore Manuel, franc-maçon notoire et membre de la Charbonnerie[1]. Aussi, lorsqu'en septembre 1823, le Conseil d'État casse l'autorisation administrative accordée à Pauwels par d'Anglès, la presse libérale crie au scandale : le gouvernement, sous prétexte de sécurité, aurait agi suivant des motifs partisans. Le plus grand gazomètre du monde, ce « monument honorable de l'industrie nationale[2] », est menacé de destruction pour de sordides raisons politiques[3].

Les explosions de gaz rapportées par les journaux (sept à Londres et deux à Paris entre 1819 et 1823) semblent indiquer que l'explosion d'un gazomètre n'est pas impossible. L'opposition à Pauwels est menée par le baron Charles Athanase de Walckenaer, un personnage influent, polytechnicien, maître des requêtes au Conseil d'État et membre de l'Institut. Dans les pétitions, il développe un argument subtil qui n'est pas sans rappeler notre principe de précaution : une explosion de gazomètre est certes improbable, mais ses conséquences seraient telles qu'on ne peut accepter aucune incertitude. Il est donc nécessaire d'interdire les gazomètres de Paris.

---

1. Liste des actionnaires dans *Des dangers de l'existence des gazomètres en ville*, *op. cit.*, Paris, 1823.
2. *Notice sur le grand gazomètre de la rue du Faubourg-Poissonnière*, Paris, 1823, p. 33.
3. *Le Journal du Commerce*, 23 septembre 1823. Pour cet article, l'éditeur du journal est condamné à trois mois de prison.

L'enjeu est manifestement amplifié par Nodier et Pichot qui imaginent Paris rasé : Pauwels est un « manipulateur qui tient l'existence de six cent mille citoyens à la merci d'une erreur ». Ils s'indignent que l'administration « se soit avisée de mettre la vie d'un million d'hommes à la merci d'un acte de démence ou d'un transport de désespoir[1] ». Contre un premier rapport des académiciens qui reconnaissaient « qu'une explosion serait un événement désastreux pour tout le quartier », mais la jugeaient « absolument improbable » voire « chimérique[2] », les opposants insistèrent sur le fait que la valeur de la probabilité était inconnue et qu'en conséquence les compagnies d'assurances refusaient d'assurer le gazomètre et leurs maisons. Ils défiaient les conseillers d'État de prendre sur eux la responsabilité morale de l'inévitable doute scientifique : « Les académiciens vous ont dit : "L'explosion est possible mais elle est peu probable en prenant les moyens que la prudence et la science suggéreront", nous vous demanderons, Messieurs, si l'une et l'autre ne peuvent pas être en défaut, et si vous prendrez sur votre conscience une telle responsabilité[3] ? »

Le 10 septembre 1823, les conseillers d'État cassent l'autorisation que d'Anglès avait accordée à Pauwels en 1821, reconnaissant que cette décision était trop importante pour pouvoir faire l'objet d'un simple arrêt préfectoral. La responsabilité est transférée au gouvernement qui doit décider dans quelle classe du décret de 1810 les gazomètres doivent être rangés. Si ce devait être dans la première, Pauwels n'aurait plus qu'à démonter son usine et à la reconstruire hors de Paris, loin de toute habitation. Pour trancher la question, le gouvernement ordonne à l'Académie des sciences de rédiger un « rapport solennel ».

---

1. Charles Nodier et Amédée Pichot, *Essai critique sur le gaz hydrogène*, *op. cit.*, p. 4 et 97.
2. AD Seine, V8 01 1002, Rapport de Cordier, Thénard et Gay-Lussac sur le gazomètre de Pauwels.
3. *Des dangers de l'existence des gazomètres en ville*, *op. cit.*, p. 7.

4. Savants français et témoins anglais : pratiques et heuristiques d'expertises

Le gaz d'éclairage est un cas idéal pour comparer les pratiques d'expertises en France et en Angleterre car au même moment, sur le même objet, des expertises aux formes très contrastées sont menées : rapports académiques d'un côté et auditions parlementaires de l'autre.

À la fin de l'année 1823, le but des experts académiciens français est double : clore une controverse qui commence à devenir politiquement embarrassante et sauver le gazomètre de Pauwels. Castelblajac, le directeur du commerce et des manufactures, donne des instructions détaillées à l'Académie des sciences. La destruction du gazomètre n'est jamais envisagée. Il demande uniquement des mesures de sécurité : « il faudra considérer l'éclairage, ses dangers, et leurs remèdes », comme si les uns ne pouvaient aller sans les autres[1].

Les académiciens Gay-Lussac, Girard, Darcet, Héron de Villefosse et Thénard qui sont nommés pour le rapport raisonnent de manière analytique. Dans une série de paragraphes, ils déclinent les risques dans « l'emmagasinement du charbon », « la production du gaz », « l'épuration du gaz », « l'emmagasinement du gaz », et « la distribution du gaz dans les conduites », sans considérer les effets croisés entre les différents éléments (la distillation du charbon près d'un gazomètre par exemple). Les gazomètres sont réduits à un modèle physique simple, et de la certitude des lois physiques ils en infèrent la sûreté. Par exemple, le gaz n'explose que lorsqu'il est bien mélangé avec quatre à douze fois son volume d'air. Mais puisque les gazomètres sont toujours sous pression, l'air ne peut pénétrer à l'intérieur de la cloche. Le gaz étant aussi beaucoup plus léger que l'air, le mélange ne pourrait s'effectuer qu'après de longues heures. Il ne faut pas non plus

---

1. AAS, pochette de séance, 9 février 1824. Lettre de Castelblajac à Corbières, envoyée en copie à Cuvier.

craindre la foudre car le gaz n'étant pas conducteur d'électricité, la décharge électrique serait conduite par la cloche du gazomètre dans la cuve remplie d'eau. Enfin, les conduites de gaz ne peuvent communiquer la flamme et porter un incendie à distance car les savants ont démontré qu'une flamme ne peut passer dans un tuyau plus long que son propre diamètre. Les académiciens raisonnent ensuite selon la théorie des probabilités : l'événement « explosion d'un gazomètre » est conçu comme la conjonction de sous-événements, à savoir, une dépressurisation dans le gazomètre, une ouverture dans la cloche, une longue période sans surveillance pour que le mélange se fasse convenablement et enfin, la présence d'une flamme dans le mélange. Comme chacun de ces sous-événements est supposé improbable, leur conjonction est *de facto* « absolument improbable » ou « chimérique[1] ».

Cette manière de raisonner n'est pas celle employée par les experts anglais. Par exemple, William Congreve, grand spécialiste des explosifs, ne propose aucune « expérience en pensée » mais choisit plutôt d'enquêter sur des accidents qui ont déjà eu lieu, ce qui se révèle fort instructif : une explosion à l'usine de gaz de Great Peter Street dans le quartier de Westminster avait été causée par la chaleur d'une cornue de distillation placée trop près du gazomètre[2]. Le statut de l'expérience est aussi différent. Les experts anglais interrogés par le comité refusent souvent de répondre : « il est très difficile de répondre sans réaliser une expérience » ; « je ne peux répondre à cette question, c'est une affaire d'expérience », etc. L'expérience de laboratoire paraît trop loin de la réalité industrielle : selon le grand chimiste Humphrey Davy, « il n'est pas possible de raisonner avec confiance quand l'échelle est 100 000 fois plus importante[3] ». Cette différence d'échelle entre laboratoire et industrie était fort inquiétante car l'on

---

1. *Procès-verbaux des séances de l'Académie (des sciences)*, *op. cit.*, vol. 8, 2 février 1824.
2. « Report of the select committee on gas-light establishments », art. cit., p. 61.
3. *Ibid.*, p. 7.

craignait que la puissance explosive du gaz puisse s'accroître de manière non linéaire avec son volume. Les pratiques expérimentales sont également différentes. Les protocoles anglais sont très pragmatiques : lorsque le comité demande si l'explosion d'un gazomètre pourrait causer l'explosion d'autres gazomètres placés auprès de lui, Davy propose de construire un modèle réduit d'une usine et de faire exploser un gazomètre miniature. De même, Congreve, afin de déterminer la puissance explosive du gaz construit un canon fonctionnant au gaz : à partir de sa portée, il calcule une équivalence entre gaz et poudre.

Ce même problème, étudié par l'Académie des sciences, est reformulé dans les termes de la « science normale ». Ampère propose ainsi d'étudier la puissance explosive du gaz car « on résoudrait en même temps une question de physique d'un grand intérêt : la détermination de la chaleur produite dans la combustion des divers gaz inflammables ». Il explique ensuite comment le danger des explosions sera entièrement déduit de la température des gaz en combustion. Pelletan, qui répond à la proposition d'Ampère, envoie une lettre à l'Académie pour faire connaître ses premiers résultats. Le problème initial de l'explosion des gazomètres n'est même plus mentionné. La démarche d'expertise s'est transformée en un pur problème de physique mettant en œuvre un protocole expérimental classique, sans parvenir à un résultat concret[1].

Plus qu'une culture scientifique ou expérimentale différente entre la France et l'Angleterre, ce sont les procédures d'expertise (qui s'inscrivent dans des traditions judiciaires nationales) qui permettent de comprendre ces contrastes. En France, l'expertise académique est dérivée de la procédure inquisitoire : le gouvernement commande un rapport écrit qui peut rester confidentiel. En Angleterre, l'expert est entendu en tant que témoin, sa déposition est orale et soumise à contradiction. Cela induit des gestions du doute et de la subjectivité radicalement différentes.

---

1. AAS, pochette de séance, 1er et 8 mars 1824.

Le comité parlementaire organise l'audition de personnalités variées : des scientifiques, des ingénieurs du gaz, les directeurs des compagnies londoniennes et même quelques opposants aux usines. Très souvent, l'objectivité supposée de l'expert fait place à l'expression de son opinion personnelle. Par exemple, Davy n'est pas interrogé pour son expertise sur les gazomètres : il admet n'en avoir jamais vu un avant le matin de son interrogatoire[1] ! Ce que le comité attend de Davy, c'est son évaluation subjective et personnelle du risque :

– Dans l'usine de Peter Street, il y a quatorze gazomètres placés les uns près des autres. Quel serait selon vous l'effet d'une explosion d'un des gazomètres sur les autres ?

– Il est très probable qu'ils seraient renversés, déchirés et que le tout exploserait. Mais c'est une affaire d'expérience, personne ne peut prédire le résultat exact.

Lorsque le comité insiste, Davy donne son opinion personnelle :

– Finalement, est-ce que vous ne préféreriez pas qu'ils soient davantage séparés ?

– Certainement, si je devais vivre dans le quartier, je préférerais qu'ils soient plus espacés.

– Vous sentiriez-vous mal à l'aise à cause de leur situation actuelle si vous viviez dans le quartier ?

– Je pense que oui.

Samuel Clegg, grand spécialiste de l'éclairage au gaz, essaie de contrer la mauvaise impression faite par cette déposition en déclarant « qu'il n'aurait pas d'objection à placer son propre lit au-dessus d'un gazomètre [...] il y dormirait aussi bien qu'ailleurs ». À propos d'une explosion de gazomètre il affirme qu'il « la croit presque impossible, et qu'il s'en garde comme de tomber du pont de Waterloo à cause d'un tremblement de terre ! »

---

1. « Report of the select committee on gas-light establishments », art. cit., p. 9.

Lorsque à l'instar de Clegg, un expert semble très sûr de lui, la procédure contradictoire permet d'instiller le doute. Un voisin de l'usine de Saint Pancras parvient ainsi à piéger Clegg :

– Le comité vous a demandé si les gazomètres de Saint Pancras sont sûrs ?

– Oui.

– Les avez-vous vus ?

– Ils ne sont pas encore construits, mais j'ai vu leurs plans.

– Connaissez-vous la taille des gazomètres qui doivent être construits ?

– Non.

– Connaissez-vous la distance entre chacun des gazomètres ?

– Pas exactement.

– Savez-vous combien il y en aura ?

– Je ne sais pas, trois je crois.

– Connaissez-vous la distance qui sépare les gazomètres des maisons ?

– Non.

Le doute est géré de manière opposée par la procédure académique. Tout d'abord, à l'inverse de l'audition contradictoire et orale, le rapport écrit permet aux académiciens de présenter une opinion unique qui semble parfaitement cohérente. Le brouillon du rapport, conservé aux archives de l'Académie des sciences, indique pourtant que les désaccords ont été présents tout au long de la rédaction. Il s'agit d'un véritable champ de bataille, écrit à plusieurs mains et en plusieurs couleurs. Les feuilles collées les unes sur les autres témoignent de l'évolution entre différentes versions. Les techniques du brouillon (la gomme, le collage, la rature, l'ajout, l'incise) permettent d'oblitérer le parcours de pensée des experts fait de détours, d'objections et d'incertitudes, tandis qu'à Londres, les *Minutes of evidence* qui publient *in extenso* les débats lèvent le voile sur cette phase de préparation.

Le brouillon s'inscrit en fait dans un ensemble plus large de techniques académiques visant à produire du consensus. Sur de nombreux points, Thénard et Héron de Villefosse expriment leur désaccord. Mais ces voix dissidentes ont bien du mal à passer la barrière fondamentale entre l'oral et l'écrit : Thénard se range finalement à l'avis majoritaire et se contente de lire une note sur des mesures de sécurité additionnelles. Héron de Villefosse qui refuse de signer le rapport est un personnage dont l'Académie ne peut facilement négliger l'opinion : proche de Louis XVIII qui le fait baron en 1820, il est secrétaire du Cabinet du roi et conseiller d'État. Pourtant, les procès-verbaux ne mentionnent son avis que par un bref euphémisme : « M. Héron de Villefosse, membre de la commission différant *à quelques égards* de l'opinion de ses collègues, lit *en particulier* un mémoire sur ce sujet. » Son mémoire n'est pas soumis au vote des académiciens qui ne peuvent se prononcer que sur le rapport majoritaire. Le débat qui a lieu le 9 février n'est pas non plus retranscrit : une note brève donnant la liste des interventions indique que Walckenaer, présent lors du débat, a fait « quelques observations diverses[1] ». Enfin, le décompte des voix pour ou contre le rapport majoritaire n'est pas publié. En somme la procédure académique est parfaite pour masquer les désaccords et fabriquer l'unanimité. Elle contribue par là même à légitimer la décision politique d'autoriser le gazomètre de Pauwels.

Pourtant, la « voix de la science » telle qu'elle a été construite par le système académique est loin d'être neutre, désintéressée ou objective. La conclusion du rapport et le vote de l'Académie ne sont guère surprenants étant donné l'intérêt des académiciens pour le gaz d'éclairage.

Intérêt scientifique tout d'abord : le gaz d'éclairage posait un problème inédit de mécanique, à savoir le mouvement d'un fluide élastique dans de longs tuyaux. En utilisant les premiers appareils comme dispositif expérimental, Girard et Navier établissent les équations différentielles décrivant ce

---

1. AAS, pochette de séance, 9 février 1824.

phénomène[1]. Le gaz est donc d'emblée un objet technoscientifique : pour savoir comment optimiser la distribution dans de vastes réseaux, on a besoin de connaissances en mécanique des fluides, et réciproquement, ces connaissances ne peuvent être produites qu'en manipulant des objets issus du monde industriel.

Intérêt financier et professionnel ensuite : en 1823, Gay-Lussac est chimiste consultant pour Manby et Wilson qui viennent d'établir une usine de gaz à la barrière de Courcelles. Dès 1817, il s'était rendu à Londres, accompagné d'autres académiciens, pour étudier le nouveau mode d'éclairage dans l'espoir de fonder une compagnie. Il s'était même proposé d'éclairer le Sénat, mais c'est à Winsor que fut confié le projet[2]. Avec Darcet et Girard (également rapporteurs), il a participé à la construction de l'appareil d'éclairage de l'hôpital Saint-Louis. Girard devient ingénieur en chef de la Compagnie royale d'éclairage par le gaz fondée par Louis XVIII pour éclairer l'Opéra. En 1822, la compagnie est reprise par Chaptal fils associé à Darcet[3].

Les pratiques d'expertises, si différentes en Angleterre et en France, produisirent logiquement des résultats de qualités inégales. Auditionnant des ingénieurs qui manipulaient au jour le jour les gazomètres, le comité de la Chambre des communes recueillit des informations concrètes sur les difficultés pratiques. Les ingénieurs étaient ainsi préoccupés par la chaleur des cornues de distillation qui entraînait la dilatation du gaz dans le gazomètre ou même sa combustion ; l'eau de chaux qui servait à épurer le gaz pouvait s'évaporer, laissant le

---

1. Pierre Simon Girard, *L'Écoulement uniforme de l'air atmosphérique et du gaz hydrogène carboné dans des tuyaux de conduite*, Paris, 1819 et Claude Louis-Marie Navier, « Sur l'écoulement des fluides élastiques dans les vases et les tuyaux de conduite », *Annales des mines*, 6, 1829, p. 371-442.
2. APP, RCS, 17 novembre 1817.
3. AN F12 2269, AN O3 1588 ; AN F12 196 bis, 12 février 1824, « Avis du Conseil général des manufactures sur le gaz » et AAS, dossier Girard. On a vu les relations d'affaires entre Chaptal fils et Darcet pour les usines des Ternes à Neuilly et du plan d'Aren à Istres.

gaz s'échapper ; le vent pouvait faire osciller voire renverser les cloches des gazomètres, etc.

Lorsque les académiciens visitèrent l'usine de Pauwels, ils ne remarquèrent aucun de ces problèmes. Heureusement, avant de rédiger leur rapport sur le classement des gazomètres, ils purent consulter les auditions du comité anglais et plagier ses propositions. L'ordonnance royale du 28 août 1824 entérine leur rapport : les usines à gaz sont rangées dans la seconde classe et il n'y a pas de limite à la taille des gazomètres. Les entrepreneurs doivent en contrepartie respecter les mesures de sécurité prescrites par les académiciens : le hangar du gazomètre sera en métal, fermé à clef et équipé d'un paratonnerre ; sa ventilation doit être constante et indépendante des ouvriers ; la cuve du gazomètre doit être creusée dans le sol et la cloche du gazomètre doit être suspendue à deux chaînes[1].

5. La norme et la légalisation du risque

L'ordonnance de 1824 consacre donc la victoire de Pauwels. Son immense gazomètre reste autorisé. Mieux, il a réussi à créer un précédent : la loi pour la France entière est conçue pour lui convenir. L'éloignement n'étant pas nécessaire et la taille des gazomètres laissée libre, l'ordonnance autorise l'implantation de gazomètres gigantesques au milieu de toutes les villes de France. La norme s'était alignée sur le pathologique. Comment expliquer ce paradoxe ?

Plus que tous les raisonnements académiques, c'est le réseau technique lui-même qui assure sa propre victoire. La construction d'immenses structures métalliques et l'enfouissement de conduites rend toute modification extrêmement coûteuse. Par exemple, le simple déplacement des usines à l'extérieur des villes obligerait à changer tout le réseau car le

---

1. Jean-Baptiste Fressoz, « The gas-lighting controversy. Technological risk, expertise and regulation in nineteenth-century Paris and London », *Journal of Urban History*, 2007, vol. 33, n° 5, p. 729-755.

diamètre des conduites va décroissant depuis le gazomètre jusqu'aux habitations[1]. Après la décision du Conseil d'État retirant l'autorisation administrative, le *Journal du Commerce* défie l'administration de rembourser non seulement les entrepreneurs mais également les commerçants et les restaurateurs qui ont investi en prévision de l'arrivée du gaz.

La technique ne pèse pas simplement du poids des conduites et des gazomètres mais de tout le réseau humain créé par le gaz d'éclairage : les consommateurs déjà équipés, les fabricants d'appareils, les financiers, les administrateurs et les experts qui ont encouragé cette technique. L'Académie des sciences par exemple est trop engagée pour faire marche arrière. Une note anonyme rappelle qu'à la fin du XVIIIᵉ siècle, elle a encouragé « l'inventeur » du gaz d'éclairage, Philippe Lebon, et qu'elle ne saurait se dédire, d'autant plus que les Anglais ont fait de cette invention française une industrie lucrative. Le roi lui-même possède des actions dans la compagnie d'éclairage de l'Opéra[2]. Le sort de Pauwels s'est trouvé ainsi lié aux décisions passées de l'administration et de l'Académie, au roi, à la compétition avec l'Angleterre, à la nation et au progrès.

Comment l'inertie de la technique interagit-elle avec l'universalité de la loi ? En 1823, à l'Académie, l'usine de Pauwels est dans tous les esprits. Selon Héron et Thénard, il faudrait mettre de côté le cas Pauwels et interdire des villes les futures usines. Or les académiciens refusent ce compromis en invoquant la généralité du droit : « Les compagnies ont engagé six millions de fonds sur la foi du gouvernement. Il est bien évident que le gouvernement ne peut pas donner un effet rétroactif à ses actes. Il laissera donc subsister les établissements qui existent, mais dès lors il y aura privilège pour ceux-là, il y aura donc deux lois différentes pour régir la même industrie ; voilà où nous conduirait une opinion peu réfléchie[3]. » Régler le sort

---

1. « Report of the select committee on gas-light establishments », art. cit., p. 49.
2. AAS, pochette de séance, 9 février 1823.
3. *Ibid.*

de l'usine de Pauwels en même temps que celui des usines à gaz a finalement été le choix crucial : de peur de nuire à un fleuron industriel national, on autorise la multiplication de gazomètres immenses dans les villes de France. Édictée après coup, la norme légitimait le fait accompli industriel dans sa forme la plus dangereuse. À l'inverse des règlements locaux de la police d'Ancien Régime, la norme, par son caractère général, eut l'effet pervers de permettre l'extension nationale d'une technique pourtant très critiquée.

6. Le règne de l'imprévisible

Qui avait raison ? Question oiseuse, étant donné la victoire des gazomètres, mais question qui mérite d'être posée car elle donne à voir l'impossibilité radicale de prévoir le comportement des techniques.

S'il ne fallut guère attendre pour assister à des explosions de gazomètres, aucune, bien sûr, n'eut l'ampleur des catastrophes annoncées par les opposants. En 1844, le plus grand gazomètre parisien, contenant 430 000 pieds cubes, connaît un accident qualifié de « très grave » par l'administration. Par chance, la flamme immense se propage dans un champ et seul un ouvrier périt dans l'accident. La presse relate avec beaucoup d'inquiétude la catastrophe. Le préfet de police réunit une commission d'experts. Darcet, qui avait pourtant défendu le gazomètre de Pauwels, fait amende honorable : l'accident aurait pu être beaucoup plus grave si les autres gazomètres avaient pris feu[1].

Une autre explosion en 1849, près de l'Opéra, achève de convaincre les plus sceptiques : même le *Journal de l'Éclairage au Gaz* souligne « l'importance qu'il y a pour la ville de se débarrasser d'un voisinage aussi incommode et aussi dangereux que celui des usines à gaz[2] ». En 1852 enfin, le ministre

---

1. APP, DA 50.
2. *Le Journal de l'éclairage au gaz*, 20 avril 1855.

de l'Agriculture et du Commerce ordonne que les nouveaux gazomètres soient tous construits en dehors des villes[1]. Cette décision tardive ne diminua guère le danger : étant donné l'extension de l'agglomération parisienne, des usines à gaz aussi lointaines que celles de La Villette ou d'Ivry furent vite cernées par les habitations. La décision du ministre revint donc à préserver la capitale et à cantonner le risque aux faubourgs industriels.

Usine à gaz de La Villette en 1878[2].

En 1865, à Londres, l'explosion du gazomètre de l'usine de Three Elms eut des conséquences plus dramatiques : douze morts, de nombreux blessés et une centaine de maisons dévastées. La catastrophe suscita une grande émotion parmi les Londoniens. Le gouvernement avait donc menti : « On nous avait fait croire qu'une explosion ne pouvait pas arriver. On nous avait fait croire que les environs des usines à gaz étaient sûrs, en fait nous vivions un danger permanent[3]. » Après la catastrophe la presse fut unanime à réclamer la suppression

---

1. APP, DA 50, circulaire du ministre du Commerce.
2. AD Seine, atlas 1007.
3. Thomas B. Simpson, Gas-Works : *The Evil Inseparable from Their Existence in Populous Places, and the Necessity for Removing Them from the Metropolis, as Has Been Done in Paris*, Londres, Freeman, 1866.

des gazomètres de la métropole : « Il est clair à présent que chaque gazomètre est comme une poudrière[1] » ; « la théorie réconfortante qu'un gazomètre ne pouvait exploser a complètement explosé avec cet accident[2] » ; « Implanter un gazomètre en ville est aussi dangereux que pratiquer l'artillerie dans Oxford Street[3] ».

Explosion du gazomètre de Three Elms Works[4].

Les opposants avaient aussi raison quand ils dénonçaient la toxicité du gaz. Le danger était même plus grand qu'ils ne l'avaient imaginé : en 1823, on redoutait l'insalubrité et le risque d'asphyxie. Or, les premiers cas d'empoisonnement au gaz montrèrent que de petites quantités pouvaient tuer : le gaz n'était pas seulement irrespirable, il était vénéneux[5].

1. *The Times*, 6 novembre 1865.
2. *London Review*, 4 novembre 1865.
3. *Morning Herald*, 2 novembre 1865.
4. *Illustrated Times*, 11 novembre 1865.
5. Alphonse Devergie, « Asphyxie par le gaz d'éclairage », *AHPML*, vol. 3, 1830, p. 457-475.

Après les premières intoxications, les médecins légistes qui étudient la composition du gaz d'éclairage découvrent un cocktail redoutable d'éthylène, de propylène et de monoxyde de carbone. Dans les années 1880, le gaz parisien contient 5 à 13 % de monoxyde de carbone[1].

Comme les opposants l'avaient prédit, la purification du gaz fut toujours imparfaite : au début du XXe siècle, les consommateurs se plaignent encore de mauvaises odeurs, de céphalées et de vomissements causés par le gaz. Le grand nombre de procédés de purification inventés tout au long du siècle, conjugués aux efforts de l'administration pour résoudre ce qui fut appelé dans les journaux anglais « la question des sulfures » témoignent bien de la difficulté de la tâche. En 1860, le London Gaz Act fixe des taux limites de sulfures ; de nombreuses amendes sont infligées aux compagnies ne les respectant pas. Le Board of Gaz dut relever ce taux à plusieurs reprises, les compagnies ne parvenant pas à respecter le règlement[2].

Enfin, même si les interruptions soudaines d'éclairage dans les salles de spectacle ne tuèrent aucun monarque, elles furent indirectement la cause de centaines de morts. En 1858, quinze personnes sont piétinées au théâtre Victoria de Londres lors d'une panique suscitée par une légère explosion de gaz[3]. En 1881, à l'Opéra de Nice, le décor prend feu à cause d'un bec de gaz. Plus de deux cents personnes périssent asphyxiées, brûlées ou étouffées dans la panique qui suit[4]. La même année, au Ring de Vienne, un incendie se déclarant, le gaz est éteint par mesure de sécurité : « Les étroits couloirs furent encombrés par des gens se ruant au-dehors, se piétinant et s'écrasant jusqu'à la mort dans une folle lutte pour la

---

1. Alexandre Layet, « Des accidents causés par la pénétration souterraine du gaz de l'éclairage dans les habitations », *Revue d'hygiène et de police sanitaire*, vol. 2, 1880, p. 165.
2. Robert Hogarth Patterson, *Gas Purification in London, Including a Complete Solution of the Sulphur Question*, Londres, Blackwood, 1873.
3. *The Times*, 28 décembre 1858.
4. *Le Figaro*, 25 mars 1881.

survie[1]. » On dénombre 609 victimes. Rétrospectivement, les avertissements de Nodier et Pichot décrivant la panique à l'intérieur d'un théâtre plongé dans l'obscurité semblent prémonitoires. Après la catastrophe de Nice, les lampes à huile firent d'ailleurs un retour dans les salles de spectacle françaises pour guider les spectateurs vers la sortie en cas d'interruption du gaz.

Des accidents, plus nombreux encore, ne furent prévus ni par les opposants ni par les experts et ne pouvaient pas l'être. Le système technique créait des effets parfaitement imprévisibles. Par exemple, jusque dans les années 1880, certaines explosions de gaz demeuraient inexplicables car elles avaient lieu sans présence de flamme. On découvrit avec surprise que le gaz mal épuré pouvait contenir de l'acétylène qui, réagissant avec le cuivre des conduites, formait de l'acétylure de cuivre détonant par simple choc[2]. Il fallut interdire les conduites de cuivre et surveiller la présence d'acétylène dans le gaz.

Il arrive aussi que le monde réel modifie le comportement de la technologie. Par exemple, en janvier 1841, à Strasbourg, un froid extrême rendit le gaz beaucoup plus sec qu'à l'ordinaire. Au lieu de déposer de l'eau dans les siphons placés à cet effet aux points bas du réseau, il les assécha. Ces siphons se trouvant vides, ils versèrent le gaz dans le sol ; celui-ci étant gelé, le gaz ne put s'exfiltrer à l'air libre et s'emmagasina dans les caves des maisons. Une famille mourut intoxiquée. Même l'opposant au gaz le plus astucieux ou le plus retors aurait eu du mal à imaginer un tel enchaînement de circonstances[3].

Des technologies de générations différentes pouvaient aussi interagir de manière imprévisible. Le 12 juillet 1883, des explosions manquent de faire s'effondrer plusieurs immeubles rue François-Miron à Paris. Un café est détruit, on compte 86

---

1. *The Times*, 10 décembre 1881.
2. Alexandre Layet, « Le gaz d'éclairage devant l'hygiène », *Revue d'hygiène et de police sanitaire*, vol. 2, 1880, p. 951.
3. Gabriel Tourdes, *Relation médicale des asphyxies occasionnées à Strasbourg par le gaz d'éclairage*, Paris, Baillière, 1841, p. 78.

victimes. Cette fois encore, les causes sont complexes et, à vrai dire, mal élucidées, la Compagnie parisienne d'éclairage et l'Administration des eaux de Paris se rejetant mutuellement la faute. L'accident est lié au croisement de plusieurs réseaux techniques : une fuite d'eau ayant creusé une cavité, un conduit de gaz passant à proximité s'était trouvé privé de soutien, il s'était affaissé puis brisé. Le gaz ne pouvant trouver d'issue car les pavés avaient été remplacés par du macadam, il s'était accumulé dans les égouts avant de causer les explosions dévastatrices[1].

7. La construction sociale de la sécurité

Puisque les sombres pronostics des opposants ne furent pas entendus et que la plupart des accidents étaient imprévisibles, faut-il en conclure que la controverse des années 1820 ne fut qu'un gâchis d'encre ? En étudiant la trajectoire technologique du gaz, il apparaît au contraire qu'elle a joué un grand rôle de sécurisation.

Tout d'abord, Pauwels, qui se trouve au centre de l'attention publique, est aussi l'ingénieur qui invente les dispositifs de sécurité les plus importants. Son gazomètre gigantesque est le premier à être muni d'un axe de guidage qui l'empêche d'osciller. Pour des raisons de surveillance et de sécurité, son usine est construite selon un principe panoptique : les 336 cornues de distillation sont alignées en quatre rangées parallèles[2]. Ce quadrillage spatial est à l'opposé des usines londoniennes sombres et étriquées qui faisaient craindre au comité anglais un manque de surveillance propice au sabotage[3]. Vingt ans plus tard, c'est encore Pauwels qui conçoit la seconde génération d'usines à gaz : un système de tuyaux arti-

---

1. APP, DB 152.
2. *Ibid.*, RCS, 4 octobre 1821.
3. « Report of the select committee on gas-light establishments », art. cit., p. 72.

culés rend le mouvement de la cloche plus précis et régulier, les cornues sont maintenant en fonte et non plus en briques et sont reliées au gazomètre par un système d'aspiration qui empêche les gaz de s'échapper[1]. Son invention la plus importante fut certainement le gazocompensateur breveté en 1846 permettant de réguler la pression du gaz dans le réseau. Les frottements, les différences d'altitude et l'élasticité du gaz rendaient la pression très variable chez les consommateurs. Les sautes de pression causaient des fuites importantes (dans les années 1840, 25 % du gaz s'évaporait dans l'atmosphère parisienne) et des oscillations dangereuses de la flamme[2].

La controverse fut aussi à l'origine de la réglementation de 1824 qui certes légalise le gigantisme gazier, mais définit aussi un standard minimum de sécurité. Les modes de gestion du risque technologique en France et en Angleterre sont diamétralement opposés. En France, la solution réglementaire va de soi. La question que le gouvernement pose aux experts académiciens est : quel doit être le contenu de l'ordonnance ? En Angleterre, le comité parlementaire demande : est-il bien nécessaire de promulguer une loi ? Et la réponse des experts est unanimement négative : concurrence, progrès et sécurité font système : les fuites de gaz ne font-elles pas perdre de l'argent aux compagnies ? L'intervention réglementaire risque au contraire de nuire à la sécurité des installations. La forme optimale de la technique, même du point de vue de la sécurité, est atteinte par le jeu du marché et de la concurrence. Un expert regrette par exemple l'intervention de la ville de Londres qui a gagné un procès contre l'usine de Dorset Street. Selon les termes du jugement, l'usine n'a plus le droit de rejeter ses eaux de lavage dans la Tamise. La compagnie doit donc recourir à la chaux solide qui s'avère être un purificateur moins efficace que l'eau de chaux. Par son intervention

---

1. « Description des perfectionnements par M. Pauwels », *BSEIN*, janvier-mars 1849.
2. Charles Combes, « Sur un appareil imaginé par M. Pauwels », *Journal de l'éclairage au gaz*, 4, 1852.

mal avisée, l'autorité publique a involontairement remplacé une nuisance minime, qui ne tuait que les poissons de la Tamise, par un risque bien plus redoutable : le gaz livré aux consommateurs est impur et donc plus dangereux. La confiance en l'inventivité des entrepreneurs soumis à la concurrence fonde le rejet du règlement : la définition d'une norme, en fixant l'état de la technique, serait finalement néfaste aux progrès de la sécurité.

S'il est difficile de cerner précisément le rôle qu'a tenu le règlement dans la sécurisation de l'éclairage au gaz (il faudrait pour cela connaître l'état de la technique si la controverse n'avait pas eu lieu), l'état effarant des gazomètres londoniens dans les années 1820 peut fournir un point de comparaison intéressant : malgré une avance de vingt ans, malgré le coût inférieur des matériaux, malgré la présence d'ouvriers et d'ingénieurs dont le savoir-faire est supérieur à celui de leurs homologues français, les usines à gaz londoniennes sont à un niveau de sécurité bien inférieur à celui des premières installations parisiennes. Par exemple, à l'usine londonienne de Whitechapel, d'immenses sacs goudronnés de 15 000 pieds cubes font office de gazomètres. L'utilisation de matériaux de récupération est courante : dans l'usine de Brick Lane, d'anciens fûts de bière sont transformés en gazomètres[1]. Les cuves surélevées permettent de faire l'économie du creusement d'un bassin, mais elles rompent fréquemment sous la pression de l'eau. Toujours pour économiser la construction d'un bassin, Clegg ne voit aucun inconvénient à construire des gazomètres dans des mares ! Il déclare d'ailleurs en avoir vu neuf flotter, tels des nénuphars, à Manchester[2]. Le bois est utilisé dans tous les éléments des usines : cuves surélevées, gazomètres, toit et charpente des hangars. La fonte était pourtant beaucoup moins chère outre-Manche. Le comble de l'imprudence est sans doute le remplissage des cuves des

1. « Report of the select committee on gas-light establishments », art. cit., p. 72.
2. *Ibid.*, p. 52.

gazomètres par du goudron : certains industriels se débarrassent ainsi des résidus de la distillation dont ils ne veulent pas payer l'enlèvement. Congreve s'insurge contre cette pratique et décrit la catastrophe qui pourrait se produire si une des cuves venait à rompre. « Cette matière inflammable se répandrait sur les cornues et ne manquerait pas de prendre feu [...] le gazomètre faisant explosion, une large quantité de lave serait projetée dans le quartier [...] telle une éruption de volcan artificiel[1]. »

D'une manière générale, il semble bien que la distribution du gaz à Londres ait été affectée par ces techniques de production rudimentaires : dans les années 1830, les compagnies conseillent aux usagers de surveiller constamment leurs becs de gaz dont la flamme peut faire un pied de haut ou s'éteindre soudainement, ce qui est particulièrement dangereux quand l'approvisionnement reprend. Le gaz est si sulfuré que certains particuliers préfèrent installer leur bec à l'extérieur, quitte à ajouter un réflecteur[2]. À partir des années 1850, les éditoriaux, les procès, les pétitions et les propositions de lois se multiplient. Ce mouvement de riverains, de consommateurs et d'hygiénistes que les journaux appellent la *gas agitation* se renforce après l'explosion du gazomètre de l'usine de Three Elms en 1865. En 1872, un Board of Gas est enfin établi à Londres pour contrôler la sécurité des usines et la qualité du gaz.

L'ironie de l'histoire est qu'en France, alors même que l'industrie était balbutiante et l'expertise lacunaire, grâce à la controverse publique, l'importation de l'expertise anglaise et la promptitude du gouvernement à réguler l'industrie, la mobilisation sociale et administrative pour la sécurité avait eu lieu cinquante ans auparavant.

L'histoire du gaz témoigne de plusieurs choses.

Premièrement, de l'existence d'une forme de réflexivité quant aux conséquences de l'industrialisation. Les Parisiens

---

1. *Repertory of Arts and manufactures*, vol. 43, 1823, p. 80.
2. *Annales de l'industrie nationale et étrangère*, vol. 10, 1823, p. 319.

des années 1820 questionnèrent les transformations de tous ordres que le gaz impliquait sur leur autonomie, leurs loisirs, leur sécurité, sur l'air, la nuit, la beauté du monde, sur les réserves de charbon et l'économie. Pour Nodier et Pichot, le défi principal de l'époque n'était plus la maîtrise de la nature mais la maîtrise de cette maîtrise : « Partout l'homme social a acquis un plus vaste développement de ses forces par de nouveaux instruments, il ne lui reste peut-être plus qu'à ne pas s'exagérer sa puissance, à ne pas en abuser, à ne pas la tourner contre lui-même[1]. »

Deuxièmement, de l'intérêt et de la nécessité d'ouvrir les procédures d'expertise à une grande variété d'acteurs et de compétences. L'expertise française sur le gaz est monopolisée par une petite élite de chimistes et d'ingénieurs qui espèrent aider la France à rattraper son retard grâce à leur virtuosité mathématique. Ce faisant, leur expertise s'apparente à une expérience de pensée à partir d'un gazomètre idéal et calculable par les lois de la physique. Les désaccords sont tus grâce à la procédure académique qui produit la science comme une voix unique parlant en vérité sur la nature du monde. À l'inverse, l'expertise de la Chambre des communes impliqua une grande variété d'acteurs. Des ingénieurs et des contremaîtres qui manipulaient quotidiennement les gazomètres purent témoigner des problèmes qu'ils rencontraient. Quand les experts exprimaient des doutes ou se contredisaient entre eux, le comité cherchait à comprendre les raisons de cette incertitude. Il est clair que ces pratiques d'expertise contrastées débouchèrent sur des résultats de qualités inégales.

Troisièmement, l'histoire du gaz est emblématique de l'imprévisibilité radicale de la technique. Les usines à gaz des années 1820, bien que démantelées depuis un siècle, continuent de polluer : les goudrons issus de la distillation du charbon, qui ont contaminé les sols, contiennent des hydrocarbures que la médecine contemporaine reconnaît comme

---

1. Charles Nodier et Amédée Pichot, *Essai critique sur le gaz hydrogène*, *op. cit.*, p. 1-2.

cancérigènes. La surprise la plus amère fut climatique. En 1823, les académiciens présentaient le gaz comme un moyen de lutter contre le déboisement et donc contre le refroidissement du climat. Le gaz permit en effet de réduire la consommation de bois et d'accroître celle de charbon. Paris, qui consommait 100 000 tonnes de bois par an dans les années 1820 n'en brûlait plus que 70 000 vingt ans plus tard. Entre-temps, la consommation de charbon était passée de 50 000 à 180 000 tonnes, dont près d'un tiers était consacré aux usines à gaz de la capitale[1]. En semblant libérer l'énergie des contraintes forestières, le gaz a désinhibé la consommation énergétique et a finalement ouvert la voie à la carbonification de l'atmosphère.

Jeter l'opprobre sur les experts des années 1820 qui n'ont pas su prévoir ces dangers n'aurait aucun sens. Par contre, la comparaison historique de ce que l'expertise prévoyait avec ce qui est advenu permet de rendre sensible ce que le mot « incertitude » signifie quand on l'utilise de manière détachée pour parler des technologies contemporaines. La technique et ses circonstances, c'est-à-dire la complexité du monde, déjouèrent systématiquement tous les pronostics. Le seul vainqueur de la controverse fut l'imprévisible.

---

1. *Le Journal des économistes*, vol. 6, 1843, p. 19. En Grande-Bretagne, à la fin du siècle, 10 millions de tonnes sur un total de 30 millions sont consacrées à l'industrie du gaz. Cf. Peter Thorsheim, *Inventing pollution*, *op. cit.*

CHAPITRE VI

La mécanique de la faute

La norme technique de sécurité répondait à deux exigences politiques différentes : la première, on l'a vu, était de protéger le capital industriel en contenant le risque et en le légalisant ; la seconde, qui fait l'objet de ce chapitre, était d'intégrer les nouveaux objets de la révolution industrielle dans l'anthropologie juridique libérale reposant sur la distinction entre personne responsable et chose passive.

Le code civil de 1804 répondait à un projet de moindre gouvernement : le législateur entendait constituer la société comme un ensemble d'individus dont les interactions judiciaires harmoniseraient les comportements. Dans ce cadre, l'accident était conçu comme une affaire privée mettant en cause un responsable et une victime. Il était objet de droit en tant que faute et devait être combattu comme telle, en imposant la réparation. Reprenant une longue tradition juridique, la responsabilité quasi délictuelle définie par l'article 1382 du code civil conditionnait donc le dédommagement à l'existence d'une faute. Mais pour que ce système autorégulé fonctionne, encore fallait-il pouvoir identifier des fautes, c'est-à-dire attribuer des causes humaines aux accidents. Il fallait donc pouvoir distinguer avec clarté deux ordres ontologiques : celui des personnes sujettes à imputation et celui des choses passives[1].

---

1. « Une personne est ce sujet dont les actions sont susceptibles d'imputation. La chose est ce qui n'est susceptible d'aucune imputation. » (Emmanuel Kant, *Doctrine du droit*, Paris, Vrin, 1971, p. 98.) Cf. Paul Ricœur, « Le

Déjà au XVIIIe siècle, cette distinction n'avait rien d'évident, et des règles de justice avaient été inventées pour trancher les cas délicats. Le droit imputait généralement la violence des objets à leurs propriétaires. Selon Domat : « l'ordre qui lie les hommes en société [...] oblige chacun à tenir tout ce qu'il possède en un tel état que personne n'en reçoive ni mal ni dommage[1]. » Dans de nombreuses circonstances, la faute était tellement légère qu'elle n'était que présumée : le propriétaire était toujours tenu responsable des dommages causés par son animal, de même le propriétaire d'une forêt dont les lapins causaient des dégâts aux champs voisins, ou le maçon utilisant une machine pour élever des matériaux. La distinction entre « homicide par imprudence » et « homicide casuel » relevait bien d'une construction juridique : le barbier qui, dans sa boutique, est bousculé et tranche la gorge de son client est innocent, mais si le même accident intervient alors qu'il officie à l'extérieur, le voici coupable d'imprudence[2].

À partir des années 1820, les technologies de la révolution industrielle brouillent davantage encore le critère de l'imputation : au lieu d'une cause impliquant un responsable humain ayant mésusé des choses, juges et ingénieurs se retrouvent face à des ensembles causaux aux contours flous, mêlant indistinctement des erreurs, des inattentions, des ignorances, des dysfonctionnements techniques imprévisibles, des processus d'usure, des fragilités matérielles, des conditions d'usage et de maintenance, etc. La cause se disséminait dans un réseau continu de personnes et de choses rendant impossible l'imputation et la compensation. Cette symétrie entre humains et non-humains, que la sociologie des sciences contemporaine considère comme un résultat[3], constituait pour le législateur

concept de responsabilité. Essai d'analyse sémantique », *Le Juste*, vol. 1, Paris, Seuil, 1995, p. 41-70.
1. Jean Domat, *Les Loix civiles dans leur ordre naturel*, Paris, vol. 2, Coignard, 1691, p. 113-137.
2. Daniel Jousse, *Traité de la justice criminelle*, Paris, Debure, 1771, p. 519-527.
3. Michel Callon, « Éléments pour une sociologie de la traduction. La domestication des coquilles Saint-Jacques dans la baie de Saint-Brieuc »,

un point de départ et un problème. Car placer sur un même plan d'imputabilité les choses et les personnes ne résolvait aucune question pratique de justice, et accepter une violence issue des choses elles-mêmes privait la société d'un puissant moyen d'autodiscipline des individus : la peur continuelle de la faute et de sa sanction.

Dans ce contexte, la norme technique joua un rôle politique fondamental : en produisant (y compris au sens scénique du terme) des objets prévisibles ne pouvant, de leur propre mouvement, causer d'accident, la norme permettait d'orienter les imputations de manière systématique vers les humains. En créant une technique parfaite, garantie par l'administration, la norme visait à produire des sujets responsables.

Les historiens ont déjà analysé la transformation, à la fin du XIXe siècle, de la gestion sociale des accidents. Les lois sur les accidents du travail (1884 en Allemagne, 1898 en France) instituent en effet un régime de responsabilité sans faute : l'ouvrier n'a plus besoin de démontrer au tribunal l'existence d'une faute de son employeur pour obtenir un dédommagement. Comme l'explique François Ewald, les accidents sont extraits de la logique judiciaire et soumis à celle du risque professionnel ; ils ne sont plus le résultat d'une faute, mais le revers inévitable de la production industrielle dont bénéficie la société tout entière. Il était donc juste que leurs conséquences fussent réparties, grâce aux techniques assurantielles, sur l'ensemble de la société, comme le coût inhérent au progrès. Le droit en devenant « social » se serait donc adapté à l'évolution du monde productif et à sa mécanisation.

Le problème du récit d'Ewald est qu'il revient à présenter la loi de 1898 comme la régulation d'une situation préalable qui serait libérale par défaut. Il oblitère ainsi l'immense travail juridique et technique qui permit de préserver le principe de

---

in *L'Année sociologique*, vol. 36, 1986 ; Diane Vaughan, *The Challenger Launch Decision : Risky Technology, Culture, and Deviance at Nasa*, Chicago, University of Chicago Press, 1996 ; Peter Galison, « An accident of history », *Atmospheric Flight in the Twentieth-Century*, Dordrecht, Kluwer, 2000, p. 3-44.

la responsabilité tout au long du XIXe siècle. Ce qui est étrange, c'est que la responsabilité pour faute fut érigée en principe fondamental du droit civil au moment précis où les technologies de la révolution industrielle rendaient son application source d'injustice. Ce qui nécessite une explication historique, c'est autant la reconnaissance du risque professionnel à la fin du XIXe siècle que l'application juridique du principe de responsabilité avant cette date[1].

Et ce d'autant plus que le code civil tolérait une certaine souplesse. Si les articles 1382 et 1383 insistaient sur le lien entre la réparation et la faute, les articles suivants reconnaissaient des cas de responsabilité où la faute n'était que présumée. Le propriétaire d'animaux était ainsi responsable des dommages que ces derniers pouvaient causer. Les accidents dans l'armée, dans la marine civile et dans les travaux publics entraînaient le versement d'une pension sans que la preuve d'une faute soit nécessaire[2]. Enfin, le code civil introduisait une responsabilité pour les dommages causés par les « choses que l'on a sous sa garde ». Les cours judiciaires auraient pu assimiler les machines aux chevaux qu'elles remplaçaient ou encore invoquer la « garde des choses » afin de faire payer les propriétaires. Et c'est d'ailleurs bien ce qu'elles firent, mais à la fin des années 1860 seulement. Avant cette date, l'indemnisation n'était adjugée qu'en cas de faute avérée. Les accidents aux causes indéterminées étaient considérés comme des cas fortuits c'est-à-dire assimilés aux catastrophes naturelles n'impliquant aucune compensation.

L'objet de ce chapitre est double : premièrement, en se centrant sur les machines à vapeur, dégager l'infrastructure matérielle du libéralisme juridique, c'est-à-dire les dispositifs

---

1. François Ewald, *Histoire de l'État providence. Les origines de la solidarité*, Paris, Grasset, 1986. Autre problème : la faute demeure essentielle dans le droit civil et dans la vie industrielle. Cf. Francis Chateaureynaud, *La Faute professionnelle. Une sociologie des conflits de responsabilité*, Paris, Métailié, 1991.
2. Philippe-Jean Hesse, « Les accidents du travail et l'idée de responsabilité civile au XIXe siècle », *Histoire des accidents du travail*, vol. 6, 1979, p. 1-57.

techniques qui permirent de maintenir le simulacre d'un homme responsable ; deuxièmement, montrer que la théorie du risque professionnel et l'assurance obligatoire ne sont aucunement en rupture avec le libéralisme mais s'inscrivent au contraire dans la droite ligne du vieux projet chaptalien de sécurisation du capital industriel.

1. Norme, responsabilité et autodiscipline

La responsabilité est fondée sur la prévisibilité : l'accident est une source de compensation dans la mesure où le juge peut imputer une faute, c'est-à-dire montrer qu'un individu n'a pas su *prévoir* les conséquences de son action. Pour produire des hommes responsables, il fallait donc rendre la technique aussi prévisible que les lois de la nature. À première vue, dans le contexte technologique des années 1820, cela ne devait pas poser de difficulté. La vapeur obéit à des lois mathématiques linéaires ($PV = NRT$) et paraît emblématique d'un système technique prévisible et maîtrisable.

Pourtant, tout au long du siècle, elle posa des problèmes insolubles. Si la majorité des explosions s'expliquaient par une soupape surchargée ou des tôles abîmées, d'autres demeuraient parfaitement mystérieuses. Par exemple, il arrivait que des chaudières explosent quand la soupape s'ouvrait. L'explication proposée par les ingénieurs était la suivante : la tôle accumule du calorique et l'eau maintenue sous pression ne bout pas. Lorsque la soupape s'ouvre, la pression diminuant, l'eau qui entre en ébullition touche les parois surchauffées et s'évapore d'un coup, causant l'explosion. La théorie de l'état sphéroïdal permettait d'expliquer les explosions ayant lieu quand la chaudière refroidissait : l'eau en suspension sur un coussin de vapeur surchauffée s'affaissait soudainement sur les tôles brûlantes. D'autres hypothèses invoquaient encore la formation de gaz hydrogène au contact de l'eau et du métal, des retards d'ébullition dus à l'absence de gaz dans l'eau ou même des phénomènes électriques. Les théories sur les explosions subites constituaient un genre en soi dans la littérature technique de l'époque[1].

Il n'y a pas eu d'inconscience progressiste au siècle de la vapeur. Lorsqu'en 1815 apparaissent en France les chaudières à haute pression (plus de deux fois la pression atmosphérique), les entrepreneurs hésitent à employer des objets aussi imprévisibles, en particulier pour la navigation. En 1822, la Société d'encouragement pour l'industrie nationale publie un rapport élogieux sur le *zoolique*, un bateau construit à Nantes utilisant des roues à aubes mais remplaçant la machine à vapeur par un cheval.

En mars 1822, après une série d'explosions aux États-Unis et en Grande-Bretagne rapportées par la presse parisienne, le ministre de l'Intérieur Corbière interdit les chaudières à haute pression à moins de soixante-dix mètres des habitations, ce qui revenait de fait à en proscrire l'usage en ville. Le Conseil de salubrité, ardent défenseur des intérêts industriels, refuse d'appliquer cette décision. Selon lui, comme il suffit de surcharger la soupape de sécurité pour transformer une chaudière basse pression en chaudière haute pression, cette mesure menace d'interdire l'usage de la vapeur. En outre, la haute pression permettait d'obtenir des rendements bien supérieurs, doubles voire triples de ceux des chaudières standard. L'économie de charbon était considérable, la réduction des nuisances liées à sa combustion également. Le Conseil de salubrité critique ouvertement la décision du ministre qui n'aurait pas été « motivée par une discussion convenablement approfondie des principes de la matière[2] ».

La vapeur pose un double problème de police. Premièrement, en augmentant la pression, on augmentait la puissance de la machine, la cadence de la production et donc les rendements. La recherche du profit accroissait manifestement les

---

1. Jacob Perkins, « Sur les causes des explosions les plus dangereuses de machine à vapeur », *Annales annuelles de l'industrie manufacturière*, vol. 2, 1827, p. 286 ; Pierre-Hypolite Boutigny, *Études sur les corps à l'état sphéroïdal*, Paris, Librairie scientifique, 1847 ; François Arago, « Explosions des machines à vapeur », *Œuvres complètes*, vol. 5, Paris, Baudry, 1855, p. 118-180.
2. APP, RCS, 23 août et 18 septembre 1822.

risques. Deuxièmement, le danger n'était pas dû à une mauvaise disposition de la technique mais à son mauvais usage. En juillet 1822, le Conseil de salubrité autorise une chaudière en échange de *l'engagement* de l'entrepreneur à ne pas dépasser deux atmosphères. Le préfet de police refuse ce compromis : « C'est dans la construction même de l'appareil qu'on doit trouver la sûreté[1]. »

Face aux critiques du Conseil de salubrité, le ministre de l'Intérieur retire sa décision et demande un rapport à l'Académie des Sciences. En avril 1823, Laplace, Girard, Dupin, Prony et Ampère proposent une solution technique au problème de la surveillance. Deux dispositifs de sécurité sont ajoutés : une seconde soupape « disposée de manière à rester hors d'atteinte de l'ouvrier » et deux « rondelles autofusibles » composées d'un alliage fondant à une température correspondant à la pression maximale[2]. Dans les deux cas, le but est de restreindre la liberté de l'ouvrier, que l'on suppose être à l'origine des accidents.

Soupape hors d'atteinte, début XIXᵉ siècle[3].

---

1. APP, RCS, 12 juillet 1822.
2. *Procès-verbaux des séances de l'Académie, op. cit.*, vol. 7, 14 avril 1823.
3. Deutsches Museum, Munich.

En octobre 1823, une ordonnance impose l'usage de ces deux dispositifs de sécurité et place les chaudières sous le contrôle de l'administration des mines. Une commission centrale des machines à vapeur est instituée auprès du ministère de l'Intérieur. Dans les départements, les ingénieurs des mines doivent vérifier la conformité des chaudières, les soumettre à une pression d'épreuve, les inspecter une fois l'an et apposer des timbres officiels sur les soupapes et les rondelles fusibles[1].

Ce contrôle administratif pose immédiatement un nouveau problème technique : pour fixer les points de fusion des rondelles, il faut connaître la loi qui lie température et pression. En 1823, le gouvernement charge donc l'Académie d'établir cette relation jusqu'à la pression considérable de 24 atmosphères. Les savants mobilisés dans cette expérience (Arago, Prony, Ampère, Girard et Dulong) ne s'autorisent aucune approximation. Pour plus de précision, ils renoncent à utiliser un manomètre à ressort et installent un tube de verre de 20 mètres le long de la tour du collège Henri IV à Paris. Selon Arago, il s'agit d'une des plus grandes expériences de physique jamais réalisées[2]. Grâce à la précision et au courage des académiciens, la technologie française fondée sur des lois mathématiques se distinguera de l'empirisme anglais ou américain. Les nouveaux dispositifs industriels et la volonté de l'administration de les sécuriser permettent un changement d'échelle de l'expérience physicienne. Vingt ans après, le

---

1. Épreuve indispensable à l'autorisation. Les machines à vapeur sont rangées dans la deuxième classe du décret de 1810.
2. *Mémoires de l'Académie des sciences de l'Institut de France*, vol. 10, Paris, Gauthier-Villars, 1831, p. 235.
Le *Franklin institute* de Philadelphie emploie en 1836 une méthode très différente. Le problème de l'explosion n'est pas pensé comme un phénomène linéaire de lutte entre pression et résistance des matériaux, mais comme un événement imprévisible : plutôt que d'établir une loi physique, les ingénieurs américains essaient de reproduire les explosions mystérieuses évoquées par les mécaniciens. Ils construisent une chaudière munie d'une épaisse plaque de verre pour observer ce qui se passe à l'intérieur. Cf. *Report of the Committee of the Franklin Institute of the State of Pennsylvania on the Explosions of Steam Boilers*, Philadelphia, 1836.

grand expérimentaliste Victor Regnault obtient ainsi des subventions considérables du ministère des Travaux publics afin de déterminer avec précision les lois de la vapeur à très haute pression. Il en profite pour mener des recherches de thermométrie sur les retards d'ébullition et les points fixes[1].

À l'inverse de la pression, la résistance des tôles ne se prêtait guère à la mesure car elle variait en fonction de la qualité du métal et de la température. Aucune loi mathématique simple n'étant envisageable, les académiciens délèguent le travail à de simples ingénieurs. À cause de cette incertitude, l'administration est contrainte d'imposer des coefficients de sécurité considérables : l'épaisseur des chaudières est calculée pour résister à une pression double de la pression d'épreuve qui est elle-même fixée au quintuple de la pression d'usage, soit un coefficient de sécurité de dix[2]. Les fabricants de chaudières sont scandalisés par le gâchis de métal que cela implique. Les ingénieurs anglais sont également sceptiques quant à l'utilité de telles épaisseurs. Selon eux, la sécurité réside plutôt dans la qualité des tôles qu'utilise le chaudronnier. S'il n'y a pas de norme officielle en Angleterre, la Manchester Steam Users Association recommande dans les années 1850 un coefficient de sécurité de cinq.

En fait, la marge de sécurité était essentielle au projet de normalisation. L'administration qui choisit de prévenir les accidents « en amont », par des prescriptions techniques, doit également anticiper *l'usure* qui affaiblit le métal. Les ingénieurs des mines justifient ainsi la dépense supplémentaire : « Les fabricants en se réglant sur ces épaisseurs, ne mettront dans le commerce que des chaudières qui, *malgré un long usage*, seront encore susceptibles de résister à la pression d'épreuve[3]. »

---

1. Victor Regnault, *Relation des expériences pour déterminer les principales lois et les données numériques qui entrent dans le calcul des machines à vapeur*, Paris, Firmin Didot, 1847, p. 2-5.
2. « Troisième instruction relative à l'exécution des ordonnances sur les machines à vapeur », *Annales des mines*, 2e série, vol. 3, 1828, p. 490-513.
3. *Ibid.*, p. 516.

En 1828, les chaudières françaises sont donc normalisées dans leurs paramètres essentiels : l'épaisseur des tôles, le point de fusion des rondelles fusibles et le diamètre des soupapes sont calculables à partir de la pression d'usage et du diamètre. Pour la première fois sans doute, des équations définissent la forme légale d'un objet technique.

Explosion dans un atelier parisien, 1867, cinq morts[1].

Que se passe-t-il quand une chaudière française explose ? Quels effets produisent la norme, le coefficient de sécurité et la certification administrative sur les manières d'imputer les responsabilités ?

Déterminer les causes d'une explosion est difficile : le chauffeur est souvent mort et l'atelier dévasté. L'ingénieur départemental des Mines relève des indices, recueille des témoignages et analyse des échantillons de métal. L'opacité qui règne sur les circonstances de l'accident pourrait laisser

1. AN, F[14] 4217.

une grande liberté d'interprétation si quatre théories, reconnues par le corps des Mines, n'encadraient pas nécessairement son rapport : la surcharge de la soupape, l'abaissement du niveau d'eau, le vice de construction et l'usure de la tôle. Ces théories fournissent des récits types pour les rapports d'accidents et permettent de clore les chaînes causales.

Deux conséquences. Premièrement, en exhibant les causes et en revêtant ces explications d'une légitimité savante, l'administration des Mines fournissait aux juges des individus juridiquement responsables. Entre 1827 et 1848, sur 58 explosions de chaudières, 4 seulement demeurent inexpliquées[1]. De son côté, le monde judiciaire était généralement plus prudent et les procureurs hésitaient à poursuivre sur la foi des rapports des ingénieurs. Un simple manquement aux ordonnances leur semblait insuffisant pour prononcer une condamnation[2].

Deuxièmement, l'administration des mines oriente l'imputation des accidents vers les ouvriers : un tiers des explosions seraient dues à leurs erreurs, inattentions ou imprudences (défaut d'alimentation ou surcharge de la soupape), les deux tiers restants, à des vices de construction ou de maintenance, imputables au propriétaire. Or, dans les années 1850, les sociétés d'assurance anglaises attribuent une explosion sur dix seulement à la responsabilité de l'ouvrier[3]. Comment expliquer ce décalage ? En France, l'explosion d'une chaudière renvoie l'ingénieur des Mines à son incapacité à surveiller et maintenir en bon état les chaudières de son département. Dans son rapport adressé aux ingénieurs généraux, il a donc intérêt à incriminer une faute de l'ouvrier plutôt que le mauvais état de

---

1. « Tableau du nombre des accidents survenus dans l'emploi des appareils à vapeur », *Annales des mines*, vol. 15, 1849, p. 22-45.
2. AN F^{14} 4215, explosion en 1830 à Elbeuf, AN F^{14} 4217, explosion en 1868 à Reims. En 1827, l'ingénieur des Mines du Haut-Rhin indique que sur les 20 chaudières de son département, 4 seulement sont munies de rondelles fusibles (AD Haut-Rhin, 5 M 47, Rapport de l'ingénieur sur les machines à haute pression).
3. Association for the Prevention of Steam Boiler Explosions, *Reports of the Proceedings*, 1864.

la machine. Il arrive d'ailleurs que la commission rejette des conclusions à charge contre l'ouvrier et critique les explications trop alambiquées de l'ingénieur départemental[1].

Les rapports des ingénieurs s'intéressent autant aux vices de la machine qu'à ceux de l'ouvrier. On découvre de manière opportune que celui-ci, au moment de l'accident, était ivre, s'était endormi, ou même, menait une vie dissolue[2] ! Une instruction de 1824 explique que le chauffeur doit être « non seulement attentif, actif, propre et sobre, mais encore exempt de tout défaut qui pourrait nuire à la régularité du service. Rien ne doit troubler l'attention de l'ouvrier pendant le travail ; autrement il ne peut y avoir de sécurité dans l'établissement ». À propos des surcharges de soupape, l'instruction prévient « qu'elles sont extrêmement dangereuses [...] il faut que les ouvriers sachent bien que l'un des principaux effets d'une explosion serait d'épancher une immense quantité de vapeur brûlante qui leur causerait une mort cruelle[3] ». Le danger encouru par l'ouvrier favorise la discipline et augmente donc la sécurité. Une machine à vapeur parfaitement prévisible est aussi, le cas échéant, une bonne machine à punir.

2. Vices et perfectionnements

Dans l'esprit des ingénieurs, l'accident, lorsque l'ouvrier n'en est pas responsable, témoigne d'un état *transitoire* de la technique. Deux notions, celles de « vice de construction » et de « perfectionnement », fondent l'horizon d'un monde clair composé de machines parfaites et d'humains responsables.

Le vice de construction suppose en effet que l'on puisse distinguer l'essence de la technologie de ses incarnations

---

1. AN F[14] 4217, explosion en 1867 à Avignon.
2. Charles Combes, « Sur les explosions de chaudières à vapeur depuis 1827 », *Annales des mines*, 2e série, vol. 20, 1841, p. 130-139.
3. *Instruction sur les mesures habituelles à observer dans l'emploi des machines à vapeur à haute pression*, 19 avril 1824.

vicieuses. Par exemple, lorsqu'une chaudière explose, si elle est en fonte, les ingénieurs incriminent le matériau ; si elle est en tôle (suivant en cela leurs conseils), ils accusent une mauvaise construction : les rivets peuvent être trop rapprochés, trop éloignés, trop alignés, trop enfoncés, ovalisés, pas assez biseautés, etc. Il y a mille et une façons d'incriminer un rivet plutôt que les dangers intrinsèques de la vapeur. Pour les ingénieurs des Mines, le vice de construction présentait l'avantage d'être caché : comme il ne pouvait être découvert qu'une fois l'explosion survenue, il ne remettait pas en cause leur travail de surveillance.

La notion de perfectionnement est également rassurante car elle laisse entrevoir l'existence d'un état parfait de la technique. Les termes du concours ouvert en 1829 par la Société d'Encouragement pour l'Industrie Nationale sont explicites : deux prix seront remis à qui « *perfectionnera* et *complétera* les moyens de sûreté » ou bien « trouvera une forme et une construction de chaudière qui préviennent ou *annulent tout danger d'explosion* ».

Dans les années 1830 perfectionner la machine signifie surtout discipliner l'ouvrier : à chaque cause d'erreur ou de négligence, il convient de trouver un dispositif qui contrôle le chauffeur ou le remplace. Des modèles de soupape sont proposés qui raffinent le dispositif de l'ordonnance de 1823 : soupapes à l'intérieur de la chaudière et donc inaccessibles à l'ouvrier, soupapes à boules enfermées, soupapes à levier d'échappement. D'autres dispositifs visent à avertir l'ouvrier du danger ou à dénoncer son inattention : ce sont par exemple des manomètres frappant une cloche quand la pression est trop haute, ou des flotteurs laissant passer un jet de vapeur dans un sifflet d'alarme quand le niveau d'eau est trop bas[1].

D'autres inventeurs cherchent plutôt à remplacer l'ouvrier par des automatismes : flotteur qui en s'abaissant ouvre le robinet d'alimentation ; manomètre qui ouvre la soupape si la

---

1. « Rapport sur le concours relatif aux moyens de sûreté contre les explosions », *BSEIN*, 1832, p. 452-470 et *BSEIN*, 1833, p. 108, 300.

pression dépasse un certain seuil. Au milieu du XIXᵉ siècle, la prévention de l'explosion fut un des lieux importants où se sont pensés l'automatisme et le couplage des systèmes. Les inventeurs essaient d'établir des boucles de rétroaction négative en mettant en communication les paramètres de la chaudière : comment extraire l'information sur la pression et la coupler avec l'alimentation en air du foyer ? Comment mesurer le niveau d'eau et agir en conséquence sur le robinet ? Avec les moyens mécaniques du XIXᵉ siècle, la tâche n'était pas aisée.

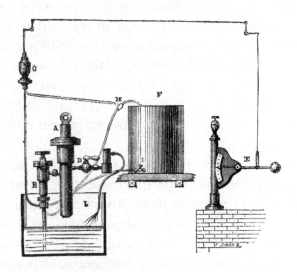

Alimentation automatique Thibault[1].

Le projet de garantir la sécurité par l'automatisation et en contournant l'ouvrier concrétisait l'utopie productive des philosophes du XVIIIᵉ siècle, à savoir la subordination de l'ouvrier aux savoirs et aux machines des ingénieurs. En 1767, à propos des manufactures, le philosophe Adam Ferguson expliquait que leur « perfection consiste à se passer d'intelligence […] en

1. *Les Mondes. Revue hebdomadaire des sciences*, vol. 10, Paris, Rothschild, 1866, p. 539.

sorte que l'atelier puisse être considéré comme une machine dont les pièces seraient des hommes[1] ». Cinquante ans plus tard, c'était toujours en ces termes que les automatismes sécuritaires étaient interprétés. À propos des machines à vapeur, une encyclopédie française s'émerveille : « Ces perfectionnements [...] achèvent de faire de cet appareil une espèce d'automate, capable pour ainsi dire d'exécuter seul et sans surveillance le service qu'on lui a imposé[2]. » Le médecin londonien Herbert Mayo s'autorise à comparer le métabolisme des humains à celui des machines car ces dernières constituent aussi des organismes autorégulés : « Dans son état présent, la machine régule parfaitement la quantité de vapeur, la force du feu, l'approvisionnement en eau [...] elle ouvre et ferme ses soupapes avec une précision absolue et quand quelque chose ne va pas, elle avertit ses serviteurs en sonnant la cloche[3]. » Dans les *Grundrisse*, Karl Marx s'intéressait également à la mécanisation de l'homme et à l'humanisation de la mécanique, mais cette réduction des différences, loin d'être un progrès, lui semblait être symptomatique des désordres du capitalisme qui transformaient l'ouvrier « en accessoire vivant de la machine[4] ».

Dans les années 1820, l'ouvrier était conçu comme un être plus irrégulier et plus difficilement perfectible que la machine. La sécurité semblait donc passer par l'inscription des actions humaines dans la technique elle-même. Cette mise en équivalence des hommes et des machines, l'échange de leurs caractéristiques et de leurs capacités d'agir constituaient au XIXe siècle la manière dominante de penser la technique et de l'insérer dans un ordre social libéral.

---

1. *Histoire de la société civile*, Paris, Desaint, 1783, vol. 2, p. 109. Simon Schaffer, « Enlightened automata », *The Sciences in Enlightened Europe*, Chicago, University of Chicago Press, p. 126-165.
2. *Encyclopédie moderne, ou dictionnaire abrégé des hommes et des choses*, Bruxelles, Lejeune, 1832, vol. 23, p. 205.
3. Herbert Mayo, *The Philosophy of Living*, Londres, Parker, 1838, p. 21.
4. Cité par André Gorz, *Métamorphoses du travail. Critique de la raison économique*, Paris, Galilée, 1988, p. 94.

3. En Grande-Bretagne : le marché de la responsabilité

Assurance et responsabilité sont souvent pensées comme deux modes antithétiques de gestion de l'accident : la première est une technologie collective fondée sur la statistique et l'anticipation ; la seconde est individuelle et gère des situations *a posteriori*. L'effet social de ces deux techniques serait également très différent : d'un côté, une population de cotisants et d'ayants droit, de l'autre un face-à-face judiciaire entre le responsable présumé et sa victime. Ces oppositions, calquées sur le discours des promoteurs de la doctrine du risque professionnel des années 1890, tendent à ramener les pratiques assurantielles au principe de l'assurance. L'étude des assurances de machines à vapeur britanniques qui apparaissent dans les années 1850 permet de relativiser cette opposition entre deux univers. Loin d'extraire l'accident du régime de la responsabilité, elles tendent au contraire à imposer les catégories de cause et de faute à un système judiciaire réticent. Le but des compagnies d'assurances était en effet de vendre des polices aux entrepreneurs. Pour cela, il fallait rendre ces derniers juridiquement responsables afin de les inciter à souscrire aux polices qu'elles proposaient. Le travail de responsabilisation réalisé en France par l'administration des Mines fut entrepris en Angleterre par des compagnies d'assurances cherchant à créer un marché de la sécurité.

Entre 1830 et 1846, afin d'indemniser les victimes des accidents technologiques sans responsables, les jurys anglais recouraient au *deodand*, un dispositif juridique médiéval permettant aux autorités de confisquer un objet (ou un animal) ayant blessé ou tué[1]. L'objet était vendu et l'argent perçu servait à indemniser les victimes. Le *deodand* autorisait à punir le propriétaire malgré l'absence de faute en attribuant une

---

1. De *deo dandum* : « ce qui doit être consacré à Dieu ». Le *deodand* ne pouvait s'appliquer qu'aux choses mouvantes ou animées : chevaux, bétail, diligences, roues des moulins, etc.

quasi-intention aux objets jugés coupables. Remettant en cause la distinction entre personne et chose, le *deodand* semblait déjà archaïque aux juristes anglais du XVIIIe siècle. Pourtant, à partir de 1830, les jurys anglais confrontés aux accidents technologiques exhumèrent ce dispositif afin de compenser les victimes des explosions de chaudières ou des accidents de chemin de fer[1].

Pour comprendre la résurgence d'une forme juridique prémoderne de socialisation des objets, il faut comparer les situations des jurys anglais et français face aux accidents. Il n'y a pas eu en Grande-Bretagne de réglementation administrative des chaudières. Les enquêtes parlementaires se succèdent (1817, 1819, 1832, 1844, 1870) mais la première réglementation sur les chaudières fixes date de 1902 seulement[2]. En l'absence de norme légale spécifiant la forme technique, le jury doit apprécier les responsabilités du propriétaire au regard des usages acceptables ou de l'entretien correct d'une chaudière. Le *deodand* est lié au flou des responsabilités. Prenons un exemple. En 1838, la chaudière du bateau *Victoria* explose à Londres[3]. Le jury, essentiellement composé de marchands, interroge des mécaniciens et des fabricants de chaudières à vapeur. Les explications sont aussi nombreuses que les témoins. Le fabricant fait valoir la qualité de la chaudière, ses concurrents incriminent sa faible épaisseur ; un savant affirme que l'explosion est due à la formation de gaz hydrogène ; des rescapés soupçonnent une surcharge, etc. L'enquête ne permet pas de définir une faute et le jury ne sait quel verdict rendre[4]. À l'inverse, l'ingénieur des Mines

---

1. Harry Smith, « From deodand to Dependency », *The American Journal of Legal History*, vol. 11, 1967, p. 389-403 ; Elisabeth Cawthon, « New Life for the Deodand : Coroners' Inquests and Occupational Deaths in England, 1830-1846 », *American Journal of Legal History*, vol. 33, 1989, p. 137-147.
2. Peter Bartrip, « The state and the steam boiler in nineteenth-century Britain », *International Review of Social History*, vol. 25, 1980, p. 77-105.
3. « Victoria explosion inquest », *The Mechanics' Magazine*, vol. 29, 1838, p. 340-68.
4. « Explosions of steam boilers », *The Times*, 23 août 1838.

reconstituait *une* histoire de l'explosion qui dominait les histoires concurrentes, il produisait une cause et un coupable. Et le juge français pouvait aussi fonder une culpabilité sur une infraction aux normes. Les jurys anglais doivent recourir aux notions plus fluides de « manque de soin », de « précaution raisonnable », ou de « connaissance commune ». Dans cet univers de responsabilité floue, ils ne peuvent juger les propriétaires pour homicide involontaire et se résignent en général au verdict de mort accidentelle tout en imposant un *deodand* au propriétaire.

Pendant une quinzaine d'années, ce dispositif médiéval punissant des objets coupables permit de faire payer aux entrepreneurs les conséquences de la modernité. Les jurys anglais adjugent parfois des *deodands* considérables : 1 500 livres pour l'explosion du bateau à vapeur *Victoria*, 2 000 livres pour un accident de chemin de fer en 1841. Les *deodands* deviennent une arme juridique suffisamment redoutable pour menacer de petites compagnies de chemins de fer ou de bateaux à vapeur. Les jurys sont accusés de décourager les capitalistes et, en 1846, sous la pression des compagnies de chemins de fer, le Parlement britannique abolit finalement les *deodands*[1].

En 1854, face à la multiplication des explosions, un groupe d'industriels de Manchester conduit par le grand ingénieur William Fairbairn fonde la Manchester Steam Users Association. Selon lui, les entrepreneurs doivent régler eux-mêmes le problème des accidents au risque de voir le gouvernement intervenir. Après les *factory acts* de 1844 (imposant des protections aux parties mouvantes des machines) et l'ordonnance de

---

1. Peter Bartrip et Sandra Burman, *The Wounded Soldiers of Industry : Industrial Compensation Policy, 1833-1897*, Oxford University Press, 1983, p. 97-102. En compensation, le *Campbell's Act*, en abolissant la maxime juridique « *the action dies with the person* », permet à la famille d'une personne tuée dans un accident d'obtenir une indemnité. Mais le coût de la procédure et plus encore la difficulté de prouver l'existence d'une faute rendent beaucoup plus difficile l'obtention d'une indemnité.

1852 sur les chaudières à vapeur maritimes, le Home Office menace maintenant de normaliser les chaudières industrielles. Or une normalisation à la française augmenterait le coût des machines et empêcherait l'innovation technique[1]. Fairbairn refuse également le système assurantiel qui inciterait les propriétaires à relâcher leur vigilance. La Steam Users Association propose donc à ses adhérents cinq visites annuelles d'un ingénieur et des conseils pour réduire leur consommation de charbon. Le but est bien de rendre le risque nul et non de le compenser. Cette association est un échec : dans les années 1860, le nombre de chaudières sous son contrôle stagne en dessous de 2 000.

En 1859, Longridge, l'ingénieur en chef de l'association, fait défection pour fonder avec un assureur londonien la Steam Boiler Insurance Company. Il s'agit de la première assurance contre les *explosions* de machines à vapeur, les compagnies d'assurances classiques (Norwich, Phoenix, Imperial, etc.) ne prenant en charge que le risque d'incendie lié aux chaudières[2]. La Steam Boiler Insurance Company est extrêmement profitable. Contrairement aux assurances-vie ou aux assurances contre le feu qui se chargent de risques cumulatifs (épidémie ou incendie urbain), les risques d'explosion de chaudières sont indépendants. L'assurance contre les machines à vapeur nécessite donc un petit capital (20 000 livres dans le cas de Steam Boiler Insurance). Dès 1865, la compagnie assure plus de 10 000 chaudières au prix d'une livre par an environ. Elle verse des dividendes annuels à hauteur de 20 % du capital ! Dans ce contexte, les concurrents se multiplient : en 1862, la Midland Steam Boiler Inspection and Assurance Company, en 1864 la National Boiler Insurance Company, en

---

1. Robert H. Kargon, *Science in Victorian Manchester*, John Hopkin's University Press, 1977, p. 41-48. William Fairbairn, *Governmental Boiler Inspection. Letter to John Hick MP*, 1870. Selon un autre ingénieur, « *Fixed rules and routines check the spirit of enterprise* », *The National Boiler Insurance Company, Chief Engineer Report*, Manchester, 1870.
2. Robin Pearson, *Insuring the Industrial Revolution, Fire Insurance in Great Britain*, 1700-1850, Londres, Ashgate, 2004, p. 181.

1873 la Yorkshire Boiler Insurance Company, en 1878, la Engine and Boiler Insurance Company, en 1882 la Scottish and English Boiler Insurance Company. Dans les années 1880, la moitié des quelque 100 000 chaudières britanniques seraient assurées.

La stratégie de sécurisation des assurances est très différente de celle de l'administration des Mines : alors que celle-ci entendait prévenir les accidents par la définition de la bonne forme technique, les assurances anglaises pensent les chaudières comme des objets en évolution : l'explosion n'est pas le résultat d'une construction défectueuse mais d'un processus d'endommagement. Fairbairn, le grand avocat du système d'inspection, fut aussi l'un des pionniers de l'étude de la fatigue des matériaux. Son cours sur la construction des chaudières témoigne d'un rapport très concret aux matériaux dont il étudie la résistance en fonction de leur provenance, de la manière de poser les rivets ou de la direction des fibres du métal[1]. Les compagnies d'assurances anglaises s'inscrivent dans cette culture métallurgique et dynamique de la sécurité. Le calcul de la prime de risque repose sur le croisement de deux critères : la catégorie de la chaudière qui dépend de son histoire (qualités des tôles, nature de l'eau d'alimentation, procédés de rivetage, réputation du constructeur, fixation de la chaudière, réparations précédentes, etc.) et l'âge de la chaudière qui détermine l'essentiel de la variation de la prime (de 1 à 4[2]). À l'inverse de l'administration des Mines qui se focalisait sur la forme de la technique, les assurances posent le problème de la sécurité des chaudières en termes de durée de vie de l'objet.

Les inspecteurs des assurances cherchent moins à imposer une forme technique (quoiqu'ils puissent demander des réparations avant d'assurer la chaudière) qu'à assurer le bon entretien de structures. Ils réalisent quatre inspections par an, dont

---

1. William Fairbairn, *Two Lectures on the Construction of Boilers and on Boiler Explosions, with the Means of Prevention, Delivered before the Leeds Mechanics' Institution*, 1851.
2. *Bulletin de la Société industrielle de Mulhouse*, vol. 36, 1866, p. 403.

une interne, au lieu d'une pour les ingénieurs des Mines ; ils étudient l'évolution de la corrosion et proposent des réparations. Le but principal des assurances n'est pas de compenser le risque mais bien de l'annuler. Par exemple, la Steam Boiler Insurance Company fait payer pour chaque chaudière 17 shillings par an pour l'inspection et 3 shillings seulement pour l'assurance. En somme, les assurances font le même travail que l'administration des Mines française mais avec des moyens bien supérieurs. Dans les années 1860, au lieu de 6 explosions par an en moyenne pour 10 000 chaudières (en Grande-Bretagne comme en France), le taux d'accident pour les chaudières soumises à l'inspection des compagnies d'assurances était de 2 ou 3.

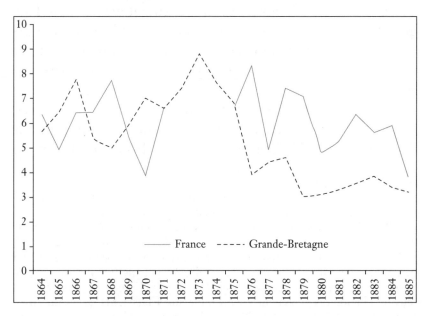

Nombre d'explosions par 10 000 chaudières[1].

1. Le graphique montre bien l'effet de l'inspection privée sur les chaudières anglaises à partir de 1875. En France, le système d'inspection ne se développe qu'au cours des années 1880. La courbe anglaise est incertaine car, faute d'enregistrement administratif, le nombre total des chaudières est inconnu. Les estimations des assureurs concordent pour donner une progression de 90 000 chaudières dans les années 1860 à 120 000 dans les années 1880. Sources : *Statistics Relating to Boiler Explosions*, Manchester,

L'effet produit par les assurances sur l'attribution des respon-sabilités est également assez différent de celui de l'administra-tion des Mines. Le but des compagnies d'assurances est de vendre des polices aux entrepreneurs. Elles ont donc intérêt à les rendre juridiquement responsables des explosions. D'où une communication extrêmement active en direction des *coroners* et des législateurs dénonçant l'injustice faite aux ouvriers et rappelant la responsabilité du patron dans l'entre-tien de la chaudière. Dès sa fondation, la Manchester Steam Users Association dépêche un ingénieur sur les lieux de chaque explosion pour qu'il puisse en étudier les causes et aider le *coroner* dans son enquête[1]. Le directeur de la Steam Boiler Insurance Company est parfaitement explicite : « Tant que l'on considérera les explosions de chaudières comme des accidents sans responsables, beaucoup d'utilisateurs de la vapeur préféreront courir le risque plutôt que souscrire une assurance[2]. »

Selon les assurances, dans l'immense majorité des cas, l'ouvrier n'est pas responsable[3]. Et certaines s'emploient à le démontrer : en 1880, la Steam Boiler Insurance Company

---

1869 ; Cornelius Walford, « The increasing number of deaths from explo-sions, with an examination of the causes », *Journal of the Society of Arts*, vol. 29, 25 mars 1881, p. 399-414 ; Christine Chapuis, « Risque et sécurité des machines à vapeur au XIXᵉ siècle », *Culture technique*, 1982, n° 11, p. 203-217. Aux États-Unis, le risque est d'un autre ordre de grandeur qu'en Europe. Dans les années 1880, il y avait trois fois moins d'explo-sions par habitant en Grande-Bretagne qu'aux États-Unis ; ou encore, plus de chaudières éclataient en un mois aux États-Unis qu'en un an en France ou en Allemagne. Cf. Robert Thurston, *A Manual of Steam Boilers*, New York, John Wiley, 1907, p. 717 et Louis C. Hunter, *Steam Power, A History of Industrial Power in the United States, 1780-1930*, University Press of Virginia, 1986.

1. « Report from the select committee on steam boiler explosions », *House of Commons Papers, Report of Committees*, vol. 12, 1871, question 152.
2. *Statistics Relating to Boiler Explosions*, Manchester, 1869.
3. Manchester Steam Users Association, *Chief Engineer's Monthly Report*, 1863.

réalise des expériences afin de réfuter la théorie du défaut d'alimentation qui incriminait l'ouvrier : de l'eau injectée dans une chaudière chauffée au rouge produit des déchirures dans la tôle, sans occasionner d'explosion fulminante. Les assureurs critiquent aussi l'incompétence des coroners, la composition des jurys et les faux experts payés par les manufacturiers pour présenter les dernières théories des explosions subites[1]. Les assurances exercent ainsi un lobbying constant pour réformer la procédure d'enquête. En 1882, Hugh Mason, le vice-président de la Manchester Steam Users' Association, également membre du Parlement, finit par obtenir gain de cause en s'alliant aux syndicats : le Steam Boiler Act impose le rapport officiel d'un ingénieur après chaque explosion[2].

4. La crise technologique de l'homme responsable

En France, à partir des années 1840, le régime technique de régulation des accidents entre en crise. Tout d'abord, au sein du monde manufacturier, la production mécanique de la faute a toujours été contestée. Les praticiens de la vapeur n'accordaient aucune confiance aux dispositifs de sécurité imposés par l'administration des Mines. La Société industrielle de Mulhouse refuse même d'appliquer l'ordonnance de 1823 car elle l'estime dangereuse : mettre une soupape sous clef empêche par exemple de vérifier si le disque n'adhère pas à la chaudière[3]. En 1830, un *Manuel du chauffeur* publié par l'École centrale des arts et manufactures explique que les ingénieurs des Mines « connaissent peu les machines » et que leurs ordonnances sont contre-productives : le respect des normes de sécurité protège juridiquement les propriétaires alors que la plupart des accidents sont en fait dus à un mauvais

---

1. *Ibid.*, 1869.
2. Peter Bartrip, « The State and the Steam Boiler... », art. cit.
3. AD Haut-Rhin, 5 M 47, Isaac Schlumberger, Comité de mécanique, procès-verbal du 2 août 1827.

entretien des machines qui leur est imputable. L'auteur expose ainsi « les *soins* qu'exigent les machines à vapeur, les *maladies* qu'elles éprouvent, leurs *symptômes* et les remèdes à y apporter ». La simple conformité aux normes ne garantit pas la sécurité. Plutôt que de contrôler le chauffeur, mieux vaut lui inculquer des dispositions morales : « L'habitude de la propreté rend les chauffeurs attentifs, et en soignant une machine [...] bien nettoyée, ils s'y attachent : elle devient pour ainsi dire leur propriété, une partie d'eux-mêmes, et ils finissent par la choyer autant par affection et par amour-propre que par devoir[1]. » À l'hygiène de l'ouvrier correspond celle de la chaudière : la machine propre est l'emblème du bon mécanicien.

Parallèlement, les qualités du bon ouvrier évoluent : il ne suffit plus d'être « sobre », « vigilant » ou « constant » ; il faut dorénavant être capable de raisonnement, d'initiative et même de courage. En 1865, un autre manuel estime indispensable qu'un chauffeur ait « beaucoup de sang-froid et de présence d'esprit[2] ». Au cours du XIXᵉ siècle, un agencement affectif complexe (soin, amour, intelligence, initiative, courage) remplace ainsi la relation disciplinaire entre une technique parfaite et un homme fautif envisagée par la régulation technique des années 1820.

Aux yeux des mécaniciens et des chauffeurs, autant que les sources permettent d'en juger, le problème des accidents n'était pas non plus soluble dans la technique. Certains dénoncent même la prolifération absurde des dispositifs visant à les contrôler. Selon Adrien Chénot, un ouvrier métallurgiste, « le nombre des causes d'explosion prévues augmentant, on arrivera à ajouter aux timbres, aux manomètres, aux thermomètres, aux soupapes, aux rondelles, aux

---

1. Philippe Grouvelle, *Guide du chauffeur et du propriétaire de machines à vapeur*, Paris, École centrale des arts et manufactures, 1830, p. 11 et 243.
2. A. Jaunez, *Manuel du chauffeur. Guide pratique à l'usage des mécaniciens, chauffeurs et propriétaires de machines à vapeur*, Paris, Hetzel, 1865.

flotteurs, aux robinets jaugés, aux tubes de niveau plongeurs, distributeurs, aux sifflets, etc., des hygromètres, des électromètres, des capillarimètres [...] de manière que le dessus des chaudières deviendrait bientôt comme la table d'un académicien, encombré d'instruments exposant à toutes les mégardes de la confusion[1] ». Un candidat au concours de la Société d'encouragement pour l'industrie nationale propose un remède contre les explosions radicalement opposé à celui des ingénieurs : non pas protéger la machine des erreurs humaines mais, à l'inverse, entourer la machine d'une carapace de métal (baptisée « parapeur ») préservant l'ouvrier.

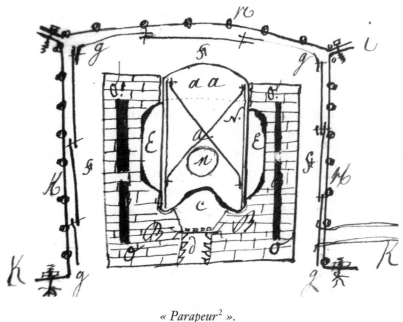

« *Parapeur*[2] ».

Les ouvriers souhaitent préserver leur autonomie face aux formes de contrôle par la technique, les contremaîtres ou les

---

1. Adrien Chénot, *Les Chaudières à vapeur sont des machines électriques. Les moyens de sûreté actuels sont impuissants*, 1844.
2. Archives de la Société d'encouragement pour l'industrie nationale, CME 22, 1831.

patrons. C'est à cette condition seulement qu'ils pourront être considérés comme responsables des accidents. Un mécanicien officiant sur un bateau à vapeur explique que le problème des explosions est avant tout celui de l'autorité sur le navire. Lui-même, sur ordre du capitaine, a parfois été obligé de réaliser des manœuvres qu'il savait périlleuses. Puisque le chauffeur tient dans ses mains la vie des passagers, il faut qu'il soit aussi maître à bord et qu'il ait tout pouvoir pour ordonner des réparations ou mettre au rebut les chaudières vétustes. Une fois cette réforme réalisée, les explosions pourront lui être imputables[1].

Dans *L'Atelier, organe spécial de la classe laborieuse*, un périodique rédigé par l'aristocratie ouvrière parisienne, les accidents ne sont pas considérés comme un problème technique, mais comme la conséquence de l'appât du gain et le symptôme du dysfonctionnement de la société capitaliste. Le discours demeure dans le régime de la responsabilité. Après les explosions, les articles exigent des normes de sécurité plus strictes et des punitions « sévères » contre les patrons. Il faudrait surtout que l'administration intègre les ouvriers à son effort de sécurisation car ils sont les meilleurs connaisseurs des machines[2]. Et si l'ouvrier est tenu pour responsable, alors il doit définir les modes de production.

Certains patrons choisirent effectivement de faire reposer la sécurité de leurs ateliers sur l'expérience des ouvriers. Henri Loyer, un industriel en textile du Nord, fit ainsi afficher dans son usine le règlement suivant : « Les ouvriers ayant davantage que les maîtres l'habitude de conduire les machines […] ils sont plus aptes à indiquer les causes qui pourraient donner lieu à des accidents. En conséquence je ne me considérerai comme responsable envers un ouvrier des suites d'un accident, que si, après avoir été prévenu par lui

---

1. J. R. Smith, *The Causes of Steamboat Explosions, and the Evils under which They Have Been Permitted to Occur*, 1852.
2. « Ouvriers tués et blessés par l'explosion d'une machine ; jugement du maître », *L'Atelier, organe spécial de la classe laborieuse*, 1847, n° 3, p. 39.

d'une imperfection, j'avais refusé de faire les travaux nécessaires[1]. » Au milieu du XIXe siècle, d'autres projets sécuritaires que celui de l'administration des Mines, s'inscrivant dans d'autres ordres politiques, étaient envisagés.

À partir des années 1840, face à l'inachèvement perpétuel de la perfection technique, la crise du principe de responsabilité gagne le monde des ingénieurs. Les symptômes sont nombreux : critique de la normalisation et de la complexité croissante des dispositifs, prise en compte de nouveaux phénomènes physiques, mise en évidence statistique de la normalité de l'accident : les raisons s'accumulent pour douter de l'utopie technique de la responsabilité humaine.

Premièrement, le développement des connaissances sur la vaporisation et l'ébullition permet d'envisager de nouvelles causes d'explosion subite et accroît l'incertitude entourant les chaudières. Par exemple, le physicien suisse Louis Dufour montre que l'absence de gaz dans l'eau produit des retards d'ébullition considérables (jusqu'à 170 °C). Or, du fait de son bouillottement prolongé, l'eau d'une chaudière pourrait atteindre une telle température et entrer en ébullition subitement suite à un choc et à un mélange d'air. La quantité de vapeur soudainement dégagée provoquerait alors une explosion dévastatrice[2].

De la même manière, l'émergence de la notion de *fatigue* au milieu des années 1840 affaiblit le projet de sécurisation par la norme. Le terme, issu de la métallurgie du XVIIIe siècle, est utilisé par les ingénieurs pour expliquer les ruptures soudaines d'éléments métalliques soumis à des efforts répétés. Ces recherches qui concernent au départ les ponts suspendus et les essieux de chemins de fer modifient également

---

1. Cité dans Alain Cotterau, « Droit et bon droit. Un droit des ouvriers instauré, puis évincé par le droit du travail (France, XIXe) », *Annales. Histoire, Sciences Sociales*, n° 6, 2002, p. 1550.
2. Dufour, « Sur l'ébullition de l'eau et sur une cause probable d'explosion des chaudières à vapeur », *Archives des sciences physiques et naturelles*, vol. 21, 1864, p. 201.

l'interprétation des explosions[1]. Les ingénieurs des Mines formés à ces nouvelles théories s'intéressent davantage à l'usage et à l'usure de la chaudière qu'au respect formel des normes. Par exemple, un rapport de 1866 explique : « La tôle était *fatiguée* par les effets de dilatation et de contraction [...] qui ont fini par *énerver* le métal[2]. » Le vocabulaire technique rapproche les machines des êtres animés et imprévisibles.

La conséquence de ces nouveaux savoirs est d'accorder un rôle plus important à l'ouvrier dans la prévention des accidents. Plutôt que de le contrôler et de prévenir ses initiatives, les ordonnances des années 1840 cherchent à améliorer l'interface avec la machine. En 1843, le ministère des Travaux publics ordonne l'usage d'un manomètre à mercure, d'un flotteur et d'un tube en verre servant à indiquer le niveau d'eau. En 1847, une ordonnance ajoute un second tube et des robinets indicateurs. Le chauffeur est invité à comparer les informations fournies par les différents dispositifs. La redondance des appareils témoigne de la prise en compte de leur faillibilité. La mesure des hautes pressions et des niveaux d'eau constituait un problème redoutable : la mousse perturbe les flotteurs, les jauges en verre s'opacifient, les tuyaux se bouchent, etc. Aussi, dans les années 1850, des dizaines de modèles de manomètres et d'indicateurs de niveau font l'objet de brevets et les fabricants s'accusent réciproquement de causer les explosions. Le déploiement des pratiques scientifiques d'étalonnage et de précision dans le monde industriel brouillait les imputations au lieu de produire de la responsabilité.

La crise de la responsabilité fut enfin liée à l'émergence d'une représentation statistique des accidents les extrayant du cadre d'intelligibilité juridique fondé sur la faute individuelle. Par exemple, en 1881, alors que la Chambre des communes débat de l'assurance obligatoire pour les ouvriers, un avocat

---

1. Stephen Timoshenko, *History of Strength of Materials*, New York, McGraw-Hill, 1953, p. 162-173.
2. *Annales des mines*, 1866, p. 462.

montre que le nombre d'explosions de chaudières en Grande-Bretagne est étroitement corrélé à la prospérité commerciale[1]. L'accident devenait commensurable avec des phénomènes sociaux.

La norme technique de sécurité fait ainsi l'objet de critiques croissantes. Les coefficients de sécurité imposés par l'administration bloqueraient l'initiative des constructeurs. Selon la formule de 1828, les grandes chaudières à foyer interne nécessitaient des tôles extrêmement épaisses. La norme était accusée d'avoir ralenti l'industrialisation : dans les années 1860, la France compte 23 000 chaudières alors qu'on estime leur nombre à 90 000 en Grande-Bretagne. Aussi, sous la pression des industriels, un décret de janvier 1865 « dégage l'industrie d'entraves devenues inutiles » en supprimant l'épaisseur réglementaire des chaudières. Subsistent l'épreuve légale, la seconde soupape et les indicateurs[2]. Ce décret est fondamental car il inaugure une nouvelle régulation du risque : l'État délègue aux industriels le travail de contrôle et de sécurisation. La Société Industrielle de Mulhouse (qui dès 1827 critiquait la normalisation administrative) fonde immédiatement une Association alsacienne des propriétaires d'appareils à vapeur sur le modèle de la Manchester Steam Users association[3]. Onze associations semblables sont créées entre 1870 et 1900. Au début du XXᵉ siècle, 25 % des 100 000 chaudières françaises sont soumises à un système d'inspection privé[4]. La régulation française avait rejoint le système autorégulé anglais. Cette forme d'autosurveillance se généralise ensuite aux autres machines : la Société Industrielle de Mulhouse crée en 1867 la première Association industrielle contre

---

1. Cornelius Walford, « The increasing number of deaths… », *op. cit.*
2. *Rapport à l'empereur sur la fabrication et l'établissement des machines et chaudières à vapeur*, Paris, 1865 et Chapuis, « Risque et sécurité des machines à vapeur au XIXᵉ siècle », art. cit.
3. Jean Zuber, « Sur un projet d'association ayant pour but de prévenir les explosions de chaudières à vapeur », *Bulletin de la Société industrielle de Mulhouse*, vol. 36, 1866, p. 394.
4. *Statistique de l'industrie minérale et des appareils à vapeur en France*, Paris, Imprimerie nationale, 1905, p. 103.

les accidents de machines qui sera imitée ensuite à travers toute la France.

5. Les chemins de fer et la régulation *a posteriori*

Les chemins de fer jouèrent un rôle déterminant dans la crise du régime technique de gestion du risque. Contrairement aux usines, l'espace ferroviaire était simplement concédé aux compagnies et restait en possession de l'État qui pouvait donc imposer de nombreuses contraintes. Les tracés devaient ainsi être homologués par les ingénieurs des Ponts et Chaussées et des cahiers des charges spécifiaient les remblais, les croisements, les pentes et les courbures maximales des voies[1].

Par contre, la complexité du système ferroviaire, l'imprévisibilité de son exploitation et les circonstances innombrables qui conditionnaient sa sécurité rendaient inenvisageable une normalisation analogue à celle des chaudières ou des gazomètres. Il n'y avait pas de paramètre ou de dispositif jugés décisifs pour la sécurité à l'instar de l'épaisseur des tôles ou de la soupape de sécurité. Aussi, les premiers règlements, au lieu de normaliser, soumettaient les compagnies ferroviaires à une police spéciale. Dès 1827, le préfet de la Loire promulgue un arrêté pour le Lyon-Saint-Étienne. À la fin des années 1830, les préfets nomment des commissaires de surveillance chargés « de maintenir l'ordre » sur chaque nouvelle ligne.

Les relations entre la police et les compagnies sont généralement exécrables. Des infractions aux règlements et des accidents sont rapportés chaque jour[2]. Les commissaires verba-

---

1. François Caron, *Histoire des chemins de fer en France 1740-1883*, Paris, Fayard, 1997, vol. 1, ; Georges Ribeill, « Des obsessions de l'État aux vertus des lampistes : aspect de la sécurité ferroviaire au XIXᵉ siècle », *Culture technique*, 1982, n° 11, p. 287-297.
2. AD Hérault, 5 S 65, Règlement de police pour le service du chemin de fer de Montpellier à Cette, 1839. Des petits déraillements arrivent chaque semaine sur les premiers chemins de fer : cf. AD Loire, 5 S 75 ; 1 M 755 ; AD Hérault, 5 S 67 ; AN F¹⁴ 9566.

lisent mécaniciens et ingénieurs, ils interdisent parfois le départ d'un convoi pour des raisons de sécurité ou bien encore obligent la compagnie à réaliser des réparations sur-le-champ[1]. Étant donné le capital investi et les conséquences financières des retards, les compagnies refusent d'être soumises aux ordres d'un simple agent de police qui, selon le directeur du Montpellier-Sète, « n'entend rien, absolument rien à la marche d'une machine[2] ». En 1838, le directeur du Lyon-Saint-Étienne obtient l'annulation d'un arrêté préfectoral. Le préfet se plaint auprès du ministre : « Cela prouve que la compagnie a plus de pouvoir que l'autorité départementale[3]. » Au même titre que la chimie lourde en 1810, le capital ferroviaire devait être dégagé des interférences policières. Une régulation spécifique aux chemins de fer est donc instaurée.

Premièrement, la loi du 15 juillet 1845 soumet l'espace ferré à des règles policières exceptionnelles. Le danger pouvant venir de n'importe quel élément du système, à n'importe quel moment, la surveillance doit être permanente, totale, « active et presque minutieuse[4] ». Les voies sont entièrement closes et gardées par des cantonniers. Les chemins de fer sont également soumis à une pénalité sévère. Le 10 mai 1842, au lendemain de la première catastrophe ferroviaire (voir *infra*), Charles Dupin réclame à l'Assemblée nationale « des amendes et même des peines corporelles », les dommages et intérêts ne suffisant pas à impressionner des compagnies riches et cupides[5]. La loi de juillet 1845 sur la police des chemins de fer remplit ce but : le sabotage est puni de mort, toute résistance aux agents d'une compagnie est sanctionnée comme un acte de rébellion, les « maladresses, inattentions, négligences et inobservations du règlement » sont passibles

---

1. AD Loire, 5 S 75.
2. AD Hérault, 8 S 195, 15 juillet 1841.
3. AD Loire, 5 S 75, lettre du préfet de la Loire au directeur des Ponts et Chaussées, 18 février 1839.
4. L'expression est du ministre des Travaux publics ; cf. APP, DB 492, *Chemins de fer, Documents parlementaires*, séance du 29 janvier 1844.
5. *Le Journal des débats*, 10 mai 1842.

de 6 mois à 5 ans de prison. Le ministre des Travaux publics justifie ces sanctions par les « désastres dont l'imagination s'effraie ».

Deuxièmement, une ordonnance de novembre 1846 définit une réglementation technique. Contrairement à la normalisation des chaudières et des gazomètres établie par l'Académie et imposée aux entrepreneurs, l'ordonnance sur les chemins de fer est le résultat d'une longue négociation entre les compagnies, le ministre des Travaux publics et une commission composée d'ingénieurs des Ponts et des Mines. Les travaux préparatoires montrent que les compagnies entendent avant tout défendre leur liberté d'exploitation contre les règlements. Par exemple, l'article 57 du projet imposait l'affichage du règlement et sa distribution à tous les employés. Les compagnies refusent cette publicité car, « en se fondant sur la connaissance de ce règlement, des subalternes pourraient à tort refuser d'obéir à leurs chefs ». De la même manière, contre l'article 78 qui reprenait le principe de la surveillance policière, une compagnie objecte : « On ne pourrait sans de très graves inconvénients pour la régularité du service faire passer les agents de l'autorité publique du rôle passif de surveillants au rôle actif de commandants. »

Du côté des ingénieurs, le sentiment dominant était que le système ferroviaire était en devenir et qu'ils n'avaient ni le droit, ni la compétence de le normer. Par exemple, alors que le projet de règlement imposait un système uniforme de signaux à toutes les compagnies (pour éviter les confusions des employés), la commission estimait au contraire qu'il convenait de laisser les compagnies libres afin de ne pas s'opposer « aux progrès auxquels l'expérience pourrait mener ». Il fallait donc dans un premier temps laisser faire et imposer ultérieurement ce qui émergerait comme le « meilleur système ». En outre, à trop normaliser, les ingénieurs craignaient que l'administration n'engage sa responsabilité[1].

---

1. AN F^{14} 10041.

Aussi, l'ordonnance de 1846 ne spécifie-t-elle aucune forme technique. Par exemple, article 2 : « Le chemin de fer et les ouvrages qui en dépendent seront constamment en *bon état* » ; article 12 : « Les voitures destinées au transport des voyageurs seront *d'une construction solide* ». En fait, la régulation ferroviaire reposait sur un contrôle *a posteriori* : les compagnies proposaient les tracés, le matériel, l'exploitation, les horaires, les signaux, les barrières, etc., et le ministère des Travaux publics homologuait. La combinaison d'une pénalité lourde et d'un règlement vague produisait en fin de compte une régulation de type jurisprudentielle. Après les accidents, le système judiciaire était chargé de définir ce que « bon état » et « solide » signifiaient et de moduler les peines.

6. Les catastrophes aléatoires

Dans les années 1840, les catastrophes ferroviaires transforment l'appréhension de la technique par le public. Leur répétition renvoyait à un aspect inattendu de la modernité : la maîtrise technique de la nature se retournait en perte de maîtrise de la technique. Le public apprenait avec consternation qu'il devait confier sa vie à un système complexe au comportement aléatoire. Un ouvrage de vulgarisation explique qu'étant donné la « complication des éléments du service des chemins de fer », les catastrophes « arrivent par suite de causes inhérentes au système, dont il n'est donné à personne de prévoir et de conjurer les effets[1] ». Un ingénieur compare les chemins de fer « à un équilibre instable que le plus petit effort peut troubler[2] ». Les caricatures de Daumier publiées dans le *Charivari* illustrent avec humour ce renouveau de la

1. Arthur Mangin, *Merveilles de l'Industrie, machines à vapeur, bateaux à vapeur, chemins de fer*, Tours, Mame & Cie, 1858, p. 216-217.
2. Félix Tourneux, *Encyclopédie des chemins de fer et des machines à vapeur*, Paris, Renouard, 1844, p. 3.

fatalité causé par une technique chaotique, où les plus petites causes peuvent produire les plus grandes catastrophes.

– Ah ! Ben par exemple, le convoi qui va venir peut se flatter de l'échapper belle ! Toute la boutique culbutait si je n'avais pas eu l'œil à la chose...
– Quoi donc ! Quoi donc !
– Parbleu... une épingle dont la tête était justement posée sur le rail ! Heureusement que je l'ai aperçue à temps !

Honoré Daumier, « Les Chemins de fer[1] *».*

Après les accidents, l'assimilation du chemin de fer à un système aléatoire représentait un enjeu financier considérable pour les compagnies qui plaidaient le *cas fortuit* afin de dégager leur responsabilité. Prenons les débats qui suivirent la première catastrophe ferroviaire de l'histoire. Le 8 mai 1842, sur la ligne Paris-Versailles, l'essieu avant de la locomotive se brise. La chaudière verse le charbon enflammé et les cinq premiers wagons basculent sur le brasier. Les passagers enfermés

1. *Le Charivari,* 1843.

dans les voitures par mesure de sécurité ne peuvent s'échap-per. On compte cinquante-cinq morts et une centaine de blessés. Le retentissement de la catastrophe est immense : elle occupe les colonnes des journaux durant plusieurs semaines[1].

La presse réclame des sanctions : on attend de l'enquête qu'elle trouve les responsables, de la justice qu'elle les punisse et de l'administration qu'elle promulgue des règlements qui empêchent le retour de telles catastrophes. Pour les commentateurs, il en va tout simplement de la survie de l'innovation : « si la faute peut être attribuée aux hommes, la cause des chemins de fer, un moment compromise, est gagnée[2] » ; « si de semblables malheurs pouvaient se renouveler ce serait à renoncer à l'emploi des chemins de fer[3] ». Même pour le *Recueil industriel*, des règlements doivent être promulgués qui « effacent jusqu'à la moindre trace de doute ou de défiance [...] sans cela il faudrait désespérer de la civilisation[4] ».

En décembre 1842 a lieu le procès en correctionnelle du directeur, de l'ingénieur en chef et du chef de gare. Pour la compagnie, la reconnaissance du caractère imprévisible de la technique est vitale : son capital ne suffirait pas à honorer les indemnités. La cause déterminante, à savoir la rupture de l'essieu, ne lui est pas imputée. Cet incident est courant sur les trains des années 1840[5]. Mais cette rupture n'est pas suffisante pour plaider le cas fortuit car elle ne provoque en général

---

1. Hélène Stemmelen, « Une catastrophe technologique au XIXe siècle à travers le journal *Le Temps* », *Culture technique*, septembre 1983, n° 11, p. 309-315.
2. *Le Temps*, 10 mai 1842.
3. *L'Atelier* n° 9, mai 1842.
4. *Recueil industriel*, 1842, vol. 18.
5. De nombreuses théories sont proposées : force magnétique, oxydation ou cristallisation du métal, trépidations causant des microfissures. Cf. *Comptes rendus hebdomadaires des séances de l'Académie des sciences, op. cit.*, vol. 14, 1842, p. 319, 375, 671, 673, 796, 818. La catastrophe du 8 mai donne une importance nouvelle à l'étude de la fatigue des matériaux. Le ministre de l'Intérieur impose aux compagnies la tenue d'un registre des essieux indiquant la date d'entrée en service et les charges/distances qu'ils ont portées. Cf. « Ordonnance provisoire du ministre des Travaux publics, 19 juin 1842 », *Journal des chemins de fer*, 1er juin 1842, p. 67.

aucun désastre. C'est au contraire le rôle de la compagnie que de maîtriser ce genre d'incidents. La compagnie promeut donc une autre définition du hasard fondée sur la *rencontre* de deux causes fortuites. Perdonnet, un ingénieur des Mines officiant sur le Paris-Versailles, explique à l'Académie des sciences que la rupture de l'essieu s'est transformée en catastrophe à cause d'une « réunion tout à fait extraordinaire » : « Il a fallu que par un hasard presque inouï, l'essieu se rompît des deux bouts à la fois, que cet essieu fût celui de devant, que l'événement arrivât à peu de distance d'une route traversant à niveau le chemin, et qu'enfin le feu du fourneau se répandît précisément à l'endroit où les wagons sont venus s'accumuler pour que l'on ait à déplorer un semblable malheur[1]. »

Les parties civiles refusent cette définition du cas fortuit. La « réunion extraordinaire » de Perdonnet s'explique aisément si l'on prend en compte les circonstances de l'accident. Le dimanche 8 mai 1842 avait lieu le spectacle des grandes eaux de Versailles et la compagnie anticipait une affluence extraordinaire : le convoi étant plus long que de coutume, l'ingénieur en chef avait fait placer en tête du convoi deux locomotives dont un vieux modèle à quatre roues. Pour tirer avantage de la clientèle nombreuse, le directeur aurait également encouragé le chauffeur à faire de la vitesse. La vétusté de la locomotive et surtout l'idée saugrenue d'enfermer les passagers ont transformé un incident banal en immense catastrophe. À la grande surprise du public, le tribunal retint la thèse du cas fortuit et condamna les victimes aux dépens : « Il y a lieu d'attribuer la catastrophe à la fatalité [...] dont chacun doit supporter les chances, et à cette violence immense, insurmontable et impossible à prévoir et à dompter[2]. »

---

1. *Comptes rendus hebdomadaires, op. cit.*, vol. 14, 1842, p. 707. La définition du hasard, par Augustin Cournot, comme rencontre de chaînes causales indépendantes, s'inspire directement de ce débat judiciaire sur la nature de la « cause fortuite » (*Essai sur nos connaissances et sur les caractères de la critique philosophique*, Paris, Hachette, 1851, p. 52).
2. *Mémoire de la Compagnie du chemin de fer de Paris à Versailles dans le procès relatif à l'accident du 8 mai 1842.*

La catastrophe aléatoire donne un sens nouveau au risque. Celui-ci devient beaucoup plus que le signe d'une erreur humaine. Logé au cœur de la technique, le risque dégage le progrès du matérialisme médiocre et confortable dans lequel les écrivains romantiques voulaient l'enfermer[1]. La catastrophe, d'accusatrice, devient rédemptrice. Elle oblige à donner un but au progrès technique : elle est le sacrifice nécessaire qui fait advenir la civilisation.

Dans sa plaidoirie, Eugène Bethmont, l'avocat de la compagnie, présente le chemin de fer comme le champ des braves du XIXe siècle : « Nos pères mouraient sur les champs de bataille, ils y mouraient avec gloire, ils y mouraient pour des territoires [...] et nous, nous cherchons notre gloire et nos conquêtes dans l'industrie ; nous lui demandons notre gloire, nos grandes destinées. » La catastrophe du 8 mai trouve le Parlement en pleine discussion de la loi sur les chemins de fer. La situation est fort embarrassante : on ne peut incriminer la compagnie du Paris-Versailles sans effrayer les Pereire, Rothschild, Hottinger, Reed et Laffitte sur lesquels compte le gouvernement pour financer le réseau en gestation. Mai 1842 n'était clairement pas le bon moment pour discuter de la responsabilité des compagnies de chemins de fer. Aussi, la législature garda-t-elle un « calme imperturbable » – d'ailleurs très critiqué[2]. Le 11 mai 1842, à la Chambre des députés, Lamartine interprète la catastrophe en termes héroïques : « Il faut payer avec les larmes le prix que la Providence met à ses dons et à ses faveurs, il faut le payer avec larmes, mais il faut le payer aussi avec résignation et avec courage. Messieurs, sachons-le ! La civilisation aussi est un champ de bataille où beaucoup succombent pour la conquête et l'avancement de tous. Plaignons-les, plaignons-nous et marchons[3]. » Grâce au risque, le progrès est devenu une épopée.

---

1. Michael Löwy et Robert Sayre, *Révolte et Mélancolie. Le romantisme à contre-courant de la modernité*, Paris, Payot, 1992.
2. Alexandre Guillemin, *Lamentation sur la catastrophe du 8 mai 1842, au chemin de fer de Versailles*, Paris, Gaume, 1842.
3. Georges Schlemmer et Henri Bonneau, *Recueil de documents relatifs à l'histoire parlementaire des chemins de fer*, Paris, Dunod, 1882.

7. Corps assurés, corps monnayés

Dans la seconde moitié du XIXe siècle, la jurisprudence des accidents technologiques devint beaucoup plus favorable aux victimes. Après 1842, la plupart des catastrophes ferroviaires furent imputées aux compagnies qui étaient condamnées à verser de lourdes indemnités[1]. Cette jurisprudence reposait sur trois principes : toute inobservation des règlements, aussi minime fût-elle, équivalait juridiquement à une faute ; quand bien même une compagnie respecterait toutes les ordonnances, elle pouvait être responsable s'il était en son pouvoir d'empêcher l'accident (en employant un meilleur matériel ou des employés plus expérimentés) ; enfin, un déraillement ou une collision, lorsque aucune faute ne pouvait être identifiée, constituaient par eux-mêmes une présomption suffisante pour condamner la compagnie[2]. Les compagnies des chemins de fer durent très tôt intégrer le coût des accidents du travail à leurs projets financiers. La dépense était faible : en 1842, le directeur du Paris-Rouen l'estimait à 0,5 % du chiffre d'affaires[3].

Une jurisprudence similaire s'imposait également pour les machines. Dès 1853, une explosion due à un défaut d'alimentation est mise sur le compte du patron. En 1869, la Cour de cassation consacre cette doctrine en se fondant sur la responsabilité du « gardien des choses » prévue par le code civil : « l'accident dû à un engin industriel, tel qu'une machine à vapeur qui a fait explosion, est présumé être le résultat de la

---

1. Jules Lan, *Les Chemins de fer français devant leurs juges naturels*, Paris, Lacroix, 1867. Les employés, y compris les ingénieurs, étaient régulièrement condamnés à des peines de prison.
2. Marcel Lacombe, *De la responsabilité des compagnies de chemin de fer en matière d'accidents survenus aux voyageurs*, thèse de droit, Toulouse, 1908.
3. Peter Bartrip et Sandra Burman, *The Wounded Soldiers of Industry*, op. cit., p. 70-72. Le vulgarisateur anglais Dyonisus Lardner proposait un calcul, qu'il estimait rassurant, de la consommation en ouvriers par kilomètre-passager parcouru ; cf. Dyonisus Lardner, *Railway Economy*, Londres, Taylor, 1850, p. 310-320.

faute du propriétaire[1]. » Entre 1850 et 1880, estimant que ceux qui organisaient le travail devaient porter la responsabilité des accidents, les tribunaux élaborèrent une doctrine des devoirs patronaux de sécurité permettant d'accorder des indemnités à l'ouvrier, hormis en cas de faute lourde[2].

Le premier projet de loi sur la responsabilité des accidents du travail que le député socialiste et ancien maçon Martin Nadaud déposa en mai 1880 visait à étendre cette jurisprudence concernant les accidents technologiques à tous les métiers : « Nous nous proposons, messieurs, de renverser l'obligation de la preuve ; elle est aujourd'hui à la charge de l'ouvrier ; nous désirons qu'elle soit dans l'avenir à la charge de l'employeur. » Comme le soulignait Nadaud, l'innovation juridique n'était qu'apparente : la vapeur et le machinisme, parce qu'ils avaient réduit l'ouvrier à « l'état d'automate[3] » ou « d'accessoire de la machine[4] », nécessitaient simplement l'édiction d'une nouvelle présomption légale.

En février 1882, le républicain modéré Félix Faure dépose un contre-projet fondé sur la notion de *risque professionnel*. La solution, radicale, consistait à reconnaître que la plupart des accidents étaient dus non à la faute du patron ou de l'ouvrier, mais à la « fatalité du milieu ambiant[5] ». En contrepartie, le patron était chargé d'une responsabilité sans faute et devait contracter une assurance collective pour ses ouvriers.

Les industriels se rallièrent à ce nouveau principe qui présentait le grand mérite d'amoindrir leurs responsabilités. Ils

---

1. Document parlementaire n° 1334, 1882, p. 10 et *Recueil général des lois et des arrêts Sirey*, 1871, arrêt de la Cour de cassation du 23 novembre 1869, p. 10.
2. Selon Ernest Tarbouriech, « il n'est pas nécessaire que la faute soit constatée par des motifs formels, il suffit qu'elle s'induise », (*Des assurances contre les accidents du travail*, Paris, Marchal-Billard, 1889, p. 207) ; François Ewald, *Histoire de l'État providence, op. cit.*, p. 191-220.
3. Martin Nadaud, « Proposition de loi sur la responsabilité des accidents dont les ouvriers sont victimes dans l'exercice de leur travail », Document parlementaire n° 2660, 1880, p. 2.
4. Document parlementaire n° 1334, 1882, p. 12.
5. Georges Cornil, *Du louage de services : ou contrat de travail*, Paris, Thorin, 1895, p. 236.

redoutaient qu'une loi fondée sur le renversement de la preuve confirme et étende une jurisprudence qui leur était devenue défavorable. Les compagnies de chemins de fer et les entreprises sidérurgiques se montrèrent ainsi les plus fermes partisans de la nouvelle théorie du risque professionnel. De leur côté, socialistes et syndicalistes s'opposèrent avec constance au projet de Félix Faure. Selon le programme du parti ouvrier français de Jules Guesde, « la crainte des dommages-intérêts étant le commencement et la fin de la prévoyance patronale », le recours à l'assurance allait multiplier « les boucheries ouvrières[1] ».

Dans les années 1890, un puissant discours entreprend d'infléchir la perception de l'accident comme quelque chose d'inhérent à la technologie. Il s'agit bien d'un discours car au même moment, les statistiques des assurances ou de l'administration des Mines montraient au contraire la diminution considérable des accidents. En ce qui concerne les explosions de chaudières, on passe entre 1880 et 1900 de 3 morts pour 10 000 chaudières par an à 1 pour 10 000 environ[2]. Les assurances firent pourtant leur promotion en insistant sur les dangers de la vie moderne : le progrès, c'est-à-dire la vapeur, le train et le gaz, créait une nouvelle fatalité contre laquelle le bourgeois ne pouvait se prémunir ; seule l'assurance lui permettait de vivre sereinement dans une société technologique[3]. En 1894, dans sa leçon inaugurale à l'École libre des sciences politiques, l'ingénieur et économiste Émile Cheysson reprenait le discours assurantiel sur les dangers *inévitables* de la mécanisation[4].

---

1. À l'inverse, les « possibilistes » (Brousse et Allemane) se rangent à la doctrine du risque professionnel. Cf. Tarbouriech, *Des assurances…*, *op. cit.*, p. 298 ; Yvon Le Gall, « La préparation de la loi de 1898 », *Histoire des accidents du travail*, 1981, n° 10 et 11.
2. *Statistique de l'industrie minérale…*, *op. cit.*, p. 105.
3. Voir par exemple le prospectus de La Préservatrice : *En Wagon. Accidents-Assurance. À propos des grandes catastrophes de chemins de fer*, Paris, 1891.
4. Janet Horne, *Le Musée social, aux origines de l'État providence*, Paris, Belin, 2004, p. 235.

Les congrès internationaux sur les accidents du travail qui se tinrent régulièrement à partir de 1889 rassemblaient industriels, assureurs, actuaires et ingénieurs (mais pas de syndicalistes). Ils avaient pour but de convaincre les législateurs des bienfaits sociaux d'une loi fondée sur le risque professionnel, similaire à celle déjà mise en œuvre en Allemagne. Ernest Tarbouriech, un juriste spécialiste du droit des assurances, expliquait qu'étant donné l'évolution du droit de la responsabilité, cette loi serait en fait favorable aux industriels. Afin de pouvoir indemniser les ouvriers, les cours judiciaires avaient en effet établi une juris-prudence inique : le patron devait prévoir « les causes non seu-lement habituelles, mais simplement possibles d'accident », « adopter toutes les modifications apportées par les progrès de l'industrie qui ont pour résultat de diminuer le danger, quelle que soit la dépense », anticiper jusqu'à « l'insouciance ordinaire des ouvriers, l'habitude qui les familiarise avec le danger[1] ». Cheysson confirme : « c'est par une fiction humanitaire que les tribunaux s'ingénient à trouver une faute, à la créer même là où elle n'existe pas pour indemniser les victimes[2]. »

De leur côté, les patrons n'admettaient pas les poursuites judiciaires et la possibilité de se retrouver en correctionnelle avec une partie civile. Surtout, les indemnités leur paraissaient excessives et imprévisibles. Suivant le principe judiciaire de la compensation individualisée et intégrale, elles variaient consi-dérablement selon les circonstances de l'accident, l'ancienneté de l'ouvrier ou bien le nombre de personnes qu'il avait à sa charge. Elles produisaient donc une incertitude financière considérable[3]. Pire, des avocats incitaient les ouvriers à refuser

---

1. Ernest Tarbouriech, *Des assurances…*, *op. cit.*, p. 215.
2. E. Gruner, *Congrès international des accidents du travail*, vol. 2, Paris, Librairie de l'École Polytechnique, 1890, p. 237.
3. Tarbouriech prend en exemple deux explosions de chaudières. La première à Marnaval dans l'Eure avait fait 96 victimes dont 31 morts et la compagnie avait été condamnée à payer 180 000 francs. de dommages, soit un peu moins de 2000 francs par victime. À Valenciennes, après un accident semblable, la Société des forges avait dû débourser 70 000 francs pour compenser 3 décès seulement. Si le tribunal avait été aussi sévère dans le premier cas, l'usine aurait fait faillite. Cf. Ernest Tarbouriech, *Des assurances…*, *op. cit.*, p. 233.

les conciliations, les poussaient au procès et se chargeaient de tous les frais judiciaires en échange d'un quart de l'indemnité. Selon le représentant des patrons du textile, les industriels étaient tout à fait disposés à échanger un système d'indemnités forfaitaires contre l'extension de leur responsabilité aux cas fortuits[1]. Les ouvriers eux-mêmes y trouveraient leur compte car le risque professionnel garantissait des indemnités moindres mais certaines.

Les compagnies d'assurances enfin exercèrent un lobbying constant en faveur de la loi. Depuis les années 1860, elles cherchaient à vendre des polices aux classes populaires mais deux obstacles les en empêchaient : premièrement, les primes étant peu élevées, le coût du démarchage était prohibitif ; deuxièmement, les mutuelles ouvrières (qui servaient aussi de fonds de grève) fournissaient aux ouvriers des formes alternatives de protection. Les assureurs furent les grands promoteurs et les grands gagnants de la loi de 1898 : en rendant obligatoire l'assurance collective des ouvriers par le patron, elle leur ouvrait enfin le marché de la sécurité populaire[2]. L'obligation rendant commercialement inutile l'entreprise de responsabilisation des patrons, les assurances pouvaient dorénavant présenter les accidents comme inévitables et mettre en avant leur capacité spécifique à répartir socialement le coût inhérent du progrès.

La loi de 1898, contrairement à la vision de ses promoteurs et à l'interprétation de François Ewald, n'est donc pas simplement une loi de socialisation des risques. Ou plutôt, derrière ce projet social, les industriels parvinrent à réaliser deux projets politiques fondamentaux. Premièrement, la loi consacrait

---

1. Voir C. Jouanny, « État actuel de la question des accidents du travail dans les syndicats professionnels en France », *Congrès international des accidents du travail et des assurances sociales*, Bruxelles, Weissenbruch, 1897, p. 584. Jouanny, en tant que délégué des industriels du textile, représente 15 000 patrons. Il est également membre du Comité du congrès des accidents du travail.
2. Daniel Defert, « Popular life and insurantial technology », *in* Burchell et Gordon (dir.), *The Foucault Effect : Studies in Governmentality*, Londres, Harvester, 1991, p. 211-233.

une conception unilatérale du pouvoir dans l'usine : le patron était implicitement reconnu comme le seul organisateur de la production et se chargeait en échange du risque industriel. Elle s'inscrivait dans une évolution du droit du travail reconnaissant la subordination de l'employé à l'employeur[1].

Deuxièmement, la doctrine du risque professionnel constituait le point d'aboutissement du vieux projet chaptalien de stabilisation de l'acte d'entreprendre. La fonction essentielle du risque professionnel était de rendre le coût des accidents calculable. Au congrès international des accidents du travail de 1897, un ingénieur expliquait que l'avantage du risque professionnel était d'éliminer les frais judiciaires imprévisibles : mieux valait, selon ses termes, des « dispositions peut-être moins équitables, mais à coup sûr plus simples et plus pratiques[2] ». Dans le discours d'ouverture, le président du syndicat des compagnies d'assurances françaises présenta un calcul du coût économique de la loi que l'Assemblée s'apprêtait à voter. À partir des tables actuarielles et du barème des indemnités, il arrivait au chiffre de 82 978 416 francs par an exactement. L'opportunité de la loi pouvait ainsi être évaluée de manière non pas juridique ou éthique, mais à l'aune de la compétitivité économique nationale[3].

Il ne faut donc pas penser le risque professionnel comme un dispositif de régulation d'un monde auparavant libéral, mais, bien au contraire, comme la solution promue par les industriels et les assureurs à la crise d'une régulation préalable, beaucoup plus contraignante, reposant sur la norme de sécurité, l'imputation des fautes et la compensation des dommages. Or, d'une part, le projet de perfection technique par la norme avait abouti dans les années 1860 à des contraintes que

---

1. Cette loi consacre le passage du louage d'œuvre qui ne prévoit aucune subordination au louage de services. Alain Cottereau, « Droit et bon droit... », art. cit. et Georges Cornil, *Du louage de service...*, *op. cit.*
2. *Congrès international...*, *op. cit.*, p. 68
3. Tarbouriech, *La Responsabilité des accidents dont les ouvriers sont victimes dans leur travail*, Paris, Giard, 1896, p. 115.

les industriels jugeaient incompatibles avec la compétitivité de l'industrie nationale[1] ; de l'autre, afin de rendre justice, les cours judiciaires avaient élaboré une doctrine de la responsabilité reposant sur un patron parfait, aussi fantomatique que les machines parfaites dont rêvaient les ingénieurs des Mines.

À l'inverse, en reconnaissant que les accidents étaient intrinsèques à la société technologique, la doctrine du risque permettait à la fois de libéraliser les formes techniques et de gouverner de manière plus efficace. L'économie pouvait dorénavant être pensée comme un tout qu'on allait gérer de manière optimale en fixant les indemnités forfaitaires. La conséquence de ce pouvoir surplombant, ne s'embarrassant plus de rendre justice à des accidents individuels, fut de soumettre le corps de l'ouvrier à une forme de comptabilité nouvelle et minutieuse. Des barèmes, établis de concert par les assureurs, les juges et les industriels, définissaient la valeur de chaque morceau du corps de l'ouvrier en fonction de son activité professionnelle[2].

En 1881, la proposition de Félix Faure avait fait scandale à l'Assemblée parce qu'elle semblait réduire l'ouvrier à un simple facteur de production. Un député refusait une loi qui revenait selon lui à « assimiler l'ouvrier à une chose ». Des ingénieurs des Mines s'opposaient à la solution assurantielle qui leur semblait être un renoncement coupable du pouvoir au détriment de la sécurité des ouvriers. C'est pourtant cette solution qui s'imposa. Un puissant discours juridique, économique, assurantiel et « réformateur » sur les accidents était parvenu à rendre moralement acceptable la normalité de l'accident et l'intégration du corps de l'ouvrier dans le calcul économique de l'entreprise. Félix Faure proposait cette analogie frappante : « Nul

---

1. À propos des machines à vapeur, ingénieurs civils et entrepreneurs se plaignaient des rares dispositions administratives encore en vigueur après 1865. Ils souhaitaient la suppression de toute interférence normative de l'administration en échange de leur entière responsabilité. Cf. François Hervier, *Les Explosions de chaudières, examen critique des moyens préventifs*, Paris, 1894, p. 21.
2. A. Duchauffour, *Les Accidents du travail, manuel de conciliation*, Paris, Baillière, 1905.

n'ignore ce qu'on entend par les frais généraux d'une entreprise industrielle. On y fait figurer entre autres dépenses, les loyers, l'assurance contre l'incendie, les frais de réparation et d'entretien du matériel et une somme destinée à en représenter l'amortissement. Eh bien joignez-y la réparation et l'amortissement du *matériel humain*[1]. » À la fin du XIXe siècle, le monde industriel, ce monde de métal et de mouvement, de morts et de mutilés, est paradoxalement jugé ni bon ni mauvais ; la violence qui l'anime est pour ainsi dire neutralisée. Le principe libéral de la faute n'est plus que résiduel : la fonctionnalité propre du système capitaliste l'a rendue obsolète. Après les « choses environnantes », ce sont les corps des ouvriers que le capitalisme a réussi à englober dans sa logique de compensation financière. Plutôt que la naissance de « l'État providence », le risque professionnel désigne une nouvelle forme de laisser-faire, plus efficace, car faisant l'économie de la morale.

Selon Walter Benjamin, le concept de progrès doit être fondé sur l'idée de catastrophe : « Que les choses continuent comme avant, voilà la catastrophe[2]. » Les catastrophes constituent effectivement la matrice du discours du progrès ; celui-ci devient culturellement dominant dans la seconde moitié du XIXe siècle précisément pour compenser la perte de l'idéal de perfection technique et « continuer comme avant » malgré la répétition des désastres. Le discours du progrès qui magnifiait la grandeur des buts servait aussi à exorciser l'immensité des inquiétudes. Les promesses du futur justifiaient les victimes aléatoires. En cela, le discours du progrès est l'expression culturelle du tournant assurantiel du capitalisme.

Prenons les *Voyages extraordinaires* de Jules Verne. Leur évolution reflète le succès de l'interprétation stochastique et assurantielle des accidents à partir des années 1870. Dans *Cinq Semaines en ballon* (1863), la montgolfière est décrite comme un objet parfait, laissant l'entière responsabilité des accidents aux

---

1. Cité par Ernest Tarbouriech, *La Responsabilité…*, *op. cit.*, 1896, p. 111.
2. Walter Benjamin, *Charles Baudelaire*, Paris, Payot, 1982, p. 342.

aéronautes. Elle appartient à un univers déterministe : « Tout ce qui arrive en ce monde est naturel ; or, tout peut arriver, donc il faut tout prévoir. » La sécurité est fondée sur des lois physiques : Verne donne les poids des personnages et des objets embarqués ; avec ce tableau et le principe d'Archimède, son ballon peut survoler l'Afrique en toute quiétude, « il n'y avait pas une objection à lui faire ; tout était prévu et résolu[1] ». Le paradoxe de l'œuvre de Verne, mettant en scène des machines fabuleuses puis leur destruction finale[2], s'éclaircit si on le considère à l'intérieur du régime discursif de l'homme responsable : le romancier imagine des techniques parfaites afin de créer des héros tragiques, maîtres de leurs destins, tel Némo sombrant avec le Nautilus qu'il a lancé contre un cuirassier.

À l'inverse, *Le Tour du monde en quatre-vingts jours*, publié dix ans plus tard, est un roman sur les probabilités. Phileas Fogg est un homme « statistique » : « Il redressait les mille propos qui circulaient dans le club [...] il indiquait les *vraies probabilités* et ses paroles s'étaient trouvées comme inspirées par une seconde vue, tant l'événement finissait toujours par les justifier[3]. » Le thème de la probabilité est omniprésent dans le roman avec le whist, auquel Phileas Fogg excelle, et le pari, motif de toute l'aventure. Pour le gagner, Fogg ne compte pas sur la perfection des moyens de transport modernes : « Oui, quatre-vingts jours ! s'écria Andrew Stuart [...], mais non compris le mauvais temps, les vents contraires, les naufrages, les déraillements, etc. – Tout compris, répondit Phileas Fogg en continuant de jouer. » Dans les romans ultérieurs de Verne, plutôt que de signifier la faute ou l'*hubris*, l'accident devient constitutif de la technique[4]. Le risque est

---

1. Jules Verne, *Cinq Semaines en ballon*, Paris, Hetzel, 1865, p. 69.
2. Jacques Noiray, *Le Romancier et la Machine, l'image de la machine dans le roman français (1850-1900), Jules Verne, Villiers de l'Isle-Adam*, Paris, José Corti, 1982.
3. Jules Verne, *Le Tour du monde en quatre-vingts jours*, Paris, Hetzel, 1873, p. 3.
4. *Les Cinq Cents Millions de la Bégum* (1879) se clôt par l'explosion salvatrice d'un obus due à « une action moléculaire mystérieuse ».

une rédemption qui héroïse le progrès, transforme la technique en aventure et la dégage d'un pur matérialisme.

Mais si le risque est accepté, encore faut-il démontrer qu'il vaut la peine d'être pris. D'où l'annexion littéraire de l'Afrique et de l'Asie : les dangers de ces lieux prétechniques et barbares servent de contrepoint à ceux de la civilisation industrielle. L'isolation technologique est un motif essentiel des *Voyages extraordinaires*. *Cinq Semaines en ballon* et le *Tour du monde* racontent les aventures d'Européens protégés des dangers de la barbarie par des bulles technologiques sûres. Dans le *Tour du monde*, c'est le train qui permet de traverser « dans des draps blancs » l'Inde des bêtes fauves et l'Amérique des buffles et des Sioux. De même, le ballon parfait de *Cinq Semaines* permet de s'élever au-dessus des dangers de l'Afrique.

La bulle technologique sûre dans un monde barbare et dangereux[1].

---

1. Illustrations d'Édouard Riou et Henri de Montaut (*Cinq Semaines en ballon*), Alphonse de Neuville et Léon Benett (*Le Tour du monde en quatre-vingts jours*).

Les romans de Verne ne faisaient que refléter la nouvelle représentation occidentale du monde. La géographie, l'hygiène et la médecine coloniale, mais aussi les romans d'aventure et d'exploration concouraient à produire l'image d'une Europe technologique et sûre dans un monde barbare et dangereux et justifiaient par là même les risques de la modernité.

Dans les revues techniques et médicales, les textes sur la vaccination, les déraillements, les explosions ou les pollutions côtoyaient les narrations sur les dangers de l'Afrique et de l'Asie. Un lecteur des *Annales d'hygiène* trouvait dans un même volume des articles de médecine coloniale sur la mortalité des populations orientales et les maladies effroyables découvertes en Afrique, des statistiques sur la santé des troupes en Algérie et sur la mortalité à Paris et des rapports sur l'insalubrité de certaines manufactures. Le risque plaçait dans un même univers statistique les climats orientaux, européens, urbains et industriels et démontrait que la réduction de la mortalité avançait au rythme de la civilisation. Cette pesée globale des risques constituait la justification la plus générale possible de la civilisation industrielle.

CONCLUSION

L'apocalypse joyeuse

Un chiasme curieux caractérise notre société libérale et technologique : d'un côté nous transformons radicalement la nature quand de l'autre nous proclamons l'impossibilité de modifier la société. Le libéralisme combine une acceptation supposément réaliste des buts humains et de l'organisation sociale tels qu'ils sont, avec un projet utopique de maîtrise et de transformation du monde. Son cosmos se compose d'individus immuables dans leur recherche de richesses, placés à l'intérieur d'un monde infini et d'une nature malléable. Lorsqu'en 1992, au Sommet de la Terre de Rio, George Bush père déclarait : « le mode de vie américain n'est pas négociable », cela impliquait que la nature et sa préservation l'étaient. Je voudrais en conclusion montrer comment ce chiasme destructeur s'est établi à partir de la fin du XVIIIe siècle.

Les désinhibitions modernes que nous avons étudiées présentaient deux formes : l'une reposant sur des dispositions morales, l'autre sur des descriptions du monde. La première cherchait à produire des sujets technophiles prêts à braver leurs scrupules et leurs incertitudes pour faire advenir une société moderne, confortable, saine et raisonnable. Le risque, lors de la controverse sur l'inoculation, est emblématique de l'équipement moral des individus nécessité par l'agir technique. Au milieu du XIXe siècle, le discours du progrès avait également pour fonction de susciter le courage que requérait la vie moderne. Contre l'effet traumatique des catastrophes, il ancrait dans la culture européenne un sens de sa supériorité technologique *et* sécuritaire par la comparaison de deux mondes : celui d'avant (ou d'ailleurs) au monde moderne, technique et occidental.

Mais l'excitation technophile par le progrès, l'orientalisme, les lendemains qui chantent ou les probabilités, n'a vraisemblablement pas été décisive pour le passage à l'acte technologique. L'inoculation qui devait s'imposer par la force de la raison, c'est-à-dire par la démonstration de son avantage probabiliste, avait échoué lamentablement. Quant à l'idée de progrès, Lewis Mumford écrivait dès 1932 qu'elle était « la plus morte des idées mortes ». Que depuis Baudelaire jusqu'aux postmodernes le discours du progrès n'en finisse pas de trépasser indique qu'il n'était sans doute pas un élément stratégique du projet moderniste. Dans les années 1970-1990, au milieu d'une période de haute technophilie, les philosophes et les sociologues concouraient dans un nouveau constat de décès (dont ils se félicitaient), ce qui n'empêchait aucunement l'accélération de l'artificialisation du monde. Que le vocable de progrès ait, de nos jours, perdu de son lustre, révèle simplement l'acceptation générale de sa logique : dans les sociétés contemporaines de la connaissance, unanimement tendues vers l'innovation et la maîtrise technique, c'est faute d'ennemi que le progrès a perdu son sens politique.

Par contre, ce qui fut absolument fondamental au XIXᵉ siècle et qui sans doute le demeure encore maintenant, c'est la forme ontologique de la désinhibition moderne. Je veux signifier par là l'ensemble des descriptions qui visent à ajuster le monde à l'impératif technologique. Il apparut en effet rapidement que la modernisation marcherait d'un pas beaucoup plus assuré si, au lieu de compter sur le courage des individus, on circonvenait leurs craintes en produisant des ontologies anxiolytiques. La tâche essentielle des modernisateurs n'était pas d'instaurer des individus désirant les machines, mais plutôt de rendre les machines désirables. La désinhibition serait d'autant plus efficace qu'elle se glisserait dans l'immédiateté du rapport au monde et aux techniques, dans de petits dispositifs recouvrant de silence la violence et la politique des objets. L'objectif était d'amortir le choc technologique et de neutraliser le sens critique des accidents ; de capter, d'orienter et d'aligner les perceptions et les comportements dans le sens de la technique.

Si cette forme de désinhibition par les ontologies fut dominante, c'est qu'à l'inverse de l'éthique sacrificielle du progrès, elle répondait parfaitement aux exigences politiques du libéralisme. Dans la pensée libérale, les vertus et les buts des individus sont réduits à peu de chose : la conservation de soi chez Locke, « le désir calme de la richesse » chez Hutcheson, ou « la sécurité dans les jouissances privées » chez Constant. Kant, dans son *Projet de paix perpétuelle*, expliquait qu'une bonne constitution pourrait même pacifier « un peuple de démons ». Le libéralisme entérine l'immuabilité des buts humains d'enrichissement : si un gouvernement entendait faire reposer la loi sur la vertu des individus, ou pire envisageait d'en produire de meilleurs, plus courageux, plus altruistes, plus économes, il s'exposerait à de graves déconvenues. Mais cette conception du politique renonçant à gouverner les buts individuels se heurtait à l'existence d'intérêts contradictoires dans l'usage de la nature. La seule solution envisageable était donc d'accroître les richesses : ce serait grâce au progrès matériel que s'harmoniserait le social.

D'où le rôle fondamental de la technique. Le succès du gouvernement libéral dépendant de la prospérité matérielle, la technique devient une raison d'État. Vers 1800, pour qui gouverne une population, celle-ci est un objet sur lequel il est impératif d'intervenir pour maximiser sa productivité biologique et matérielle. Le rôle initiateur du « pouvoir nu » dans l'imposition des formes de vies technologiques est ainsi un invariant des histoires racontées dans ce livre : pouvoir nu sur les orphelins transformés en sujets d'expérience et en réservoirs de vaccin, pouvoir nu sur les paysans qui contestaient le désordre environnemental causé par l'industrialisation, pouvoir nu qui imposait le risque technologique aux citadins. L'innovation, si elle est de quelque importance, stupéfie le social, elle produit des problèmes nouveaux et des cas imprévus : l'inoculation qui fomente des épidémies, l'industrie chimique qui détruit les récoltes, les machines à vapeur ou les chemins de fer qui tuent aléatoirement. Le propre de l'innovation, c'est qu'elle ne peut se subsumer dans des normes générales établies à l'avance. Elle définit donc un *état d'exception*, une suspension des normes traditionnelles régissant la santé, la propriété, les environnements, l'imputation des dommages et des responsabilités. Les modernes possédaient d'ailleurs un sens aigu de cette qualité politique disruptive. En 1690, Furetière définissait l'innovation comme le « changement d'une coutume, d'une chose établie depuis longtemps. En bonne politique toutes les innovations sont dangereuses[1] ».

Le XIXᵉ siècle a donc vécu dans un état d'exception technique permanent. Chaque fois qu'apparaissait une innovation majeure, celle-ci ne s'intégrait aucunement dans des formes régulatrices préalables et encore moins dans des instances de discussion publique pacifiant les rapports sociaux et résorbant les oppositions. L'innovation est politique non pas au sens où elle produirait des externalités, des individus concernés, une discussion et un espace public, mais parce qu'elle polarise le social : elle produit des gagnants et des perdants, des récoltes détruites et des profits, des sujets expérimentaux et des vaccinés, des consommateurs satisfaits et des ouvriers mutilés. Les avantages de la technique comme ses risques ne furent jamais débattus abstraitement ; il n'y a jamais eu de moment dialogique où se seraient affrontés des individus dans le ciel éthéré des arguments.

Le point historique fondamental est que la technique a façonné sa régulation bien plus que l'inverse. La discussion sur la technique existe, mais elle n'intervient qu'après les premières plaintes ou les premiers accidents et donc après le fait accompli technique et après son assimilation à la raison

---

1. Antoine Furetière, *Dictionnaire universel*, La Haye, 1690, article « Innovation ».

d'État. La régulation s'élabore par conséquent dans un moment de suspension des pratiques normatives habituelles et elle aboutit généralement à normaliser l'état d'exception. Que fait le décret de 1810 si ce n'est entériner l'exception environnementale que représente l'industrie chimique ? Que fait la normalisation technique si ce n'est légitimer des objets perçus au départ comme inacceptables ?

*

Mais, en même temps que l'impératif technologique, émergeait l'utopie d'un « pouvoir doux ». On ne peut surestimer l'importance de ce thème dans la pensée politique de la fin du XVIIIᵉ siècle. Le bon souverain est celui qui ne brusque pas son peuple. En laissant libre cours aux inclinations de ses sujets, il augmente la population, les richesses de son royaume et donc sa puissance. Sa douceur n'est pas synonyme d'insoumission car elle forme des sujets doux : selon Montesquieu, « huit jours de prison, ou une légère amende, frappent autant l'esprit d'un Européen nourri dans un pays de douceur, que la perte d'un bras intimide un Asiatique[1] ». Un gouvernement doux forme des sujets plus sensibles et donc plus facilement gouvernables.

D'où la cible nouvelle du pouvoir : ne pas agir par la contrainte sur les corps, mais orienter les intellects par la manifestation de la raison. Comme le dit fort bien d'Holbach, gouverner avec douceur consiste à « amener des esprits faibles à la raison qu'ils ignorent » et commander ainsi à « des sujets raisonnables, dociles et vraiment attachés[2] ». Condorcet insistait aussi sur l'importance des sciences, en l'occurrence les statistiques, pour l'ordre postrévolutionnaire : « Lorsqu'une révolution se termine [...] on a besoin *d'enchaîner les hommes à*

---

1. Montesquieu, *Lettres persanes*, lettre 80. Selon le même auteur, « la douceur du gouvernement contribue merveilleusement à la propagation de l'espèce » (*ibid.*, lettre 122).
2. Paul Henri Thiry d'Holbach, *Éthocratie ou le gouvernement fondé sur la morale, op. cit.*, « Avertissement ».

la raison par la précision des idées et par la rigueur des preuves[1]. » La douceur du pouvoir a donc pour corrélat son investissement dans le domaine de la raison, de la preuve et de la vérité.

Les juristes se sont beaucoup interrogés sur la nature juridique de l'état d'exception et les possibilités d'en sortir. Si l'on pense l'innovation comme un état d'exception, celui-ci se clôt en général par des moyens propositionnels : c'est en redéfinissant l'étoffe du monde, les êtres qui le composent et ses régularités, en redéfinissant également les formes techniques que se referme l'état d'exception technologique. Après le coup de force technique, la science était appelée à poursuivre son travail de description des êtres pour résorber l'exception, pour maintenir une société où la technologie est *neutralisée*, et pour redonner au système libéral sa plénitude et sa cohérence. Le souverain allié à la science assume donc aussi une fonction ontologique. Sa vraie puissance est celle d'imposer des significations en mesure de réduire la fracture ouverte par l'innovation. « César règne aussi sur la grammaire[2]. »

*

D'où l'utilité politique nouvelle des savants. Depuis la fin du XVIIe siècle, au moment où les philosophes naturels inventèrent l'expérimentation comme mode d'appréhension des choses fondamentalement supérieur à l'expérience commune et à la déduction d'énoncés à partir d'elle, les savants avaient acquis une capacité socialement reconnue à définir les êtres qui composent le monde et les relations qu'ils entretiennent. Le pouvoir ontologique de la science était donc disponible pour fonder une forme nouvelle de légitimité politique repo-

---

1. Marie Jean Antoine de Condorcet, « Tableau général de la science qui a pour objet l'application du calcul aux sciences politiques et morales », *Journal d'instruction sociale*, 1793, vol. 1, n° 4, p. 109.
2. Carl Schmitt, « Les formes de l'impérialisme dans le droit international », *Du politique. Légalité, légitimité et autres essais*, 1932, Puiseaux, Pardès, 1990, p. 99.

sant sur la divulgation et l'invocation de l'ordre naturel. La physiocratie qui entendait placer l'économie politique dans le prolongement de l'économie de la nature en constitue sans doute un des exemples les plus fameux. Cette forme de pouvoir factuel se manifestait chaque fois qu'une expertise savante prétendait réformer des pratiques sociales grâce à la redéfinition de la nature. Par exemple, en 1770, lorsque Fougeroux et Tillet étudient la botanique du varech et que sur la foi de leur rapport, la monarchie abroge des règles d'usage pluriséculaires, il s'agit là de l'application, dans l'ordre politique, de la puissance nouvelle que confère le pouvoir d'énoncer les faits.

Ce mode de gouvernement par les savants constitue notre second invariant : la botanique légitimant un usage intensif de la nature, la clinique définissant le vaccin de manière à prévenir toute réticence, l'hygiénisme affaiblissant les choses environnantes pour rendre l'industrialisation inoffensive ou encore la norme de sécurité rabattant la violence du monde industriel sur des fautes ouvrières. Le « laisser faire » du XIXᵉ siècle n'était possible qu'étant donné une entreprise très volontariste de définition de la nature et des formes techniques.

Selon Saint-Simon, le pouvoir postrévolutionnaire devait opérer une mue : passer d'un « gouvernement des hommes » à une « administration des choses ». En le paraphrasant, on pourrait dire que le nouveau pouvoir libéral se fondait *sur le gouvernement des hommes par l'administration des choses*. La connivence fondamentale qui lie sciences et techniques à l'ordre libéral, c'est qu'en définissant convenablement les choses et la nature ou en amendant la technique et ses usages, on pourra faire l'économie du politique.

Si, avec le recul historique, ces dispositifs nous paraissent des chevilles grossières (le champ des maladies pustuleuses dans le cas de la vaccine), à l'époque, ils dominaient l'appréhension du monde car la gangue d'énoncés, d'ontologies et de dispositifs de sécurité servant à protéger l'innovation de la critique était instaurée et maintenue par des institutions puissantes. La science qui permettait un exercice libéral du pouvoir était instituée dans cette fonction de manière autoritaire. Par exemple, si les vaccinateurs purent maintenir la définition philanthropique du vaccin, c'est bien parce que l'État avait mis à leur disposition son pouvoir de censure et les corps des enfants trouvés comme scène expérimentale. Les savoirs ne furent capables de transformer le monde qu'à la mesure de leur enrôlement par des pouvoirs déjà constitués.

Après 1800, compte tenu de l'importance primordiale qu'acquiert la technique pour l'État, les formes judiciaires, procédurales ou dialogiques de production de vérités (l'assemblée de la faculté de médecine, la sphère publique, les consultations des corps de métiers) sont remplacées par des institutions savantes et administratives. Les corps de métiers n'étaient plus des sources de savoir guidant le gouvernement mais devaient surtout être réformés sous l'égide des institutions savantes. Le public n'était plus une instance qu'il fallait convaincre ou dont on attendait un jugement, mais une masse qu'il convenait de guider vers le bien. Le gouvernement, pour intervenir sur sa population (et comment ne pas intervenir quand les sciences et les techniques proposent tant de manières d'accroître sa puissance), devait passer outre l'espace public nécessairement polyphonique, passer outre la variété des valeurs et des savoirs et, pour cela, instaurer des organes administratifs et scientifiques de production des bons jugements. Les comités technologiques (comité de vaccine, de salubrité, ou des machines à vapeur) avaient pour mandat d'instaurer les cadres cognitifs et normatifs nécessaires à la biopolitique et à l'industrialisation. La technique avait acquis une trop grande importance pour que l'énoncé de ses compétences reste discutable.

Le social et sa régulation sont également envisagés de manière profondément différente : non pas comme un ensemble de corps constitués dotés d'intérêts et de savoirs variés, mais comme une somme d'individus dont il faut réguler les affrontements. Il ne s'agissait plus de trancher entre des intérêts et des savoirs divergents, mais de fabriquer le bon cadre des conflits : leurs niveaux, leurs modalités, leurs objets et surtout l'ordre cognitif dans lequel ils prenaient place. Par exemple, en redéfinissant l'altération des *circumfusa* comme une simple incommodité, l'administration hygiéniste laissait à la justice la tâche d'arbitrer des désaccords mineurs entre individus. Les vraies oppositions avaient été résorbées en amont par la redéfinition savante des liens entre environnement et santé. De la même manière, parce que la chaudière qui explosait était normalisée et perfectionnée par une administration savante, il devait forcément exister un responsable contre qui se retourner pour obtenir une indemnité. L'hygiénisme ou la norme de sécurité permettaient ainsi de résoudre les conflits de la modernité en simples disputes individuelles. Le vaccin parfait défini par les philanthropes, le gazomètre normé par les académiciens, la machine à vapeur gérée par l'administration des Mines et la transformation des choses environnantes rendue insignifiante par les théories hygiénistes appartiennent à une même configuration historique qui, à partir des années 1800, prétendit transformer les formes de vie sans risque et sans toucher au politique.

Les historiens ont montré comment la philosophie politique libérale fut *in fine* un projet anthropologique visant à créer un sujet égoïste et calculateur contre les morales traditionnelles du don, du sacrifice ou de l'honneur[1]. Mais ils n'ont pas vu que l'homme économique exigeait en retour un monde taillé à sa mesure, repensé, reconstruit et redéfini afin que puisse s'exercer librement la recherche de la plus grande utilité. Au début du XIXᵉ siècle, les sciences et les techniques ajustèrent les ontologies et les objets dans le but d'instaurer un « monde économique ».

*

---

1. Albert O. Hirschman, *Les Passions et les Intérêts*, Paris, PUF, 1980 ; Christian Laval, *L'Homme économique. Essai sur les racines du néolibéralisme*, Paris, Gallimard, 2007.

Je n'ai pas eu dans cet ouvrage le projet absurde de rendre écologiquement correctes les sociétés de la révolution industrielle. Le but n'était pas de dire que nous avons toujours été dans une « société du risque » ou dans une « société réflexive ». Bien évidemment, les sociétés qui ont enclenché la carbonification de notre économie et de notre atmosphère et qui ont fait subir des souffrances massives aux ouvriers n'étaient pas « réflexives », mais on peut aussi douter que les sociétés contemporaines le soient réellement. L'un des enjeux de ce livre est de pointer certaines faiblesses de la sociologie du risque et de remplacer ses grandes oppositions diachroniques par un récit historique, annulant ainsi l'illusion réconfortante de notre exceptionnalité. Si cette histoire devait être prolongée elle pourrait se présenter comme les transformations successives des modes de désinhibition moderne.

Après la fin du XIXᵉ siècle et la création d'un capitalisme assurantiel protégeant la modernité technologique des menaces juridiques de la faute et de la responsabilité, les années 1920-1950 constituent une étape fondamentale, marquée par l'invention aux États-Unis de ce qu'il est convenu d'appeler la société de consommation.

Les historiens ont bien montré le caractère programmé et stratégique de cette transformation du capitalisme. Le but explicite et commun des politiques, des économistes, des industriels et des publicitaires était de créer un marché capable d'absorber les nouvelles capacités productives des usines tayloriennes. Il fallait pour cela transformer les valeurs : la réparation, l'économie, l'épargne furent présentées comme des habitudes désuètes néfastes pour l'économie nationale, tandis que la consommation répétée et ostentatoire, la mode et l'obsolescence des produits devinrent des objectifs respectables. Une révolution dans la publicité (on passe d'une réclame du produit à l'apologie de la consommation comme mode de vie et marqueur de normalité sociale), l'augmentation des salaires et surtout la mise en place du crédit à la consommation constituaient les piliers d'un contrôle social renouvelé. En échange de la consommation, l'individu devait accepter une routinisation accrue de son travail et sa mise en dépendance par le crédit.

La « société de consommation » désigne donc un nouveau rapport aux objets et à l'environnement et une nouvelle forme de contrôle social rendant ce rapport désirable. L'hédonisme disciplinaire joua (et continue de jouer) un rôle fondamental dans l'acceptation de la production de masse et de ses conséquences environnementales désastreuses[1].

À la même époque, plusieurs phénomènes rendirent ces dernières socialement invisibles. Premièrement, le recours plus intensif aux espaces coloniaux et postcoloniaux : l'extraction des ressources minières et énergétiques ainsi que les productions les plus dommageables purent être délocalisées grâce au développement d'une économie fondée sur le pétrole. Conséquence directe de celle-ci, le mouvement de suburbanisation permit de séparer davantage les espaces productifs et résidentiels. Pour une société en voie de tertiarisation, la production industrielle et ses effets environnementaux prenaient un caractère beaucoup plus abstrait.

Le monde intellectuel se désintéressa aussi progressivement des conditions matérielles de production. Le cas de la discipline économique, qui devint le mode de formation dominant de l'élite sociale, est exemplaire à ce sujet. Les théories marginalistes se détournent de l'étude des facteurs productifs (travail, capital et terre) pour déplacer le regard sur les états subjectifs des consommateurs et des producteurs cherchant à maximiser leur utilité individuelle[2]. Se constitue alors un nouvel objet de pensée : « l'économie », entendue comme

---

1. Stuart Ewen, *Captains of Consciousness. Advertising and the Social Roots of Consumer Culture*, New York, McGraw-Hill, 1976 ; Lendol Calder, *Financing the American Dream. A Cultural History of Consumer Credit*, Princeton University Press, 1999 et Giles Slade, *Made to Break. Technology and Obsolescence in America*, Harvard University Press, 2006.
2. Daniel Breslau, « Economics Invents the Economy : Mathematics, Statistics, and Models in the Work of Irving Fisher and Wesley Mitchell », *Theory and Society*, vol. 32, n° 3, 2003, p. 379-411.

l'ensemble des relations définies comme économiques et qui entretient des relations très ténues avec les contraintes naturelles.

L'émergence de la notion de « croissance » est le résultat de cette transformation. Avant les années 1930, l'idée de croissance était liée à un processus matériel d'expansion : il s'agissait de faire croître la production d'une matière, d'ouvrir à l'économie de nouvelles ressources ou de nouveaux territoires. Avec la crise de surproduction des années 1930, on repense la croissance non en termes matériels mais comme l'intensification de la totalité des relations monétaires. L'abandon du *gold standard* dans les années 1930 (c'est-à-dire la fin de l'idée que les billets représentent de l'or), et l'invention du PIB par la comptabilité nationale, achèvent de dématérialiser la pensée économique. John Maynard Keynes est parfaitement représentatif de ce mouvement. Alors qu'à la fin du XIXᵉ siècle, les économistes (Stanley Jevons entre autres) s'inquiétaient de l'épuisement des réserves halieutiques ou charbonnières, Keynes explique que la fin du charbon serait en fait sans conséquence : il suffit que le Trésor britannique enfouisse des billets de banque et demande aux mineurs d'aller les chercher pour assurer l'emploi et la prospérité économique[1] ! Grâce à sa dématérialisation, l'économie pouvait enfin être conçue comme croissant indéfiniment, en dehors des déterminismes naturels et sans altérer les limites physiques, grâce à la bonne garde des experts économistes[2].

À côté de ces modes de gouvernement indirect, parvenant à enrôler l'ensemble du social dans un projet de croissance capitaliste, perdurent des formes plus traditionnelles et autoritaires d'imposition de la technique par l'État. Le programme hydroélectrique français qui, après la Seconde Guerre mondiale, conduisit à la submersion de nombreux

---

1. Timothy Mitchell, *Pétrocratia. La démocratie à l'âge du carbone*, Alfortville, Ère, 2011, p. 82.
2. *Id.*, « Fixing the Economy », *Cultural Studies*, 1998, vol. 12, n° 1, p. 82-101.

villages alpins, en est un bon exemple. De même, si l'on considère les innovations les plus marquantes du dernier demi-siècle, ce qui frappe, c'est la permanence de l'état d'exception technologique. En 1974, le programme électronucléaire français a ainsi été imposé de manière unilatérale. Le parti pris d'EDF et du CEA fut de construire le plus vite possible le plus grand nombre de centrales, afin de rendre le choix du nucléaire irréversible. Tous les moyens furent bons : contournement des procédures administratives d'autorisation, recours à la police contre les protestataires et compensations financières massives pour les communes acceptant les réacteurs.

Dans les années 1980, cette figure de l'État modernisateur, qui connaît le bien commun et peut donc l'imposer contre les volontés locales, est politiquement affaiblie par les critiques venant à la fois des libéraux et des avocats d'une démocratie élargie aux choix technologiques. Le cœur du processus de modernisation se déplace alors vers le marché. L'histoire des OGM aux États-Unis est ainsi celle d'un coup de force imposé par les entreprises. Dans un contexte de concurrence économique exacerbée avec le Japon et après le choc pétrolier, les biotechnologies paraissent un enjeu économique considérable. Aussi, en 1980, un arrêt de la Cour suprême renversant toute la jurisprudence accepte la brevetabilité du vivant. Les capitaux affluent. Le génie génétique devient le modèle de ce que doit être l'innovation dans une société néolibérale : une recherche portée par le privé, adossée au capital-risque et immédiatement profitable.

Idéologiquement, les biotechnologies marquent un tournant important en ce qu'elles consacrent la victoire d'un rapport unilatéral de l'homme vis-à-vis du reste des êtres naturels, de la vie elle-même, qui doit être optimisée à l'instar d'une simple technique de production. Les discours postmodernes sur le dépassement des limites entre nature et culture et l'esthétique de l'hybridation caractéristique de la philosophie des années 1980-1990 (Donna Haraway par exemple) ne font qu'entériner l'approfondissement du projet moderniste de maîtrise de la nature. Car derrière la symétrie entre humains et non-humains, c'est bien, une fois encore, l'homme qui se retrouve à transformer la nature pour son propre avantage[1].

Loin d'être devenues réflexives, nos sociétés contemporaines fétichisent comme jamais auparavant l'innovation. Elles en ont fait un synonyme de prospérité et les partis politiques, de droite comme de gauche, l'érigent en projet national.

Depuis les années 1980, c'est l'ensemble des régulations économiques qui ont été transformées afin de rendre les économies plus flexibles, plus compétitives et plus innovantes. L'importance croissante du secteur privé dans la production de l'innovation, la soumission de la recherche scientifique à des objectifs de rentabilité économique et la nécessité pour les entreprises de sortir sans cesse de nouveaux produits accroissent les pouvoirs du capitalisme dans la définition de notre destin technique, au détriment d'un contrôle démocratique médié par l'État et la recherche publique. Plus que jamais auparavant, la science est devenue une affaire guidée par des priorités financières antagoniques au principe de précaution. Le succès économique des firmes de biotechnologie ou la multiplication des nanoproduits démontrent s'il est besoin le lien intrinsèque entre la rentabilité financière, via le Nasdaq et le capital-risque, et le projet moderniste d'artificialisation du monde[2].

La seconde évolution fondamentale de la fin du dernier siècle, à savoir la globalisation économique, a permis aux pays riches de délocaliser les risques de la production industrielle. Les sociétés développées ne se méfient pas de la technologie,

---

1. Hervé Kempf, *La Guerre secrète des OGM*, Paris, Seuil, 2003 ; Christophe Bonneuil et Frédéric Thomas, *Gènes, Pouvoirs et profits*, Versailles, Quae, 2009 ; Jean Foyer, *Il était une fois la biorévolution*, Paris, PUF, 2009.
2. Sur l'évolution des technosciences en rapport aux logiques économiques néolibérales, voir les analyses froides et lucides de Dominique Pestre : *Science, argent et politique. Un essai d'interprétation*, INRA éditions, 2003, p. 77-118 et « Des sciences et des productions techniques depuis trente ans. Chronique d'une mutation », *Le Débat*, 2010, n° 160, p. 115 et plus largement : David Harvey, *A Brief History of Neoliberalism*, Oxford University Press, 2005.

elles sont simplement parvenues à externaliser ses conséquences les plus négatives hors de l'Occident. Depuis que les
multinationales délocalisent, au gré des coûts salariaux, non
seulement la production industrielle mais aussi la recherche et
développement, ni le progrès, ni son contrôle, ne sont dorénavant l'apanage des vieux pays industrialisés. La globalisation
rend presque naïvement touchante la théorie de la réflexivité
formulée par des philosophes et des sociologues issus d'une
Europe marginalisée.

Enfin, tout un ensemble d'instruments, d'idéologies et
d'illusions de régulation ont accompagné ce double mouvement. Je n'en donnerai que quelques exemples.

Les effets du néolibéralisme sur le droit de l'environnement
sont bien connus : la présidence Reagan a été marquée par le
démantèlement des progrès de la décennie précédente et celle
de Bush par l'assouplissement des conditions de l'exploitation
pétrolière ou gazière. D'une manière générale, on est passé
d'une logique réglementaire dans les années 1970 (interdictions, amendes) à une logique de « gouvernance » guidée par
la science économique et les instruments de marché (taxes,
droits à polluer et autorégulation par les entreprises[1]).

Prenons la notion de *seuil* dans le cas des substances cancérigènes. À la fin des années 1940, des toxicologues avertissent
les gouvernements : à n'importe quelle dose, certaines molécules issues de la chimie de synthèse accroissent le risque de
cancer. Un consensus se forme pour bannir ces molécules de
l'alimentation. En 1958, aux États-Unis, la clause Delaney
interdit la présence de résidus de pesticides dans les aliments.
Mais dans les années 1970, ce sont finalement l'analyse coût/
bénéfice (on tolère un risque en fonction de l'intérêt économique des substances) et la définition de seuils qui s'imposèrent dans les instances de régulation. Les nouvelles normes
internationales telles que « doses journalières admissibles »

---

1. Neil Cunningham, « Environment law, regulations and governance :
shifting architectures », *Journal of Environmental Law*, 2009, vol. 21, n° 2,
p. 179-212.

pour les aliments ou « concentration maximale autorisée » pour l'air opéraient un travestissement subtil : étant donné l'inexistence d'effet de seuil, elles consacraient en fait l'acceptation, pour des raisons économiques, d'un taux de cancer acceptable[1].

Les vocables « soutenable » ou « durable » jouent un rôle similaire dans l'exploitation toujours plus intensive de la nature. L'histoire des ressources halieutiques est exemplaire à cet égard. Le principe du « rendement maximum soutenable » (*maximum sustainable yield*) mis en œuvre après la Seconde Guerre mondiale dans des traités internationaux (conférence de la FAO en 1955) consacre le principe que l'on peut, en toute quiétude, pêcher des quantités optimales préservant la ressource. Des modèles écologiques assez simples cautionnaient ainsi l'augmentation radicale des prises, de 20 millions de tonnes en 1950 à 80 millions en 1970. Mais les modèles définissant l'usage « durable » des stocks ne prenant pas en compte certains facteurs comme la structure des populations ou la dégradation des écosystèmes marins, ils ont conduit en quelques décennies à l'affaissement généralisé des réserves halieutiques[2].

Depuis peu, la notion de durabilité s'est métamorphosée en un puissant anxiolytique à destination des consommateurs consciencieux. Les entreprises ont très vite compris l'intérêt de cette catégorie malléable et de la certification environnementale, car il est toujours possible de trouver ou de créer un label garantissant la durabilité de leurs pratiques productives[3]. Malgré sa grossièreté, cette désinhibition du consumérisme a

---

1. Soraya Boudia et Nathalie Jas, *Powerless Science ? The Making of the Toxic World in the Twentieth Century*, New York et Oxford, Berghahn Books, à paraître en 2012.
2. Philippe Cury et Yves Miserey, *Une mer sans poissons*, Paris, Calmann-Lévy, 2008.
3. Un exemple paroxystique : le bois de plantations réalisées après la destruction de forêts primaires au napalm en Tasmanie a pu recevoir un écolabel. Cf. http://www.amisdelaterre.org/IMG/pdf/Certifying_the_Incredible.pdf. Voir aussi « Mauvais génie de la forêt », *Le Monde*, 8 avril 2011 sur le rôle du cabinet de conseil MacKinsey dans l'évaluation des projets REDD.

rapidement conquis les espaces marchands et les esprits. Le problème principal de la notion de soutenabilité est qu'elle produit l'illusion d'une réconciliation effective des impératifs environnementaux et de l'efficience économique, d'une croissance sous contrôle, et d'une nature sous la bonne garde des entreprises et des agences de certification.

Avec la question climatique, c'est la Terre entière qui a été soumise au même principe d'optimisation de la nature. Les économistes ont repensé le climat à l'instar d'une ressource atmosphérique dont ils pouvaient maximiser la valeur actuelle nette en définissant des sentiers optimaux d'émission de CO_2. Le changement global est ainsi traduit en problème de maximisation de la croissance économique sous contrainte climatique. Établis en 2007, les crédits carbones se sont effondrés puis sont remontés, ils vont sans doute continuer à tournoyer sans que l'on s'interroge suffisamment sur leurs référentiels matériels, entre autres parce que les cabinets d'audits environnementaux qui estiment les réductions d'émissions de CO_2 des « projets de développement propre » n'ont pas intérêt à se montrer trop sévères. Mais qu'importe, leur existence et leur échange suffisent à créer l'horizon d'une économie enfin écologisée[1]. Il est à craindre que ces techniques d'optimisation de la nature ne constituent que le leurre d'une présence humaine maîtrisée.

*

Il faut reconnaître à la sociologie du risque des années 1990 le mérite d'avoir naturalisé l'idée de participation du public dans les choix technoscientifiques. L'insistance sur l'incertitude et l'intérêt d'ouvrir les procédures de décision à une grande variété d'acteurs, l'idéal d'une démocratie forte et son application dans le domaine des choix technologiques, ont permis

---

1. Amy Dahan-Dalmedico (dir.), *Les Modèles du futur. Changement climatique et scénarios économiques : enjeux politiques et économiques*, Paris, La Découverte, 2007 ; Aurélien Bernier, *Le Climat otage de la finance*, Paris, Mille et Une nuits, 2008.

de rendre naturelle l'idée étrange il y a trente ans que le « public » avait son mot à dire, qu'il y avait des savoirs situés, des savoirs profanes, des savoirs d'usage utiles et qu'il fallait les prendre en compte pour les décisions techniques[1]. Mais si cette vision d'une démocratie technique est sans doute quelque chose qu'il faut défendre et faire advenir, il convient aussi de prendre garde qu'elle ne déborde sur l'analyse et la description de nos sociétés contemporaines. Car à se focaliser sur les prémices de la démocratie technique, il se pourrait que la théorie sociale lâche la proie pour l'ombre et qu'elle néglige l'étude d'autres espaces, d'autres institutions et d'autres logiques (les comités d'experts, les multinationales, les firmes de capital-risque) où les choses les plus décisives ont lieu. Il se pourrait aussi que la visibilité politique des nouveaux espaces participatifs corresponde à une mutation du pouvoir, une transformation du gouvernement en gouvernance qui reprenne à son compte, en l'instrumentalisant, l'impératif démocratique[2].

D'où l'importance pour le mouvement écologique et pour la société en général d'avoir un regard historique lucide sur le passé de la technoscience. L'enjeu de notre modernité est peut-être moins de définir son exceptionnelle réflexivité que de considérer son passé, de comprendre le succès des dispositifs qui ont produit la désinhibition moderne, d'en repérer les survivances contemporaines et d'exercer un droit d'inventaire sur ce lourd héritage. C'est à cette condition que nous pourrons sortir de l'étrange climat actuel de joyeuse apocalypse.

---

1. Michel Callon, Pierre Lascoumes, Yannick Barthe, *Agir dans un monde incertain, op. cit.*
2. Sezin Topçu, *L'Agir contestataire à l'épreuve de l'atome. Critique et gouvernement de la critique dans l'histoire de l'énergie nucléaire en France, 1968-2008*, thèse d'histoire, Paris, EHESS, 2010, ouvrage sur le même thème à paraître, Seuil.

ORIENTATIONS BIBLIOGRAPHIQUES

1. Variole et inoculation

BLAKE, John, « The Inoculation Controversy in Boston : 1721-1722 », *The New England Quarterly*, 1952, vol. 25, p. 489-506.

BREEN, Louise, « Cotton Mather, the "Angelical Ministry", and Inoculation », *Journal of the History of Medicine and Allied Sciences*, 1991, vol. 46, p. 333-357.

HERBERT, Eugenia, « Smallpox inoculation in Africa », *The Journal of African History*, 1975, vol. 16, n° 4, p. 539-559.

HOPKINS, Donald, *The Greatest Killer. Smallpox in History*, Chicago, University of Chicago Press, 2002.

MILLER, Geneviève, *The Adoption of Smallpox Inoculation, in England and France*, Philadelphie, University of Pennsylvania Press, 1957.

MILLER, Perry, *The New England Mind*, Cambridge, Harvard University Press, 1954.

RAYMOND, Jean-François, *La Querelle de l'inoculation : préhistoire de la vaccination*, Paris, Vrin, 1982.

RAZZELL, Peter, *The Conquest of Smallpox*, Londres, Caliban, 1977.

SETH, Catriona, *Les rois aussi en mouraient. Les Lumières en lutte contre la petite vérole*, Paris, Desjonquères, 2008.

SHUTTLETON, David, *Smallpox and the Literary Imagination, 1660-1820*, Cambridge, Cambridge University Press, 2007.

VAN DE WETERING, Maxine, « A reconsideration of the inoculation controversy », *The New England Quarterly*, vol. 58, 1985, p. 46-67.

2. Vaccine

BALDWIN, Peter, *Contagion and the State*, Cambridge, Cambridge University Press, 1999.

BERCÉ, Yves-Marie, *Le Chaudron et la lancette*, Paris, Presses de la Renaissance, 1984.

BRUNTON, Deborah, *The Politics of Vaccination : Practice and Policy in England, Wales, Ireland, and Scotland, 1800-1874*, University of Rochester Press, 2008.

DARMON, Pierre, *La Longue Traque de la variole*, Paris, Perrin, 1985.

HARDY, Anne, « Smallpox in London : factors in the decline of the disease in the nineteenth century », *Medical history*, 1983, vol. 27, p. 111-138.

MERCER, A. J., « Smallpox and epidemiological-demographic change in Europe : the role of vaccination », *Population Studies*, 1985, vol. 39, p. 287-307.

RUSNOCK, Andrea, « Catching cowpox : the early spread of smallpox vaccination, 1798-1810 », *Bulletin of the History of Medicine*, 2009, vol. 83, p. 17-36.

SKÖLD, Peter, « From inoculation to vaccination : smallpox in Sweden in the eighteenth and nineteenth centuries », *Population studies*, 1996, vol. 50, p. 247-262.

3. Antivaccinisme

DURBACH, Nadja, *Bodily Matters. The Anti-Vaccination Movement in England, 1853-1907*, Durham, Duke University Press, 2005.

FAURE, Olivier, « La Vaccination dans la région lyonnaise au début du XIXᵉ siècle : résistances ou revendications populaires », *Cahiers d'histoire*, 1984, vol. 29, p. 191-209.

PORTER, Dorothy, PORTER, Roy, « The politics of prevention : anti-vaccinationism and public health in nineteenth-century England », *Medical History*, 1988, vol. 32, p. 231-252.

4. Diffusion globale de la vaccine

Bulletin of the History of Medicine, 2009, vol. 83.

ARNOLD, David, *Colonizing the Body : State Medicine and Epidemic Disease in Nineteenth-Century India*, Berkeley, University of California Press, 1993.

BRIMNES, Niels, « Variolation, vaccination and popular resistance in early colonial South India », *Medical History*, 2004, vol. 48, p. 199-228.

JANNETTA, Ann, *The Vaccinators : Smallpox, Medical Knowledge, and the « Opening » of Japan*, Stanford University Press, 2007.

MOULIN, Anne-Marie, « La Vaccine hors d'Europe, Ombres et lumières d'une victoire », *Bulletin de l'Académie nationale de médecine*, 2001, vol. 185, p. 785-795.

PERIGÜELL, Emilio Balaguer, *En el nombre de los niños. Real expedición Filantró-pica de la vacuna, 1803-1806*, Asociación Española de Pediatría, 2003.

5. Corps et politique

BAECQUE, Antoine, *Le Corps de l'histoire, métaphores et politiques, 1770-1800*, Paris, Calmann-Lévy, 1993.

CORBIN, Alain, COURTINE, Jean-Jacques, VIGARELLO, Georges (dir.), *Histoire du corps. De la Renaissance aux Lumières*, vol. 1, Paris, Seuil, 2005.

ELIAS, Norbert, *La Civilisation des mœurs*, Paris, Pocket, 1974.

FOUCAULT, Michel, *Territoire, sécurité, population. Cours au collège de France, 1977-1978*, Paris, Gallimard/Seuil, 2004.

JAHAN, Sébastien, *Le Corps des Lumières*, Paris, Belin, 2006.

LAQUEUR, Thomas :
– *La Fabrique du sexe*, Paris, Gallimard, 1992.
– *Le Sexe en solitaire*, Paris, Gallimard, 2005.

OUTRAM, Dorinda, *The Body and the French Revolution. Sex, Class and Political Culture*, New Haven, Yale University Press, 1989.

PICK, Daniel, *Faces of Degeneration. A European Disorder (c. 1848-1918)*, Cambridge, Cambridge University Press, 1989.

6. Expérimentation humaine

BONAH, Christian, *L'Expérimentation humaine. Discours et pratiques en France, 1900-1940*, Paris, Les Belles Lettres, 2007.

CHAMAYOU, Grégoire, *Les Corps vils. Expérimenter sur les corps humains aux XVIIIe et XIXe siècles*, Paris, La Découverte, 2008.

MARKS, Harry, *La Médecine des preuves. Histoire et anthropologie des essais cliniques (1900-1990)*, Paris, La Découverte, 1999.

SCHAFFER, Simon, « Self evidence », *Critical Inquiry*, 1992, vol. 18, p. 327-362.

SCHIEBINGER, Londa, « Human experimentation in the eighteenth century : natural boundaries and valid-testing », *in* Lorraine Daston & Fernando Vidal (dir.), *The Moral Order of Nature*, Chicago, University of Chicago Press, 2004, p. 385-408.

7. Médecine, XVIIIe siècle

BARRAS, Vincent, RIEDER, Philip, « Corps et subjectivité à l'époque des Lumières », *Dix-huitième siècle*, 2005, vol. 37, p. 211-233.

BROCKLISS, Laurence, JONES, Colin, *The Medical World of Early Modern France*, Oxford University Press, 1997.

JEWSON, Nicholas :
– « Medical knowledge and the patronage system in eighteenth-century England », *Sociology*, 1974, vol. 8, p. 369-385.
– « The disappearance of the sick man from medical cosmology, 1770-1870 », *Sociology*, 1976, vol. 10, p. 225-244.

JONES, Colin, « The great chain of buying : medical advertisement, the bourgeois public sphere, and the origins of the French revolution », *The American Historical Review*, 1996, vol. 101, p. 13-40.

PILLOUD, Séverine, « Consulter par lettre au XVIIIe siècle », *Gesnerus*, 2004, vol. 61, p. 232-253.

PORTER, Dorothy, PORTER, Roy, *Patient's Progress : Doctors and Doctoring in Eighteenth-Century England*, Cambridge, Polity Press, 1989.

PORTER, Roy :
– « The patient's view : doing medical history from below », *Theory and Society*, 1985, vol. 14, p. 175-198.
– *Patients and Practitioners : Lay Perceptions of Medicine in Pre-industrial Society*, Cambridge, Cambridge University Press, 1986.

ROSENBERG, Charles, *Explaining Epidemics and Other studies in the History of Medicine*, Cambridge, Cambridge University Press, 1992.

VILA, Anne, *Enlightenment and Pathology. Sensibility in the Literature and Medicine of Eighteenth-Century France*, Baltimore, John Hopkins University Press, 1998.

WILD, Wayne, *Medicine-by-post : The Changing Voice of Illness in Eighteenth-Century British Consultations Letters and Literature*, Amsterdam, Rodopi, 2006.

8. Médecine, XIXe siècle

ACKERKNECHT, Erwin, *La Médecine hospitalière à Paris*, Paris, Payot, 1986.

FAURE, Olivier, *Histoire sociale de la médecine, XVIIIe-XXe siècles*, Paris, Economica, 1994.

FOUCAULT, Michel, *Naissance de la clinique. Une archéologie du savoir médical*, Paris, Puf, 1963.

FOUCAULT, Michel (dir.), *Les Machines à guérir. Aux origines de l'hôpital moderne*, Paris, Mardaga, 1979.

GAUDILLIÈRE, Jean-Paul, *La Médecine et les sciences, XIXe-XXe siècles*, Paris, La Découverte, 2006.

LÉONARD, Jacques, *La Médecine entre les savoirs et les pouvoirs, histoire intellectuelle et politique de la médecine française au XIXe siècle*, Paris, Aubier, 1981.

MAULITZ, Russell, *Morbid Appearences : the Anatomy Pathology in the Early Nineteenth Century*, Cambridge, Cambridge University Press, 1987.

RAMSEY, Matthew, *Professional and Popular Medicine in France 1770-1830*, Cambridge, Cambridge University Press, 1988.

SIMON, Johnathan, *Chemistry, Pharmacy and Revolution in France, 1777-1809*, Aldershot, Ashgate, 2005.

WEINER, Dora, *The Citizen-Patient in Revolutionary and Imperial Paris*, Baltimore, John Hopkins University Press, 2002.

WEISZ, George :
- *The Medical Mandarins. The French Academy of Medicine in the Nineteenth and Early Twentieth Centuries*, Oxford, Oxford University Press, 1995.
- *Divide and Conquer. A Comparative History of Medical Specialization*, Oxford, Oxford University Press, 2005.

9. Probabilités et statistiques vitales

BOURGUET, Marie-Noëlle, *Déchiffrer la France. La statistique départementale à l'époque napoléonienne*, Paris, Archives contemporaines, 1989.

COUMET, Ernest, « La théorie du hasard est-elle née par hasard ? », 1970, *Annales*, vol. 25, p. 574-598.

DASTON, Lorraine, *Classical Probability in the Enlightenment*, Princeton, Princeton University Press, 1988.

DESROSIÈRES, Alain, *La Politique des grands nombres. Histoire de la raison statistique*, Paris, La Découverte, 1993.

HACKING, Ian, *The Emergence of Probability*, Cambridge, Cambridge University Press, 1975.

KAVANAGH, Thomas, *Enlightenment and the Shadows of Chance. The Novel and the Culture of Gambling in Eighteenth-Century France*, John Hopkins University Press, 1993.

LEBRAS, Hervé, *Naissance de la mortalité. L'origine politique de la démographie et de la statistique*, Paris, Gallimard/Le Seuil, 2000.

ROHRBASSER, Jean-Marc, *Dieu, l'ordre et le nombre*, Paris, Puf, 2001.

RUSNOCK, Andrea, *Vital Account. Quantifying Health and Population in Eighteenth-Century England and France*, Cambridge, Cambridge University Press, 2002.

10. Environnement et néohippocratisme

ARNOLD, David, *The Problem of Nature. Environment and Culture in Historical Perspective*, New York, Wiley, 1996.

BARLES, Sabine, *La Ville délétère. Médecins et ingénieurs dans l'espace urbain, XVIIIe-XIXe siècle*, Seyssel, Champ Vallon, 1999.

CANTOR, David (dir.), *Reinventing Hippocrates*, Burlington, Ashgate, 2002.

GLACKEN, Clarence, *Traces on the Rhodian Shore : Nature and Culture in Western Thought from Ancient Times to the End of the Eighteenth Century*, Berkeley, University of California Press, 1967.

GROVE, Richard, *Green Imperialism, Colonial Expansion, Tropical Island Edens and the Origins of Environmentalism, 1600-1800*, Cambridge, Cambridge University Press, 1999.

RILEY, James, *The Eighteenth-Century Campaign to Avoid Disease*, Londres, Macmillan, 1987.

11. La police de l'urbain, XVIIIᵉ siècle

CARVAIS, Robert, *La Chambre royale des Bâtiments. Juridiction professionnelle et droit de la construction à Paris sous l'Ancien Régime*, thèse de droit, Paris II, 2001.

MILLIOT, Vincent, « Qu'est-ce qu'une police éclairée ? La police amélioratrice selon Jean-Charles Pierre Lenoir, lieutenant général à Paris (1775-1785) », *Dix-huitième siècle*, 2005, vol. 37, p. 117-130.

NAPOLI, Paolo, *La Naissance de la police moderne. Pouvoir, normes, société*, Paris, La Découverte, 2003.

PIASENZA, Paolo, « Juges, lieutenants de police et bourgeois à Paris au XVIIᵉ et XVIIIᵉ siècles », *Annales*, 1990, vol. 45, nᵒ 5, p. 1189-1215.

WILLIAMS, Alan, *The Police of Paris, 1718-1789*, Baton Rouge, Louisiana State University, 1979.

12. Chimie, industrie, savants et État, début XIXᵉ siècle

BENSAUDE-VINCENT, Bernadette, STENGERS, Isabelle, *Histoire de la chimie*, Paris, La Découverte, 1992.

CHASSAGNE, Serge, *Le Coton et ses patrons*, Paris, EHESS, 1991.

CROSLAND, Maurice, *Under Control. The French Académie of Sciences (1795-1914)*, Cambridge, Cambridge University Press, 1992.

DAUMALIN, Xavier, *Du sel au pétrole*, Marseille, Tacussel, 2003.

DHOMBRES, Jean, DHOMBRES, Nicole, *Naissance d'un nouveau pouvoir. Sciences et savants en France, 1793-1824*, Paris, Payot, 1989.

GUERLAC Henri, *The Crucial Year. The Background and Origin of His First Experiments in Combustion in 1772*, Ithaca, Cornell University Press, 1961.

MINARD, Philippe, *La Fortune du colbertisme. État et industrie dans la France des Lumières*, Paris, Fayard, 1998.

SMITH, John Graham, *The Origins and Early Development of the Heavy Chemical Industry in France*, Oxford, Oxford University Press, 1979.

VÉRIN, Hélène, *Entrepreneurs, entreprises. Histoire d'une idée*, Paris, PUF, 1982.

WORONOFF, Denis, *Histoire de l'industrie en France*, Paris, Le Seuil, 1994.

13. Pollution, France

BAUD, Jean-Pierre :
– « Le voisin protecteur de l'environnement », *Revue juridique de l'environnement*, 1978, vol. 1, p. 16-33.
– « Les hygiénistes face aux nuisances industrielles dans la première moitié du XIX⁰ siècle », *Revue juridique de l'environnement*, 1981, vol. 3, p. 205-220.
CORBIN, Alain, « L'opinion et la politique face aux nuisances industrielles dans la ville préhaussmannienne », *Le Temps, le désir et l'horreur. Essais sur le XIXᵉ siècle*, Paris, Flammarion, 1991.
FROMAGEAU, Jérôme :
– *La Police de la pollution à Paris de 1666 à 1789*, thèse de droit, 1989, Paris II.
– « La Révolution française et le droit de la pollution », *in* Andrée Corvol (dir.), *La Nature en Révolution, 1750-1800*, Paris, L'Harmattan, 1993, p. 59-67.
GUILLERME André, LEFORT, Anne-Cécile, JIGAUDON, Gérard, *Dangereux, insalubres et incommodes. Paysages industriels en banlieue parisienne, XIXᵉ-XXᵉ siècles*, Seyssel, Champ Vallon, 2004.
GRABER, Frédéric, « La qualité de l'eau à Paris, 1760-1820 », *Entreprises et histoire*, 2008, vol. 50, p. 119-133.
LE ROUX, Thomas, *Le Laboratoire des pollutions industrielles. Paris, 1770-1830*, Paris, Albin Michel, 2011.
MASSARD-GUILBAUD, Geneviève, *Histoire de la pollution industrielle en France, 1789-1914*, Paris, EHESS, 2010.
REYNARD, Pierre-Claude, « Public order and privilege : the eighteenth-century roots of environmental regulation », *Technology and Culture*, 2002, vol. 43, n° 1, p. 1-28.

14. Pollution, Grande-Bretagne

ASHBY, Eric, ANDERSON, Mary, *The Politics of Clean Air*, Oxford, Oxford University Press, 1981.
DINGLE A., « The monster nuisance of all : landowners, alkali manufacturers, and air pollution, 1828-1864 », *Economic History Review*, 1982, vol. 25, n° 4, p. 529-548.
HAWES, Richard, « The control of alkali pollution in St-Helens, 1862-1890 », *Environment and History*, vol. 1, 1995, n° 2, p. 159-171.
LUCKIN, Bill, *Pollution and control. A Social History of the Thames in the Nineteenth Century*, Bristol, Hilder, 1986.

MacLaren, John, « Nuisance law and the industrial revolution : some lessons from social history », *Oxford Journal of Legal Studies*, 1983, vol. 3, n° 2, p. 155-221.

MacLeod, Roy, « The alkali acts administration, 1863-1884 : the emergence of the civil scientist », *Victorian Studies*, 1965, vol. 9, p. 85-112.

Mathis, Charles-François, *In nature we trust. Les Paysages anglais à l'ère industrielle*, Paris, PUPS, 2010.

Mosley, Stephen, *The Chimney of the World. A History of Smoke Pollution in Victorian and Edwardian Manchester*, Cambridge, White Horse Press, 2001.

Rosen, Christine, « Knowing industrial pollution : nuisance law and the power of tradition in a time of rapid economic change, 1840-1864 », *Environmental history*, 2003, vol. 8, n° 4, p. 565-597.

Thorsheim, Peter, *Inventing Pollution. Coal, Smoke and Culture in Britain since 1800*, Athens, Ohio University Press, 2006.

15. Hygiénismes

Bartrip, Peter, *The Home Office and the Dangerous Trades. Regulating Occupational Disease in Victorian and Edwardian Britain*, Amsterdam, Rodopi, 2002.

Coleman, William, *Death is a Social Disease. Public Health and Political Economy in Early Industrial France*, Madison, University of Wisconsin Press, 1982.

Corbin, Alain, *Le Miasme et la jonquille, l'odorat et l'imaginaire social*, Paris, Aubier, 1982.

Hamlin, Christopher :
– « Providence and putrefaction : victorian sanitarians and the natural theology of health and disease », *Victorian Studies*, 1985, vol. 28, n° 3, p. 381-411.
– *Public Health and Social Justice in the Age of Chadwick. Britain, 1800-1854*, Cambridge, Cambridge University Press, 1998.

Jorland, Gérard, *Une société à soigner, hygiène et salubrité publiques en France au XIXᵉ siècle*, Paris, Gallimard, 2010.

La Berge, Ann, *Mission and Method. The Early Nineteenth-Century French Public Health Movement*, Cambridge, Cambridge University Press, 1992.

Moriceau, Caroline, *Les Douleurs de l'industrie. L'hygiénisme industriel en France, 1860-1914*, Paris, EHESS, 2009.

Murard, Lion, Zylberman, Patrick, *L'Hygiène dans la République. La santé publique ou l'utopie contrariée, 1870-1918*, Paris, Fayard, 1986.

16. Technique et travail

ALDER, Ken, « Making things the same : representation, tolerance and the end of the ancient regime in France », *Social Studies of Science*, 1998, vol. 28, p. 499-545.

GUILLERME, Jacques, SEBESTIK, Jan, « Les Commencements de la technologie », *Thalès*, vol. 12, 1966, p. 1-72.

JARRIGE, François, *Au temps des « tueuses de bras ». Les bris de machines à l'aube de l'ère industrielle (1780-1860)*, Rennes, Presses universitaires de Rennes, 2009.

KAPLAN, Steven (dir.), *Work in France. Representations, Meaning, Organization and Practice*, Ithaca, Cornell University Press, 1986.

KRANAKIS, Eda, *Constructing a Bridge : An Exploration of Engineering Culture in Nineteenth-Century France and America*, Cambridge, MIT Press, 1997.

PANNABECKER, John R., « Representing Mechanical Arts in Diderot's Encyclopédie », *Technology and Culture*, 1998, vol. 39, n° 1, p. 33-73.

SCHAFFER, Simon, « Enlightened Automata », *The Sciences in Enlightened Europe*, Chicago, University of Chicago Press, p. 126-165.

SEWELL, William, *Gens de métiers et révolutions. Le langage du travail de l'Ancien Régime à 1848*, Paris, Aubier, 1983.

SONENSCHER, Michael, *Work and Wages. Natural Law, Politics and the Eighteenth-Century French Trades*, Cambridge, Cambridge University Press, 1989.

VÉRIN, Hélène, *La Gloire des ingénieurs*, Paris, Albin Michel, 1998.

WISE, Norton M. (dir.), *The values of precision*, Princeton, Princeton University Press, 1995.

17. Gaz d'éclairage

DELATTRE, Simone, *Les Douze Heures noires. La nuit à Paris au XIXe siècle*, Paris, Albin Michel, 2000.

FALKUS, M., « The Early Development of the British Gas Industry, 1790-1815 », *The Economic History Review*, 1982, vol. 35, p. 217-234.

HUNT, Charles, *A History of the Introduction of Gas Lighting*, Londres, Walter King, 1907.

MATTHEWS, Derek, « Laissez-faire and the London gas industry in the nineteenth century : another look », *The Economic History Review*, 1986, vol. 39, p. 244-263.

NEAD, Lynda, *Victorian Babylon, People, Streets and Images in Nineteenth-Century London*, New Haven, Yale University Press, 2000.

SCHIVELBUCH, Wolfgang, *La Nuit désenchantée. À propos de l'histoire de l'éclairage artificiel au XIXᵉ siècle*, Paris, Gallimard, 1993.

TOMORY, Leslie, *Progressive Enlightenment. The Origins of the Gaslight Industry, 1780-1820*, thèse de l'université de Toronto, 2010.

WILLIOT, Jean-Pierre, *Naissance d'un service public, le gaz à Paris*, Paris, Rive Droite, 1999.

18. Risque industriel et technologies de la vapeur, XIXᵉ siècle

ALDRICH, Mark, *Death Rode the Rails : American Railroad Accidents and Safety, 1828-1965*, Baltimore, John Hopkins University Press, 2006.

BARTRIP, Peter, « The state and the steam boiler in nineteenth-century britain », *International Review of Social History*, 1980, vol. 25, p. 77-105.

BARTRIP, Peter, BURMAN, Sandra, *The Wounded Soldiers of Industry : Industrial Compensation Policy, 1833-1897*, Oxford, Oxford University Press, 1983.

BROCKMANN, John, *Exploding Steamboats, Senate Debates, and Technical Reports*, Amityville, Baywood, 2002.

BRONSTEIN, Jamie, *Caught in the Machinery Workplace Accidents and Injured Workers in Nineteenth-Century Britain*, Stanford University Press, 2007.

BURKE, John, « Bursting boilers and the federal power », *Technology and Culture*, 1966, vol. 7, p. 1-23.

CARON, François, *Histoire des chemins de fer en France, 1740-1883*, vol. 1, Paris, Fayard, 1997.

CHAPUIS, Christine, « Risque et sécurité des machines à vapeur au XIXᵉ siècle », 1982, *Culture technique*, n° 11, p. 203-217.

DEFERT, Daniel, « Popular Life and Insurantial Technology », *in* Burchell, Gordon (dir.), *The Foucault Effect : Studies in Governmentality*, Londres, Harvester, 1991, p. 211-233.

DONZELOT, Jacques, *L'Invention du social. Essai sur le déclin des passions politiques*, Paris, Le Seuil, 1994.

EWALD, François, *L'État providence. Une histoire de la responsabilité*, Grasset, 1986.

PAYEN, Jacques, *Technologie de l'énergie vapeur dans la première moitié du XIXᵉ siècle*, Paris, CTHS, 1985.

SCHIVELBUCH, Wolfgang, *The Railway Journey. The Industrialisation of Space and Time*, 1977, University of California Press, 1986.

STONE, Judith, *The Search for Social Peace. Reform and Legislation in France, 1890-1914*, Albany, Suny Press, 1985.

19. Histoire de la preuve et de l'objectivité

COLLINS, Harry, *Changing order. Replication and Induction in Scientific Practice*, Chicago, University of Chicago Press, 1985.

DASTON, Lorraine, GALISON, Peter, *Objectivity*, New York, Zone Book, 2007.

PESTRE, Dominique, *Introduction aux science studies*, Paris, La Découverte, 2006.

PORTER, Theodore, *Trust in Numbers. The Pursuit of Objectivity in Science and Public Life*, Princeton, Princeton University Press, 1995.

SCHAFFER, Simon, SHAPIN, Steven, *Le Léviathan et la pompe à air*, Paris, La Découverte, 1993.

SHAPIN, Steven, *A Social History of Truth*, Chicago, University of Chicago Press, 1994.

Remerciements

Ce livre n'aurait jamais vu le jour sans l'attention bienveillante de nombreux collègues, amis et parents. Je remercie chaleureusement Dominique Pestre pour son engagement pédagogique et sa générosité intellectuelle, Thomas Le Roux qui m'a fait partager ses découvertes dans les archives du Châtelet de Paris, Peter Becker, Cecilia Berthaud, Christophe Bonneuil, Soraya Boudia, Pierre Crépel, Jean-François Gauvin, Frédéric Graber, John Heard, François Jarrige, Dominique Khalifa, Bruno Latour, Fabien Locher, Simon Schaffer, Julien Vincent, Josette et Michel Fressoz qui ont lu, commenté et enrichi les versions préliminaires de cet ouvrage.

Table

RÉALISATION : NORD COMPO À VILLENEUVE-D'ASCQ
IMPRESSION : NORMANDIE ROTO S.A.S. À LONRAI
DÉPÔT LÉGAL : FEVRIER 2012. N° 105698 (120384)
Imprimé en france